核电岩土工程稳定分析控制及理论方法

郑善喜　编著

中国建筑工业出版社

图书在版编目（CIP）数据

核电岩土工程稳定分析控制及理论方法 / 郑善喜编著.
北京：中国建筑工业出版社，2017.7
ISBN 978-7-112-20724-4

Ⅰ. ①核… Ⅱ. ①郑… Ⅲ. ①核电站-岩土工程-稳定分析-研究 Ⅳ. ①TM623

中国版本图书馆 CIP 数据核字（2017）第 087785 号

本书是作者近三十年工作经验总结和专业理论知识相结合的成果，具有较深厚的专业理论知识和极强的可操作性。

全书共包括9章内容，分别为：岩土工程稳定分析理论方法进展；岩土工程结构的本构模型；岩土工程勘察中的地质力学分析；岩土工程宏细观力学参数确定方法；岩土工程强度极限分析理论方法；岩土工程变形监测数据分析方法；岩土工程中的数值模拟方法；岩土工程问题的反分析方法；岩土工程控制与分析方法探讨。

本书适合核电岩土专业人员阅读使用，也可作为广大岩土工程专业的师生的专业参考书。

责任编辑：张伯熙
责任设计：李志立
责任校对：李欣慰　李美娜

核电岩土工程稳定分析控制及理论方法
郑善喜　编著
*
中国建筑工业出版社出版、发行（北京海淀三里河路9号）
各地新华书店、建筑书店经销
北京红光制版公司制版
廊坊市海涛印刷有限公司印刷
*
开本：787×1092毫米　1/16　印张：13¼　字数：331千字
2017年4月第一版　2017年4月第一次印刷
定价：**50.00**元
ISBN 978-7-112-20724-4
（30382）

著者简介：

郑善喜，核工业湖州工程勘察院总工程师，教授级高级工程师，国家注册岩土工程师。1989年毕业于中国地质大学（武汉）工程地质专业，长期从事水文工程环境地质勘查、岩土工程勘察设计检测监测、地质灾害治理勘察设计监测领域的工程实践和科研工作，主持的浙北大厦一、二期工程地质勘察报告获得1996年度地质矿产部优秀工程勘察项目二等奖；“杭嘉湖平原1：5万生态环境地质调查试点”主要调查人及成果第二著者，获得国土资源部2003年科学技术二等奖；主持的“湖州国际花园住宅小区岩土工程勘察”项目获2005年浙江省建设工程钱江杯奖（勘察设计）二等奖；担任技术负责人的湖州东吴国际大厦及太湖明珠大酒店获得当时的核工业部级优秀勘察设计一等奖。主持设计的湖州温泉高尔夫边坡等大型、特大型工程设计，针对不同坡面特征的边坡采用了锚杆、抗滑桩、挡土墙、柔性款式格栅等多种支护措施使工程边坡的安全度得以保证，并用多样性的本土植物品种厚层基质喷播技术，达到了令各方满意的边坡绿化效果。参编的浙江省地方标准《工程建设岩土工程勘察规范》DBJ33/T 1065—2009填补了省内空白。在水工、岩土及地质灾害治理等方面发表学术论文10余篇。

前　　言

在能源、土木、矿山、交通、港航、国防等多种行业中均会应用到岩土工程技术，岩土工程的研究对象涵盖边坡、隧洞、基础，具有工程类型多样、工程材料性质与所受荷载复杂、力学描述困难的特点，针对这些工程，实践中通常需要借助经验、半经验、数值方法进行设计与分析。

在岩土工程分析时不仅需要运用综合理论知识、室内外测试成果，还需要结合工程师的经验判断，才能获得满意的结果。在计算机技术飞速发展的今天，熟练掌握岩土工程领域常用的计算软件，对岩土方向的本科生、研究生而言，既可增加岩土工程设计与分析经验，在专业知识学习时也有助于加深对工程问题的思考。

本书作者具有 30 余年从事工程勘察、设计、施工的经验，经过多年的岩土工程浸润和科研实践，在岩土工程定性、定量分析方面积累了一定的经验和应用技巧。基于参与及合作过的一些课题项目，针对岩土工程的各类问题，精选了简明易懂的内容和大量的使用实例，以期读者快速掌握岩土工程计算分析的技能，在较短时间内具备运用合理计算方法分析问题和解决问题的能力。

本书由核工业湖州工程勘察院郑善喜统稿撰写。同时，感谢核工业湖州工程勘察院的领导和同事们，是他们的督促和帮助，促进了本书的最终成稿。另外河海大学的石崇、谈小龙等教授为本书的撰写提供了一些宝贵的原始资料及建议，在此表示诚挚的感谢。

由于作者知识结构、认识水平与工程实践条件的限制，难免出现理解错误与表达不当之处，恳请有关同行及读者批评指正并提出宝贵意见，以便及时修订、更正和完善。

目 录

第1章 岩土工程稳定分析理论方法进展

1.1 岩土工程结构的基本特点

岩土工程是在工程建设中有关岩石或土的利用、整治或改造的科学技术，是以工程地质学、土力学、岩石力学及基础工程学为理论基础，解决和处理所有与岩体和土体相关的工程技术问题的综合性技术学科。岩石材料是一种天然形成的地质体，在漫长的历史进程中因各种外力营造而转化成土，土又因沉积作用等变成岩体，岩-土不断发生转化。长期以来人们以岩土体作为建筑物地基、建筑材料以及工程结构的载体，因此可以说人类的生产生活所经历的工程建筑史就是对岩土体开发利用的过程。岩土工程包括了工程勘察、设计、施工和监测，不仅要根据工程地质条件提出问题，而且要提出解决问题的办法。

岩土工程问题是多种多样的，其解决的方法也具有多样性和复杂性。

1. 工程类型的多样性

城乡建设的快速发展，能源、土木、水利工程的功能化、城市立体化、交通高速化，以及改善综合环境的人性化成为现代土木、水利工程建设的特点。人们将不断拓展新的生存空间，水利水电、交通、矿山、能源、港口与航道、城乡建设、国防等领域都广泛应用岩土工程学科的相关成果。这些行业的建造工程可能出现在各种地点，遇到各种类型的地基或地质环境。针对不同工程和不同地质条件又会选择不同的基础或结构形式，例如开挖隧道、开挖深基坑和建设地下工程，以及筑坝、筑路，河岸与边坡治理等。

对于不同地质条件和工程类型，在了解岩土体的基本性质和工程要求基础上，设计施工时原则上都必须同时考虑稳定或平衡问题；应力变形与固结问题；地下水与渗流问题；水与土（岩）相互作用问题；土（岩）与结构相互作用问题；土（岩）的动力特性问题等。

2. 材料性质的复杂性

岩土是组成地壳的任何一种岩石和土的统称。可细分为坚硬的（硬岩），次硬岩的（软岩），软弱联结的，松散无联结的和具有特殊成分、结构、状态和性质的五大类。在我国，习惯将前两类称为岩石，后三类称为土，统称之为“岩土”。其中，“土”包括自然形成的，也应包括人类生产活动所产生的人为土，例如，岩石开挖料、建筑垃圾、尾矿等。岩土既可能以松散堆积物的土体形式存在，也可能以相对完整的岩体存在。而天然岩体一般存在各种随机结构面，导致其力学行为异常复杂。当岩体“破碎”时，很难区分其属于岩体还是土体，需要根据地质体性质和经验作出判断和给予恰当描述。

现场岩土体大都是非均匀的、非连续介质，呈现出空间的不连续性、几何形状的随机性、矿物成分和结构组成的多样性以及水环境因素的复杂性，往往表现出强烈区域性（个性）特征。岩土材料往往呈现结构性和各向异性，岩土材料变形与强度还可能随时间变化，即流变性质等。因此，岩土材料的力学行为表现出强烈的非线性特征，而不是线性材料，其应力应变关系远比单纯的线弹性关系复杂。

为了如实地表达不同区域的岩土工程问题，必须进行必要的勘察、实验，使用一些能够描述各种岩土体材料基本性质的非线性或弹塑性本构模型。至今人们建立的岩土体本构模型不下百种。当然，建立能适用于各类岩土工程的理想本构模型是不可能的，所以，一方面应努力建立用于针对实际工程问题的实用模型；另一方面应构建能够反映某岩土体应力应变特性的理论模型，并开展相关的实验测试研究。

3. 荷载条件的复杂性

针对不同的使用目的，人们创造出多种多样的建筑物。不同的工程因其形式、使用要求的不同，或者施工方式不同等，其荷载条件复杂多样，包括静力和动力荷载。例如，房屋建筑对地基的作用，以建筑物荷载、风荷载为主；基坑开挖、隧道开挖主要表现为应力卸载与解除、回弹等；土石坝施工时逐级加载以自重为主；而水坝运行期则是以水压力和渗流为主；地震、爆炸则是突加动力荷载等。

4. 初始条件与边界条件的复杂性

工程地质和水文地质条件不同，周边环境不同，造成各种问题的初始条件和边界条件不同，有时甚至比较模糊。例如，土体的初始应力或初始变形往往很难准确确定。边界条件的确定有时也难以完全符合实际，需要进行适当的简化或近似处理。求解工程问题和进行数值模拟时应综合考虑各方面因素，尽可能确切地反映各种复杂的初始条件与边界条件。

5. 相互作用问题

相互作用包括两种类型：一是土（岩）水相互作用，二是土（岩）与结构或颗粒（岩块）相互作用。岩土体中水的存在和流动对其性质将产生影响，有时这种影响是巨大的，不可忽视的。水的存在除了产生浮力、水压力等静水力学特征外，当发生渗流时将对岩土体产生超静孔隙水应力和渗流力。对于细粒土，含水率的变化会使土的物理力学性质发生变化，对于某些特殊土的影响则更为显著。对于粗粒土，适当的洒水可以增加土的压实性，土石坝初次浸水，会产生湿化变形。岩体中水的存在和渗流现象，除了影响应力变形外，还可能发生缓慢而持续的化学作用，进一步影响岩体的渗流和应力变形。

由于岩土体尤其是土体与结构的性质有很大的差异，在相互作用过程中通过力的传递并最终达到变形协调，因此存在岩土体与结构的相互作用问题。例如，地基、基础、上部结构相互作用；土石坝防渗墙与地基即坝体的相互作用；桩、挡土墙、锚杆、加筋材料等与土（岩）的相互作用。此外，裂隙岩体的岩块间的相互接触也是一种相互作用。

1.2 岩土工程数值分析方法与发展趋势

岩土体作为地质体，其天然状态、性质使得材料的本构关系异常复杂，其上建筑物的荷载条件、边界条件与初始条件、土（岩）水相互作用以及土（岩）与结构或颗粒（岩块）间相互作用的力学描述也非常困难。

在理论上，通过建立运动微分方程（动力或静力）、几何方程（小应变或大应变）和本构方程，对于渗流固结问题还需运用有效应力原理并考虑连续方程，才能够求得精确解析解。为尽可能求得问题的“精确”解答，人们的追求与选择大致有三个梯次：

建立严格的控制物理方程（微分方程或微分方程组），根据初始条件和边界条件求得问题在严密理论下的解析解。由于实际工程问题的复杂性，如愿的结果极少。某些问题定性解答尚且难以把握，较为精确的定量解答就更不易获得。

为了获得较为精确的理论解，人们不得不作一些必要的简化假设，建立控制物理方程，希望得到某种近似程度的“严密”解析解。其中一些解答与实际情况能够较好的近似，例如 Terzaghi 一维固结解答；有一些解答则部分符合实际，例如 Winkler 弹性地基上的梁和板解答，较为适用于极软弱黏土地基；而相当多的情况可能与实际有很大的出入。虽然有些问题具有相当的复杂性，但适当的简化假设也能够获得较为符合实际的解析表达式，例如 Biot 三维固结方程，但也只有少数特殊情况才能求得解析解。

既然严密解答难以获得，那么寻求解答的途径只有通过在简化假设的基础上得到的控制物理方程（微分方程或微分方程组）来寻求数值解。这是一个从定性到定量的过程。由于数学和力学理论的发展，计算技术和计算机技术的快速发展为解决复杂岩土工程问题提供了有效的数值分析方法和手段。近年来，许多数值方法应运而生并日趋完善，并且得到广泛应用，从而解决了大量的工程问题。数值分析方法为进一步发展岩土工程学科提供了更广阔的空间，也为学者和工程师们提供了施展才华的舞台。

数值分析方法是随着工程问题的提出及计算机技术发展而形成的一类计算分析方法，目前已存在多种岩土工程数值分析方法。

各种数值方法都要遵循控制方程（微分方程或微分方程组），同时将计算域进行离散化的求解方法。数值分析方法总体上可以分为两大类：一类是连续介质力学方法；另一类则是非连续介质力学方法。期望读者在学习与运用这些数值方法的基础上，能够有所完善与发展。从教学角度考虑，要求读者既掌握一些常用的数值方法，也了解一些新的数值方法，还要注意每种数值方法的适用范围及各自特点。

滑移线理论是在经典塑性力学的基础上发展起来的。它假定土体为理想刚塑性体，强度包线为直线且服从正交流动规则的标准库仑材料。滑移线理论是基于平面应变状态的土体内当达到“无限”塑性流动时，塑性区内的应力和应变速度的偏微分方程是双曲线方程这一事实，应用特征线理论求解平面应变问题极限解的一种方法，称为滑移线法（CLM）。滑移线的物理概念是：在塑性变形区内，剪切应力等于抗剪切强度的屈服轨迹线。达到塑性流动的区域，滑移线处处密集，称为滑移线场。

有限单元法（FEM）的理论基础是最小势能原理。有限单元法将计算的连续体对象离散化，成为由若干较小的单元组成的连续体，称为有限元。被离散的相邻单元彼此连接，保持原先的连续性质，单元边线的交点称为节点，一般情况以节点位移为未知量。有限单元法将有限个单元逐个分析处理，每个单元满足平衡方程、本构方程和几何方程，形成单元的几何矩阵、应力矩阵和刚度矩阵，然后根据位移模式、单元边线和节点处位移协调条件组合成整体刚度矩阵。再考虑初始条件、边界条件、荷载条件等进行求解。求得节点位移后，逐个地计算单元应变、应力，最终得到整个计算对象的位移场、应变场和应力场。有限元法将计算对象视为连续体，该连续体可以是岩土材料，也可以是某些结构材料，以节点位移为未知量。此外，流体（例如水）流过岩土体，可将流体视为连续体，而以流体势（例如总水头）为未知量。有限单元法中所谓“连续体”概念，是指进行单元离散化时，不允许任何相邻单元重叠或出现“无单元空隙”，即必须保证相邻单元彼此连接，存在单元编号，并具有确定的物理力学性质的模型参数。如若是“不连续”岩体，每个岩块之间本来就存在节理、裂隙等，当应用有限单元法时，这些节理、裂隙必须作为某类单元，即计算对象仍然是连续体。该类单元（例如接触面单元、节理单元等）的设置或处理可参阅有关文献。

离散单元法（DEM）应用于非连续性岩体有其独特优势。岩体中每个岩块之间存在节理、裂隙等，使得整个岩体成为不完全连续体。离散单元法的基本原理是基于牛顿第二定律，假设被节理裂隙切割的岩块是刚体，岩石块体按照整个岩体的节理裂隙互相镶嵌排列，在空间每个岩块有自己的位置并处于平衡状态。当外力或位移约束条件发生变化，块体在自重和外力作用下将产生位移（移动和转动），则块体的空间位置就发生变化，这又导致相邻块体受力和位置的变化，甚至块体互相重叠。随着外力或约束条件的变化或时间的延续，有更多的块体发生位置的变化和互相重叠，从而模拟各个块体的移动和转动，可直至岩体破坏。离散元法在边坡、危岩和矿井稳定等岩石力学问题中得到了广泛应用。此外，颗粒离散元还被广泛地应用于研究复杂物理场作用下粉体的动力学行为和多相混合材料介质或具有复杂结构材料的力学性质，如粉末加工、研磨技术、混合搅拌等工业加工领域和粮食等颗粒离散体的仓储和运输等实际生产领域。

非连续变形分析法，又称块体理论（DDA），其主要优势是适合于求解具有节理面或断层等不连续面的非连续性岩体的大变形问题。它是在不连续体位移分析法的基础上推广而来的一种正分析方法，它可以根据块体结构的几何参数、力学参数、外荷载约束情况计算出块体的位移、变形、应力、应变以及块体间离合情况。非连续变形分析法视岩块为简单变形体，既有刚体运动也有常应变，无须保持节点处力的平衡与变形协调，可以在一定的约束下只单独满足每个块体的平衡并有自己的位移和变形。DDA 法可求得块体系统最终达到平衡时的应力场及位移场等情况以及运动过程中各块体的相对位置及接触关系；可以模拟岩石块体之间在界面上的运动，包括移动、转动、张开、闭合等全部过程，据此可以判断岩体的破坏程度、破坏范围，从而对岩体的整体和局部的稳定性做出正确的评价。非连续变形分析法（DDA 法）在隧道和矿井稳定等岩石力学问题中已得到广泛应用。

近年来，计算技术、测试技术都有了快速的发展。发展完善数值分析方法的同时，运用多种手段提高计算精度已成为工程技术人员的追求目标。运用比较符合工程实际的计算模型和参数是取得数值分析合理结果的重要影响因素之一。取得计算参数的方法有两种途径：一是室内模拟实验，建立相应的模型并确定参数；二是原位实验或现场观测，建立相应的模型并通过数值分析方法反演该模型参数，称为反演分析或反分析法。反分析方法有多种：如逆反分析、正反分析、随机反分析、模糊反分析等。近年来人工神经网络算法、遗传算法等也相继应用于参数反分析研究。

岩土工程问题本身是一个高度复杂的不确定和不确知系统，其物理参数、本构模型、边界条件等通常无法准确确定。而从量测信息（位移、应力、温度等）出发，用反分析的方法来确定模型参数的反分析方法得到了迅速的发展，目前已成为解决复杂岩土力学问题的重要方法，在岩石坝基、高速公路路基、基坑、高边坡、地下洞室围岩和支护等诸多领域都有广泛应用。

反分析法越是广泛应用和发展，就越要强调实验研究（包括现场观测）的作用和地位。实验结果一方面能够提供数值分析所需要的参数或部分参数；另一方面又能够检验和评价各种解答的可行性、精度。理论分析、室内外测试和工程实践是岩土工程分析三个重要的方面。实验与实测是进一步完善理论的重要依据，能够推动本构模型理论的发展和研究的深入。实验与实测研究地位不可替代，特别是对于某些重要工程和特别工程环境。因此一定要根据原位测试和现场监测得到岩土工程施工过程中的各种信息进行反分析，根据反分析结果修正设计、指导施工。

当前，岩土工程计算方法正朝着图形化、智能化、专业化、不确定、非线性的方向飞速发展。

1. 图形化与智能化

随着计算机技术的进步，数据库、专家系统、AutoCAD、智能式计算机、GIS 等技术正逐步取代岩土工程师而完成更多的工作，其中以数据库、专家系统及计算机编图发展最为迅速。

2. 通用化向专业化转变

大多数岩土介质均为非线性材料，其力学响应与金属、合金及聚合物的响应完全不同。这种差异主要是由岩土介质宏观和微观结构及地应力、流体等因素所致，因而研究岩土工程问题应充分考虑其多相构造、率性相关、路径相关、时间效应、温度效应、渗流、胶结特性、节理裂隙、各向异性等特殊性。

通过对岩土体本构关系、加固机理的认识，岩土工程数值计算出现了由通用化向专业化的转变。目前，不但出现了通用软件中专业化极强的功能模块，而且出现了某个专业或者用于某一类工程的专业计算软件。

3. 不确定性与非线性分析方法

岩土介质在工程设计、施工和使用过程中具有各种影响工程安全、使用、耐久的不确定性。包括岩土力学参数的离散性与随机性、安全系数的模糊性等，由于岩土工程计算结果的精确性很大程度上依赖于计算参数的选取，使得数值计算中参数确定成为计算中最关键的技术。

在这种大背景下，可靠性分析方法正成为一门迅速发展的新学科，借助该方法可对输入模型的参数、边界条件、初始条件等进行处理，得到结构破坏概率和可靠度，相对真实的表现结构的可靠性能。常用的可靠性分析方法有蒙特卡洛模拟法、一次二阶矩法、统计矩法和随机有限元法等。

在常用的岩土计算软件中，很多都内置了可靠性分析计算模块，如 ANSYS 可直接开展随机有限元计算，Slide 中可按不同分布输入参数分析边坡稳定性等。

1.3　岩土工程结构计算分析的流程

根据研究对象的大小，岩土工程的研究对象可分为三个尺度分析。

宏观尺度：工程尺寸几米～几百米，通常，研究工程一般都是宏观问题，比如某个边坡、基坑的稳定问题；

细观尺度：研究对象尺寸为毫米～米，比如边坡某局部块石与土颗粒相互作用对边坡稳定影响即为细观尺度；

微观尺度：研究对象以微米为单位，通常研究矿物构成及作用机理，需要借助显微设备进行。

在宏观研究领域，岩土计算分析可定义为：在试验或者反演获取力学参数基础上，采用合理的本构模型，按照工程的约束（变形、应力）条件，进行施工（构建）过程的仿真，辅助以监测资料，对变形、稳定进行预测，指导下一步工程实践。

具体内容可包括如下所述：

（1）参数或者某一条件论证（力学参数反分析、地应力反分析）；

（2）强度分析（包括各种工况下的刚体极限平衡、极限平衡有限元、承载力等分析）；

（3）变形分析（包括静态变形、动态变形、长期变形等）；

（4）支护参数优化（包括开挖顺序、开挖方案、支护方案等论证）。

采用的方法有刚体极限平衡分析、连续数值模拟方法（有限单元法、有限差分法等）、非连续数值模拟方法（块体离散单元法、颗粒离散单元法、DDA 法等）。经过多年的发展，这些经验方法、半经验方法、数值模拟方法已经形成了相对完善的软件，供研究者与设计者使用。

岩土本构是岩土介质的应力、应变、应变率、加载速率、应力历史、应力水平、加载途径及温度等之间的函数关系。在工程结构数值计算中，岩土、结构材料的本构关系十分重要，数值计算和分析的精度在很大程度上取决于所采用材料本构模型的合理性。

一种数值模拟方法能否在岩土工程问题的分析中得到较多应用，在很大程度上取决于该计算方法能否采用多种本构模型进行计算。目前流行的岩土工程计算软件绝大多数具备了采用多种本构模型进行计算的能力，另外往往还根据需求，专门开发了一些本构模型的动态链接库（DLL），用于特殊岩土工程问题的分析与计算。

值得注意的是，没有必要将所有复杂力学性质及其影响完全反映到一个力学模型中进行研究，因为随着研究对象所处的环境与条件变化，可以采用不同的力学模型去模拟。如岩石处于脆性断裂状态，就可以忽略延性，而作为弹性体研究。

一种数值计算方法能否在岩土工程问题的分析中得到较多应用，在很大程度上取决于该计算方法能否采用多种本构模型进行计算。

第 2 章　岩土工程结构的本构模型

岩土本构是岩土介质的应力、应变、应变率、加载速率、应力历史、应力水平、加载途径及温度等之间的函数关系。在工程结构数值计算中，岩土、结构材料的本构关系十分重要，数值计算和分析的精度在很大程度上取决于所采用材料本构模型的合理性。

一种数值模拟方法能否在岩土工程问题的分析中得到较多应用，在很大程度上取决于该计算方法能否采用多种本构模型进行计算。目前流行的岩土工程计算软件绝大多数具备了采用多种本构模型进行计算的能力，另外根据需求，还专门开发了一些本构模型的动态链接库（DLL），用于特殊岩土工程问题的分析与计算。

值得注意的是，没有必要将所有复杂力学性质及其影响完全反映到一个力学模型中进行研究，因为随着研究对象所处的环境与条件变化，可以采用不同的力学模型去模拟。如岩石处于脆性断裂状态，就可以忽略延性，而作为弹性体研究。

一种数值计算方法能否在岩土工程问题的分析中得到较多应用，在很大程度上取决于该计算方法能否采用多种本构模型进行计算。

2.1　岩土本构模型分类

岩土体本构关系的研究目前已经取得了长足进步与发展，现今已有数百个本构模型用来描述各种不同岩土体的应力-应变形状。一般来说，建立一个好的本构模型应当考虑如下几点：

（1）数学公式推导方便。

（2）模型中主要参数有明确的物理意义。

（3）可用适当的试验方法确定模型中的各个系数。

（4）可从实验室里各种应力路径的试验中证实模型的合理性。

目前常见的岩土体本构模型种类有：

1）线弹性模型类。其特征是加载、卸载时应力-应变关系呈直线形。满足该类条件的模型有虎克弹性模型（文克勒地基模型、弹性半无限体模型），横观各向同性体（沉积、固结分析）等。

2）变弹性常数类。加载、卸载时应力-应变关系呈某种曲线形状，弹性常数随着应力水平不同而变化、卸载时或者按照加载路径恢复或者呈线弹性变化。满足该条件的岩土模型有双线性模型、双曲线模型、邓肯-张模型等。

3）弹塑性模型类。当加载时应力低于某一值时，应力-应变关系则呈直线形，而一旦应力达到该值时，则呈某种曲线变化或保持水平直线。特点是加载后达到一定应力值才会出现塑性变形，小于该值时加载和卸载路径一致，塑性状态分为应变硬化、应变软化、理想塑性（图 2.1.1）等。满足该条件的模型有 Prandtl-Reuss 模型、Drucker-Prager 模型、

Mohr-Coulomb 模型、Hoek-Brown 模型、CambridgeClay 模型等，这是目前岩土工程各领域应用最广的一类模型。

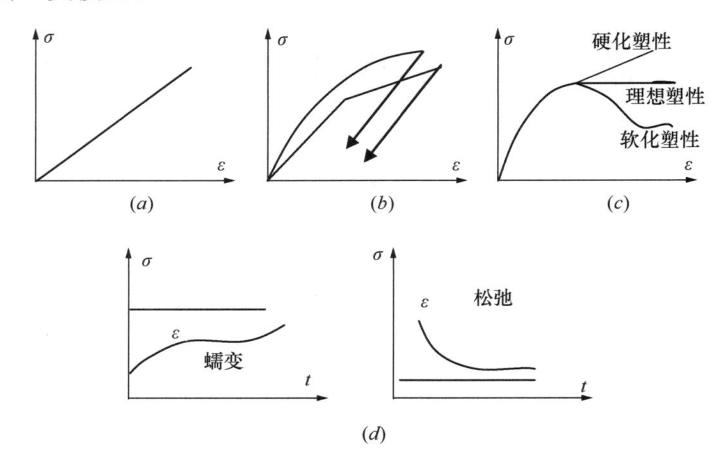

图 2.1.1　常见的应力应变曲线

(*a*) 线弹性模型；(*b*) 变弹性常数类；(*c*) 弹塑性模型类；(*d*) 黏弹性模型类

4）黏弹（塑）性模型。该类模型在应力-应变关系中还包括时间因素。如果材料响应和载荷速率或变形速率无关，称材料为率无关，相反，与应变速率有关的塑性称为率相关塑性。当应力不变时，应变会随着时间增加而增加（蠕变）；当应变不变时，应力随着时间会减少（松弛）。常用的有 Maxwell 模型、Kelvin 模型、Bingham 模型、西元模型等。

5）不连续岩体模型。针对不连续面、断层破碎带，采用专门的接触模型进行考虑。包括无拉应力模型、层间滑移模型、节理单元模型、软弱夹层模型等。

随着人们对岩土体本构关系认识的深入，一方面在理论上取得了重大进步，另一方面各本构在应用中的缺陷不断被修正，形成了更多的岩土体本构模型、理论。

一些新理论的提出也促进了岩土体本构关系理论研究的发展，如内蕴时间塑性理论（内时理论）不以屈服面的概念作为其理论发展的基本前提，也不把确定屈服面作为其计算的依据，而认为塑性和黏塑性材料内任一点的现时应力状态是该点领域内整个变形和温度历史的泛函数；损伤模型是基于损伤力学理论提出的，将材料损伤的几何描述和等价应力相结合，建立了本构方程和损伤演化方程。

事实上，各类模型之间并没有严格的界限，且新理论、新模型不断出现，对本构模型进行精确分类十分困难，也没有实际意义。重要的是，本构模型能够较好地反映工程岩土体的主要性状，从而通过计算分析获得工程建设所需精度的分析结果。因此以理论模型为基础建立适用于某一地区或某一类岩土工程问题的实用模型是未来岩土体本构模型研究的发展方向。

2.2　线弹性模型

线弹性模型是最简单也是最常用的一类模型，其基本理论是弹性力学中的广义虎克定律。虎克弹性模型及横观各向同性模型的基本方程及弹性参数公式如下。

1. 基本方程

按弹性力学理论，一维情况下的应力-应变关系可简单写为：

$$\varepsilon=\frac{\sigma}{E} \tag{2.2.1}$$

式中，σ 为应力、ε 为应变、E 为弹性模量。推广到三维状态，可用矩阵表示：

$$\{\varepsilon\}=[C]\{\sigma\} \text{ 或 } \{\sigma\}=[D]\{\varepsilon\} \tag{2.2.2}$$

式中，$[D]$ 为弹性矩阵，$[C]$ 为柔度矩阵。

从弹性力学可知，最一般的 $[C]$ 矩阵中共有 36 个元素，以建立应力-应变线性关系，由于这种关系的对称性，$[C]$ 中的元素可以减少至 21 个。即

$$[C]=\begin{bmatrix} C_{11} & & & & & \\ C_{21} & C_{22} & & \text{对} & & \\ C_{31} & C_{32} & C_{33} & & & \\ C_{41} & C_{42} & C_{43} & C_{44} & & \text{称} \\ C_{51} & C_{52} & C_{53} & C_{54} & C_{55} & \\ C_{61} & C_{62} & C_{63} & C_{64} & C_{65} & C_{66} \end{bmatrix} \tag{2.2.3}$$

根据岩土介质的特性可假定是各向同性或正交各向异性。各向同性材料常数最终可简化为 2 个，即 E、μ。对于正交各向异性材料，如坐标轴 x、y、z 是其弹性主轴，这时剪应力不会引起正应变，式（2.2.1）中元素减少至 9 个，其中 C_{41}、C_{42}、C_{43}、C_{51}、C_{52}、C_{53}、C_{54}、C_{61}、C_{62}、C_{63}、C_{64}、C_{65} 为零元素。当 xy 平面是各向同性的弹性主轴时，z 轴方向是各向异性的弹性主轴，如图 2.2.1 所示，称为横观各向同性。成层岩体就属于这种类型，其他材料如木材、竹材垂直于纤维方向是各向同性的。正交各向异性的 $[C]$ 矩阵为：

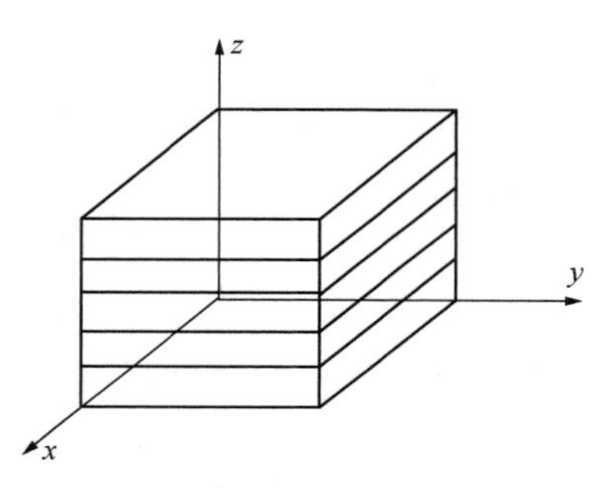

图 2.2.1　横观各向同性模型

$$[C]=\begin{bmatrix} C_{11} & & & & & \\ C_{21} & C_{22} & & \text{对} & & \\ C_{31} & C_{32} & C_{33} & & & \\ C_{41} & C_{42} & C_{43} & C_{44} & & \text{称} \\ C_{51} & C_{52} & C_{53} & C_{54} & C_{55} & \\ C_{61} & C_{62} & C_{63} & C_{64} & C_{65} & C_{66} \end{bmatrix} \tag{2.2.4}$$

对于横观各向同性材料，由于 x、y 面是各向同性的，因此式（2.2.4）中 $C_{11}=C_{22}$、$C_{31}=C_{32}$、$C_{55}=C_{66}$、$C_{44}=\frac{1}{2}(C_{11}-C_{12})$，独立常数减少到 5 个，即 C_{11}、C_{33}、C_{66}、C_{21}、C_{31}。

2. 弹性常数的确定

虎克弹性模型的弹性模量 E 可从常规三轴压缩应力路径（CTC）试验曲线中得到，在该应力路径中

$$\tau_{oct}=\frac{\sqrt{2}}{3}(\sigma_1-\sigma_3) \tag{2.2.5}$$

由于 σ_3 在试验中始终保持不变，则

$$d\sigma_{oct}=\frac{\sqrt{2}}{3}d\sigma_1 \tag{2.2.6}$$

$$k=\frac{d\sigma_{oct}}{d\varepsilon_1}=\frac{\sqrt{2}d\sigma_1}{3d\varepsilon_1}=\frac{\sqrt{2}}{3}E \tag{2.2.7}$$

$$E=\frac{3}{\sqrt{2}}k \tag{2.2.8}$$

式中　k 为试验曲线的斜率，一般取卸载时的值效果较好。

因此得到 τ_{out}-ε_1 试验曲线斜率后可以根据式（2.2.8）求得 E 值，体积模量 K 可以从静水压力路径（HC）试验曲线得到，在 HC 试验中作 σ_m-ε_y 曲线。由体积压缩模量的定义可知 K 是该曲线的斜率如式（2.2.9）所示

$$K=\frac{d\sigma_m}{d\varepsilon_y} \tag{2.2.9}$$

一般也取卸载时的值。同样，可从双轴压缩试验（TC）和拉伸应力路径（TE）试验中得到剪切模量 G 。

由弹性力学可知，对于线弹性介质，只要求得任意两个弹性常数，其余的常数可转换而成。

横观各向同性材料的常数也可以从常规三轴压缩应力路径试验中加以确定。取一块横观各向同性试样，如在初始应力状态增加 $\Delta\varepsilon_x$，而 σ_x 、σ_y 保持不变，则作 $\Delta\sigma_z$-$\Delta\varepsilon_x$、$\Delta\sigma_z$-$\Delta\varepsilon_y$ 、$\Delta\sigma_z$-$\Delta\varepsilon_z$ 的曲线，由式（2.2.2）得

$$\left.\begin{aligned}\Delta\varepsilon_x&=C_{13}\Delta\sigma_z\\ \Delta\varepsilon_y&=C_{23}\Delta\sigma_z\\ \Delta\varepsilon_z&=C_{33}\Delta\sigma_z\end{aligned}\right\} \tag{2.2.10}$$

或

$$\left.\begin{aligned}C_{13}&=\frac{\Delta\varepsilon_x}{\Delta\sigma_z}\\ C_{23}&=\frac{\Delta\varepsilon_y}{\Delta\sigma_y}\\ C_{33}&=\frac{\Delta\varepsilon_z}{\Delta\sigma_z}\end{aligned}\right\} \tag{2.2.11}$$

然后，另取同样的试样，在初始应力增加 $\Delta\sigma_x$，并作 $\Delta\sigma_x$-$\Delta\varepsilon_x$ 、$\Delta\sigma_x$-$\Delta\varepsilon_y$ 、$\Delta\sigma_x$-$\Delta\varepsilon_z$ 曲线，同理得到

$$\left.\begin{aligned}\Delta\varepsilon_x&=C_{13}\Delta\sigma_x\\ \Delta\varepsilon_y&=C_{23}\Delta\sigma_x\\ \Delta\varepsilon_z&=C_{33}\Delta\sigma_x\end{aligned}\right\} \tag{2.2.12}$$

或

$$\left.\begin{aligned} C_{13} &= \frac{\Delta\varepsilon_{x}}{\Delta\sigma_{x}} \\ C_{23} &= \frac{\Delta\varepsilon_{y}}{\Delta\sigma_{x}} \\ C_{33} &= \frac{\Delta\varepsilon_{z}}{\Delta\sigma_{x}} \end{aligned}\right\} \tag{2.2.13}$$

上述两次试验可以得到 4 个常数，即 C_{11}、C_{12}、C_{13}、C_{33}。最后一个常数 C_{66} 需要用纯剪切应力路径加以确定。这 5 个常数的物理意义是：

$$C_{11}=\frac{1}{E_{H}};C_{12}=\frac{-\mu_{HH}}{E_{H}};C_{13}=\frac{-\mu_{VH}}{E_{H}};C_{33}=\frac{1}{E_{V}};C_{66}=\frac{1}{E_{VH}} \tag{2.2.14}$$

确定了 $[C]$ 矩阵中 5 个元素值后，可以对（2.2.4）求逆得到弹性矩阵 $[D]$，即

$$[D]=\begin{bmatrix} A\left(\frac{E_{H}}{E_{V}}-\mu_{VH}^{2}\right) & & & & & \\ A\left(\frac{E_{H}}{E_{V}}\mu_{HH}+\mu_{VH}^{2}\right) & A\left(\frac{E_{H}}{E_{V}}-\mu_{VH}^{2}\right) & & & & \\ A(1+\mu_{HH})\mu_{VH} & A\mu_{VH}(1+\mu_{HH}) & A(1-\mu_{HH}^{2}) & & & \\ 0 & 0 & 0 & \frac{E_{H}}{2(1+\mu_{HH})} & & \\ 0 & 0 & 0 & 0 & & \\ 0 & 0 & 0 & 0 & & \end{bmatrix} \tag{2.2.15}$$

其中

$$A=\frac{E_{H}}{(1+\mu_{HH})\left[\frac{E_{H}}{E_{V}}(1-\mu_{HH})-2\mu_{HH}^{2}\right]}$$

2.3　变弹性常数模型

变弹性常数模型又称为非线性弹性模型，在理论上可分为柯西类、超弹性类和次弹性类，在工程应用上常常用某一函数曲线去拟合试验曲线，然后建立非线性弹性模型。人们常用双折线、双曲线、对数曲线和样条函数曲线去拟合试验曲线，其中以双曲线拟合三轴试验主应力差和轴向应变的关系曲线应用最多。非线性弹性模型也可分为 E（弹性模量）、μ（泊松比）类、K（体积变形模量）、G（剪切模量）类、E（切线模量）、B（体积变形模量）类或用其他形式表示的非线性弹性模型。

1. 双线性模型

双线性模型用两条不同斜率的直线来逼近真实试验曲线，两直线交点处的应力可假定为土体的屈服应力值。当应力小于屈服值时为线弹性应力状态，两个弹性常数可用通常的方法确定。一旦应力状态达到屈服应力值，可把剪切模量 G 取一个小值（但不能取为零或接近零的数，否则在计算中会出现病态），体积模量 K 仍保持常数。卸载时，剪切模量恢复到初始加载时的值。模型的应力-应变曲线如图 2.3.1 所示。

屈服点位置可用屈服函数加以判定。一般认为采用莫尔-库伦屈服条件或德鲁克-普拉

格屈服条件比较适宜于各类岩土介质，这两个屈服准则都与 c、φ 值有关，因此该模型的待定常数为 K、G、c、φ 。

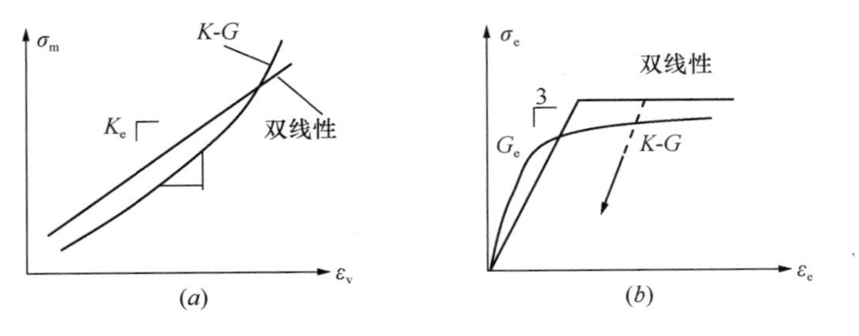

图 2.3.1　双线性模型

2. *K-G* 模型

K-G 模型假定弹性参数 K、G 不是常数，而是应力水平的函数，从而用弹性参数的连续变化来逼近真实的试验曲线。可以假定，体积模量 K 与平均应力有关，而剪切模量 G 不仅与偏应力有关，而且与平均应力有关，即

$$\left.\begin{aligned} K &= K_0 + \alpha_k \sigma_m \\ G &= G_0 + \alpha_G \sigma_m + \beta_G \bar{\sigma} \end{aligned}\right\} \tag{2.3.1}$$

K_0 和 G_0 表示初始的弹性常数，它符合线弹性关系式。在达到屈服应力时，可假设 G 趋向于零，由式（2.3.1）中第二式，得

$$G_0 + \alpha_G \sigma_m + \beta_G \bar{\sigma} = 0 \tag{2.3.2}$$

由屈服条件可得

$$-K_d - 3\alpha\sigma_m + \bar{\sigma} = 0 \tag{2.3.3}$$

由式（2.3.2）、式（2.3.3）解得

$$\frac{\alpha_c}{-\beta_G} = 3\alpha \frac{G_0}{-\beta_G} = K_d \tag{2.3.4}$$

α、K_d 是已知的 c、φ 的函数，可选用式（2.3.2）～式（2.3.4）的值。*K-G* 模型的待定常数为 c、φ、G_0、K_0、α_k。其中 α_k 可从 HC 试验的曲线拟合得到，其他常数分别由有关常规实验中得出。*K-G* 模型的卸载可与双线性模型同样方法处理，但是卸载的斜率不能直接确定。比较简单的办法是在卸载时令 β_G 为零，这样 G 可以突然变成一个较大的值，而 K 不受影响。当重新加载达到屈服时，β_G 可恢复到原来的值。*K-G* 模型的应力-应变曲线如图 2.3.1 所示。

3. 双曲线模型

双曲线模型是建立在全量应力-应变试验曲线模型基础上的，最常见的模型是邓肯-张模型（Duncan-Zhang Model）。它的基本方法是从土体的 CTC 试验中获得一组（σ_1-σ_3）与 ε_1 的试验曲线，寻找一个数学公式来描述此曲线，并且导出土体的相应应力水平的切线模量 E_1 和泊松比 μ_1。

从 CTC 试验曲线中发现土的应力-应变关系非常接近于一条双曲线，可表示为

$$\sigma_1 - \sigma_3 = \frac{\varepsilon_1}{\alpha + b\varepsilon_1} \tag{2.3.5}$$

或

$$\frac{\varepsilon_1}{\sigma_1 - \sigma_3} = a + b\varepsilon_1 \tag{2.3.6}$$

常数 a、b 由下面方法确定：

由式（2.3.5），当 $\varepsilon_1 \to \infty$ 时，从图 2.3.2 中可以看出，$1/b$ 是该曲线的渐近线。σ_d 称为理想状态的极限强度。但是土体的压缩变形不可能很大，当变形到达某一数值时，土体实际上已达到屈服强度 S_0。假设 $R_f = S_0/\sigma_d$，称为破坏比，一般 R_f 建议值为 0.7～0.9，则

$$\frac{1}{b} = \frac{S_0}{R_f} \tag{2.3.7}$$

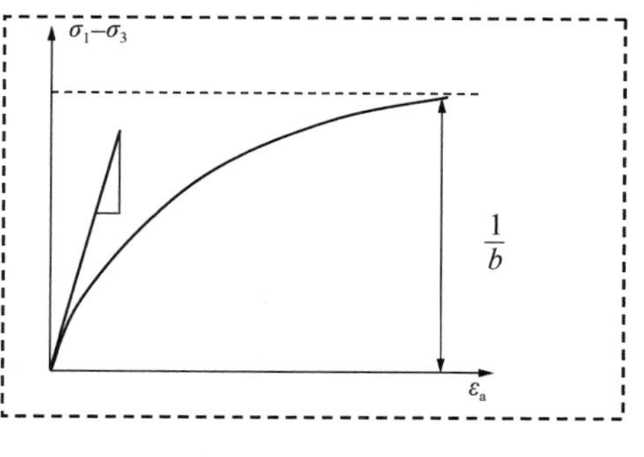

图 2.3.2　双曲线模型

由式（2.3.5）对 ε_1 求导，并令 $\varepsilon_1=0$，得

$$\frac{1}{a} = \left.\frac{d(\sigma_1-\sigma_3)}{d\varepsilon_1}\right|_{\varepsilon_1=0} = E_0 \tag{2.3.8}$$

式中　E_0——土体初始弹性模量。

把系数 a、b 的表达式（2.3.7）、式（2.3.8）代入式（2.3.5），得

$$\sigma_1-\sigma_3 = \frac{\varepsilon_1}{\dfrac{1}{E_0}+\dfrac{\varepsilon_1 R_f}{S_0}} \tag{2.3.9}$$

由式（2.3.9）对 ε_1 求导，并注意到在 CTC 试验中 σ_3 是不变的，得

$$E_t = \frac{d\sigma_1}{d\varepsilon_1} = \frac{d(\sigma_1-\sigma_3)}{d\varepsilon_1} = \frac{\dfrac{1}{E_0}}{\left(\dfrac{1}{E_0}+\dfrac{\varepsilon_1 R_f}{S_0}\right)^2} \tag{2.3.10}$$

式中　E_t——切线模量。

由式（2.3.9）、式（2.3.10）解得

$$E_t = \left[1-\frac{R_f(\sigma_1-\sigma_3)}{S_0}\right]^2 E_0 \tag{2.3.11}$$

由于在不排水的情况下，初始模量 E_0 是随着侧压力 σ_3 不同而改变的，可做一系列不同 σ_3 情况下的 CTE、RTE 试验，从中得到

$$E_0 = KP_a\left(\frac{\sigma_3}{P_a}\right)^n \tag{2.3.12}$$

式中　P_a——大气压；

K、n——材料常数，可以从图 2.3.3 中得到。

设土体服从莫尔-库伦屈服条件，其屈服条件可从塑性应变增量中得到

$$(\sigma_1-\sigma_3)_p = \frac{2c\cos\varphi + 2\sigma_3\sin\varphi}{1-\sin\varphi} \tag{2.3.13}$$

由于 $S_0 = (\sigma_1-\sigma_3)_p$，将式（2.3.12）、式（2.3.13）代入式（2.3.11），得

$$E_t = KP_a\left(\frac{\sigma_3}{P_a}\right)^n\left[1-\frac{R_f(1-\sin\varphi)(\sigma_1-\sigma_3)}{2\cos\varphi+2\sigma_3\sin\varphi}\right]^2 \tag{2.3.14}$$

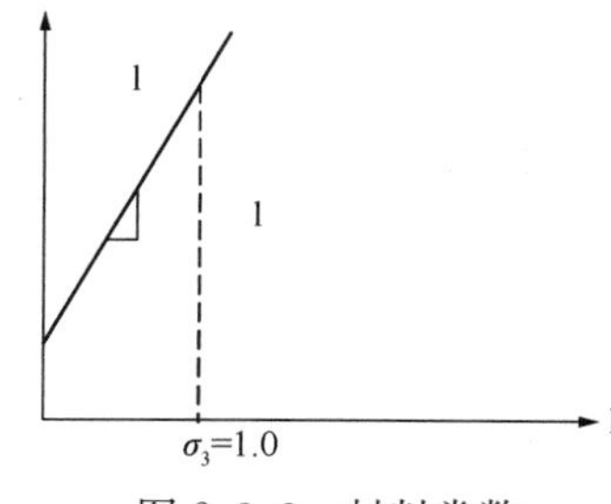

图 2.3.3　材料常数

用同样的办法可推导出切线泊松比 μ_1。

设轴向应变 ε_1 和侧向应变 ε_3 之间也是双曲线关系，如图 2.3.4 所示，即

$$\varepsilon_1 = \frac{\varepsilon_3}{f + d\varepsilon_3} \tag{2.3.15}$$

$$\frac{\varepsilon_1}{\varepsilon_3} = f + d\varepsilon_3 \tag{2.3.16}$$

同理得，系数 $f=\mu_0$，$d=\frac{1}{\varepsilon_1}$。

初始泊松比 μ_0 也随侧压力 σ_3 而变化，由试验可得

$$\mu_0 = G - F\lg\left(\frac{\varepsilon_3}{P_a}\right) \tag{2.3.17}$$

式中，G，F 可从图 2.3.5 的试验得到。

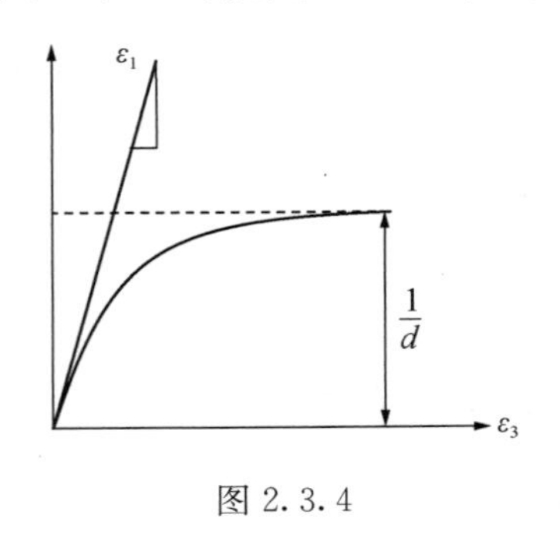

图 2.3.4

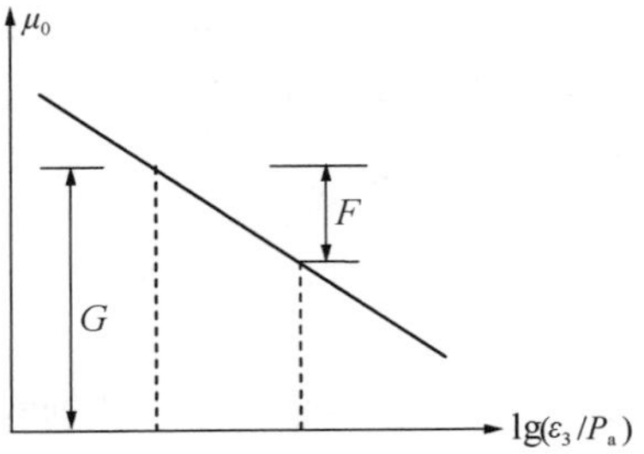

图 2.3.5

由式（2.3.15），ε_3 对 ε_1 求导得

$$\mu_t = \frac{d\varepsilon_3}{\varepsilon_1} = \frac{\mu_0}{(1-\varepsilon_3 d)^2} \tag{2.3.18}$$

由式（2.3.9）得

$$\varepsilon_1 = \frac{\sigma_1 - \sigma_3}{E_0\left[1 - \frac{R_f(\sigma_1-\sigma_3)}{S_0}\right]} \tag{2.3.19}$$

把式（2.3.12）、式（2.3.13）代入式（2.3.19）后再代入（2.3.18）得

$$\mu_f = \frac{G - F\lg\left(\frac{\varepsilon_3}{P_a}\right)}{\left\{1 - \frac{(\sigma_1-\sigma_3)d}{KP_a\left(\frac{\varepsilon_3}{P_a}\right)\left[1 - \frac{R_f(1-\sin\varphi)(\sigma_1-\sigma_3)}{2c\cos\varphi + 2\sigma_3\sin\varphi}\right]}\right\}^2} \tag{2.3.20}$$

从式（2.3.14）、式（2.3.20）可得到的 E_t 和 μ_t，即可组成弹性矩阵［D_t］，其元素是随不同的应力水平而变化的，其中有 8 个系数即 K、n、R_f、c、φ、F、G 和 d 的值可用 CTC 试验予以确定。卸载路径可以与加载路径一样，也可以假定在卸载瞬时 G_t 突然增加到初始剪切模量 G_0。

$$G_0 = \frac{E_0}{2(1+\mu_0)} \tag{2.3.21}$$

双曲线模型需要的参数较多，因此计算较复杂，而 K-G 模型的计算参数相对来说较少，而且它能较好地符合土体试验结果，因此比较实用。但如果研究的应力区域经常是在

土的屈服应力点附近，则用双曲线模型更为合适，它可以把屈服前后状态明显地区分开来，这点是其他两个模型不容易做到的。

4. 讨论

上述三个模型统称为变弹性常数模型，它是用改变弹性常数的方法模拟材料的受力形态，它们与本章第二节讨论的线弹性模型性质是不同的。主要区别在于材料屈服后的应力-应变关系上，尤其是涉及破坏荷载与应力路径有关的摩擦型岩土介质，两者的结果很不一致。从下面一个简单例子可以看出它们之间的差别。图 2.3.6 表示在光滑桌面上有一块物体，假设为一个平面问题，加在两侧的荷载均为 P，加在顶上的荷载为 $P+2C$。根据特雷斯卡屈服准则，这物体到了屈服状态。然而沿顶面加上一个小的水平方向侧向荷载 Δq，两种计算模型将得到不同的变形图。这是由于变弹性常数模型计算的增量应变是根据增量应力大小得到的，而线弹性模型则由累计应力值控制着物体的变形。实验结果表明，线弹性变形形式比较符合实际。上面的例子只是一个极端情况，无疑夸大了两者的差别，如果 Δq 是垂直作用，两者就没有什么区别了。变弹性常数模型的公式比较简单，在编制程序上有很多方便之处，但它在岩土体屈服后并不符合塑性理论的流动法则，其塑性变形是随意的，有可能违背热力学定律，而线弹性模型却可以克服这个缺点。

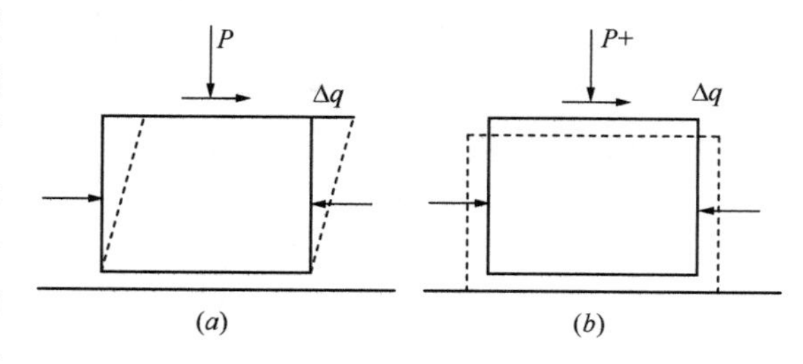

图 2.3.6　变弹性常数模型与弹塑性模型比较

2.4 弹 塑 性 模 型

弹塑性模型大多建立在塑性增量理论（或称塑性流动理论）基础上，也有建立在塑性全量（或称塑性形变理论）基础上。塑性增量理论主要包括屈服面理论、流动规则理论和加工硬化（或软化）理论三部分。在岩土工程数值计算中，常用的模型有 Drucker-Prager 模型和 Mohr-Coulomb 模型。

弹塑性体可以分为理想弹塑性、应变硬化、应变软化三种应力状态。弹塑性材料的一个显著特点是当应力超过屈服点后，应力-应变关系呈非线性状态，并且其加载与卸载的应力路径是不一样的。譬如，通过加载产生了一定程度的塑性变形之后（假定为 S_1 点），再卸去全部荷载，这时卸载的应力应变符合弹性本构关系。然后加载到达 S_1 点后，仍按照弹塑性的本构关系变化。应力-应变曲线就可以看到，应变不仅依赖于当时的应力状态，而且与整个加载历史有关。因此，一般弹塑性本构关系不能用应力-应变全量关系精确的予以描述，而只能建立起反映对加载路径有关的应力-应变之间的增量关系。

对于复杂应力状态材料进行弹塑性分析要有三个基本要求：①需要建立一个复合材料特性的屈服准则；②需要一个确定应力和塑性应变增量相对关系的流动法则；③需要一个确定屈服后应力状态的硬化规律。

屈服准则是表示在复杂应力状态下，材料进入初始屈服的条件。它控制了塑性变形的开始阶段。在主应力空间中表现为屈服面。如果介质某点的应力在屈服面之内变化，则为弹性状态。如果某点的应力落在屈服面上，则为塑性状态，此时既有弹性变形又有塑性变形。对应边硬化的材料，屈服后，再连续加载到较高的应力水平时，屈服面就连续扩大直至破坏。这样，屈服面就与破坏面重合。在理想弹塑性材料中，屈服面就是破坏面。

材料在一维拉伸或压缩应力状态下，若应力达到其屈服强度，材料就开始进入屈服状态。但对二维和三维复杂应力状态，区服将在什么情况下发生呢。这就需要根据材料特性建立一个屈服条件，应力状态满足这一条件，材料就屈服。目前，常用的岩土介质屈服条件大致有 Tresca、Mises、Mohr-Coulomb 及 Drucker-Prager 等。

特雷斯卡屈服准则规定：当最大剪应力等于材料的容许抗剪强度时，塑性流动开始发生。对于平面问题屈服函数可写为

$$F(\sigma)=\left(\frac{\sigma_x-\sigma_y}{2}\right)^2+\tau_{xy}^2-k^2=0 \tag{2.4.1}$$

式中　k——材料单轴抗剪强度，$k=\frac{\sigma_s}{2}$；

σ_s——材料轴压缩强度。

当 $F(\sigma)<0$ 时，材料是弹性的。当 $F(\sigma)=0$，材料达到塑性阶段。

特雷斯卡准则又称为最大剪应力等于常量准则，适用于只具有内聚力 c 的黏性土和软岩。此时 $c=k$，式（2.4.1）可改写为

$$F(\sigma)=(\sigma_1-\sigma_2)-2c=0 \tag{2.4.2}$$

对于三维状态，因事先不能判别主应力的次序，可写为

$$F(\sigma)=[(\sigma_1-\sigma_3)^2-4c^2](\sigma_1-\sigma_2)^2-4c^2[(\sigma_2-\sigma_3)^2-4c^2]=0 \tag{2.4.3}$$

若以不变量表示式（2.4.3），则为

$$F(\sigma)=4J_{2D}^3-27J_{3D}^2-36c^2J_{2D}^2+96c^4J_{2D}-64c^6=0 \tag{2.4.4}$$

米塞斯屈服准则假定：屈服状态是由最大形状变形能（也称畸变能）所引起的。根据这个假定可以得到以下推理，即等效应力 σ_e 达到单轴状态下应力压缩强度 σ_s 时就开始发生屈服，或应力偏量第二不变量 J_{2D}达到$\frac{1}{3}\sigma_3^2$ 就开始屈服，即

$$F(\sigma)=J_{2D}-k_1^2=0 \tag{2.4.5}$$

式中，$k_1^2=\frac{1}{3}\sigma_s^2$，$k_1$ 为纯剪应力时（$\sigma_2=0$，$\sigma_1=-\sigma_3$）的抗剪强度。式（2.4.5）展开后为

$$F(\sigma)=\frac{1}{6}[(\sigma_x-\sigma_y)^2+(\sigma_y-\sigma_z)^2+(\sigma_z-\sigma_x)^2]+(\tau_{xy}^2+\tau_{yz}^2+\tau_{zx}^2)-k_1^2=0 \tag{2.4.6}$$

如果是平面问题，式（2.4.6）可简化为

$$F(\sigma)=\left(\frac{\sigma_x-\sigma_y}{2}\right)^2+\tau_{xy}^2-k_1^2=0 \tag{2.4.7}$$

米塞斯屈服准则季边适用于某些高压缩应力状态下的软岩和饱和黏土。

上述两个屈服准则曾广泛应用于金属材料，对于只有内聚强度的岩土介质也比较适用。不过，大部分岩土介质存在摩擦力，因而还要建立几种摩擦型的屈服准则。

岩土介质的强度依据岩石的内聚力 c 和内摩擦角 φ 而定，有

$$\tau = c + \sigma_n \tan\varphi \tag{2.4.8}$$

式中　τ——剪应力；

σ_n——正应力。

对于二维应力状态，可由莫尔圆（图2.4.1）推广为

$$F(\sigma) = \frac{(\sigma_1 - \sigma_3)}{2} - \left[c\cot\varphi + \frac{(\sigma_1 + \sigma_3)}{2}\right]\sin\varphi \tag{2.4.9}$$

或

$$F(\sigma) = (\sigma_1 - \sigma_3) - 2c\cos\varphi - (\sigma_1 + \sigma_3)\sin\varphi = 0 \tag{2.4.10}$$

若用应力不变量（σ_m，$\bar{\sigma}$，θ）表示空间状态下的摩尔-库伦屈服函数，式（2.4.10）可变为

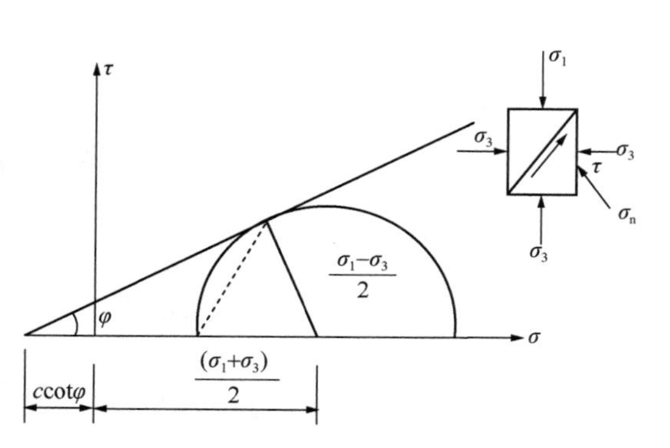

图2.4.1　二维应力状态摩尔圆

$$\sigma_m \sin\varphi - \left(\cos\theta + \frac{1}{\sqrt{3}}\sin\varphi\sin\theta\right)\bar{\sigma} + c\cos\varphi = 0 \tag{2.4.11}$$

在常规三轴试验中，可以用 $p-q$ 平面来表示式（2.4.11）

$$F(\sigma) = q - \frac{3\sin\varphi}{\sqrt{3}\cos\theta + \sin\theta\sin\varphi}p - \frac{3\cos\varphi}{\sqrt{3}\cos\theta + \sin\theta\sin\varphi} = 0 \tag{2.4.12}$$

其中

$$q = \sigma_1 - \sigma_3, p = \frac{\sigma_1 + \sigma_3}{3}$$

摩尔-库伦屈服面在主应力空间是不规则六角形截面的角锥体表面，各屈服面之间存在脊梁，因而在该处的屈服条件是不定的。在实际计算中，可假定该脊梁处的法线方向为两个相交的屈服面的平均法线方向或者在脊梁处附近用一假定的光滑曲面“圆角”，或者是用圆锥体来代替角锥体，这就是下面介绍的一种屈服准则。

德鲁克-普拉格屈服准则也称为广义米塞斯屈服准则，此屈服函数为

$$F(\sigma) = \bar{\sigma} + 3\alpha\sigma_m - k_d = 0 \tag{2.4.13a}$$

其中

$$\alpha = \frac{-\sin\varphi}{\sqrt{3}\sqrt{3 + \sin^2\varphi}}, k_d = \frac{\sqrt{3}\cos\varphi}{\sqrt{3 + \sin^2\varphi}}c \tag{2.4.13b}$$

例如，在CTE应力路径中，$\theta = \frac{\pi}{6}$，由式（2.4.11）得

$$\alpha = \frac{-2\sin\varphi}{\sqrt{3}(3 + \sin\varphi)}, k_d = \frac{6\cos\varphi}{\sqrt{3}(3 + \sin\varphi)}c \tag{2.4.13c}$$

在CTC应力路径中，$\theta = -\frac{\pi}{6}$，由式（2.4.11）得

$$\alpha = \frac{-2\sin\varphi}{\sqrt{3}(3 - \sin\varphi)}, k_d = \frac{6\cos\varphi}{\sqrt{3}(3 - \sin\varphi)}c \tag{2.4.13d}$$

为求得摩尔-库伦屈服函数的下界，将式（2.4.11）中的 $F(\sigma)$ 对 θ 求极值后，得

$$\theta=\frac{1}{\sqrt{3}\sin\varphi} \tag{2.4.13e}$$

由三角函数关系式可知

$$\sin\theta=\frac{\sin\varphi}{\sqrt{3+\sin^2\varphi}},\cos\theta=\frac{\sqrt{3}}{\sqrt{3+\sin^2\varphi}} \tag{2.4.13f}$$

把式（2.4.13f）代入式（2.4.11）得

$$\alpha=\frac{-\sin\varphi}{\sqrt{3}\sqrt{3+\sin^2\varphi}},k_\mathrm{d}=\frac{\sqrt{3}\cos\varphi}{\sqrt{3+\sin^2\varphi}}c \tag{2.4.13g}$$

式（2.4.13g）与式（2.4.13b）完全相同，因此式（2.4.13b）为摩尔-库伦屈服面的下界，式（2.4.13d）为摩尔-库伦屈服面的上界，这两个界限相差很多。故在选择 α、k_d 值时要特别谨慎。

各种屈服函数在主应力空间中的图形如图 2.4.2 所示，在 π 平面的图形如图 2.4.3 所示。

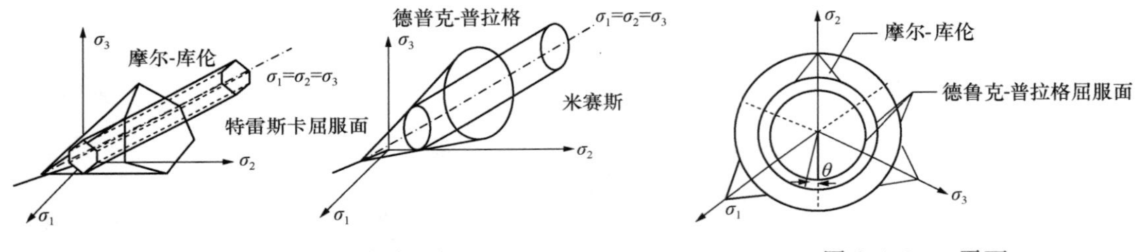

图 2.4.2　主应力空间　　　　图 2.4.3　π 平面

流动法则是控制塑性范围内材料变形的规则，它规定了塑性应变增量与应力之间的相对关系，根据塑性理论，塑性应变增量方向正交于塑性势面，其数学表达式为

$$\{\mathrm{d}\varepsilon^\mathrm{p}\}=\mathrm{d}\lambda\frac{\partial Q(\sigma)}{\partial\{\sigma\}} \tag{2.4.14}$$

式中　$\mathrm{d}\lambda$——非负参数。

塑性势面也可写为主应力或不变量的函数，即

$$Q(\sigma_1,\sigma_1,\sigma_3,k)=Q(J_{1\mathrm{D}},J_{2\mathrm{D}},J_{3\mathrm{D}},k)=0 \tag{2.4.15}$$

如果塑性势面与屈服面重合，即 $F=Q$，称为相适应的流动法则，否则称为不相适应的流动法则，式（2.4.14）可改写为

$$\frac{\partial F(\sigma)}{\partial\{\sigma\}}=\frac{\partial F}{\partial\sigma_\mathrm{m}}\frac{\partial\sigma_\mathrm{m}}{\partial\{\sigma\}}+\frac{\partial F}{\partial\bar{\sigma}}\frac{\partial\bar{\sigma}}{\partial\{\sigma\}}+\frac{\partial F}{\partial J_{3\mathrm{D}}}\frac{\partial J_{3\mathrm{D}}}{\partial\{\sigma\}} \tag{2.4.16}$$

式中，不变量对应力分量的导数为

$$\frac{\partial\sigma_\mathrm{m}}{\partial\{\sigma\}}=\frac{1}{3}[1\quad 1\quad 1\quad 0\quad 0\quad 0]^\mathrm{T} \tag{2.4.17a}$$

$$\frac{\partial\bar{\sigma}}{\partial\{\sigma\}}=\frac{1}{2\bar{\sigma}}[S_\mathrm{x}\quad S_\mathrm{y}\quad S_\mathrm{z}\quad 2\tau_\mathrm{xy}\quad 2\tau_\mathrm{yz}\quad 2\tau_\mathrm{xz}]^\mathrm{T} \tag{2.4.17b}$$

$$\frac{\partial J_{3D}}{\partial \{\sigma\}}=\begin{Bmatrix} S_yS_z-\tau_{yz}^2 \\ S_xS_z-\tau_{xz}^2 \\ S_xS_y-\tau_{xy}^2 \\ 2(\tau_{zx}\tau_{zy}-S_z\tau_{xy}) \\ 2(\tau_{xy}\tau_{xz}-S_x\tau_{yz}) \\ 2(\tau_{yz}\tau_{yx}-S_y\tau_{xz}) \end{Bmatrix}+\frac{1}{3}\bar{\sigma}\begin{Bmatrix} 1 \\ 1 \\ 1 \\ 0 \\ 0 \\ 0 \end{Bmatrix} \tag{2.4.17c}$$

F 对应力不变量的导数应根据不同的屈服函数而定。

对于大多数岩石、黏土和砂，用相适应的流动法则和摩擦型的屈服法则计算的塑性体积应变膨胀量往往过大，远远超过实际观测值。例如，用莫尔-库伦屈服法则式（2.4.8）带入式（2.4.14）后得

$$\left.\begin{aligned} d\varepsilon_1^p &= d\lambda\frac{\partial F}{\partial \sigma_1}=d\lambda(1-\sin\varphi) \\ d\varepsilon_2^p &= d\lambda\frac{\partial F}{\partial \sigma_2}=0 \\ d\varepsilon_3^p &= d\lambda\frac{\partial F}{\partial \sigma_3}=-d\lambda(1+\sin\varphi) \end{aligned}\right\} \tag{2.4.18}$$

上面三式相加，得

$$d\varepsilon_y^p=d\varepsilon_1^p+d\varepsilon_2^p+d\varepsilon_3^p=-2d\lambda\sin\varphi \tag{2.4.19}$$

从式（2.4.19）可以看出，塑性范围内体积膨胀值正比于 $\sin\varphi$。但这种剪胀性是不真实的。根据实验测定，一般松砂和正常固结土几乎没有剪胀性，某些岩石的剪胀程度随着侧应力的增大也显著减小，密实砂的剪胀程度也没有这样大。为了真实地反映岩土介质的剪胀程度，可考虑采用不相适应的流动法则，假定塑性势函数和形式上与屈服函数形式一样，只不过摩擦角 φ 改为膨胀角 ψ，有 $\varphi\geqslant\psi\geqslant 0$。$\psi$ 可根据不同的材料特性进行合理的选择。

2.5　不连续岩体模型

岩体与土体不同，它有很多属于不连续介质范畴的特性，同时具有明显的各向异性。造成岩体不连续的原因是它常被一组或多组节理裂隙所切割，形成软弱结构面，这些不连续面的剪切强度与完整岩石相比大为降低，因而通常控制岩体的变形。此外，节理断层和破碎带常是围岩不稳定的重要原因。

对于坚硬的裂隙岩体，一般可用以下几种模型加以模拟：

无拉应力模型。假设岩体不能承受拉应力的模型称为无拉应力模型。岩体的层理和节理较为密集的随机分布可采用这种模型。

层间滑移模型。岩石的变形主要由岩块之间的滑移面控制的模型称为层间滑移模型。岩体层理和节理的排列具有一定的规律性时可采用这种模型。

节理单元模型。将节理从岩体中分离开来，单独构成单元称为节理单元，相应的模型称为节理单元模型。岩体中存在大的节理或层理可采用这种模型。

软弱夹层模型。软弱夹层单独划分为单元的模型称为软弱夹层模型。岩体中明显存在

大块软弱夹层可采用这种模型。

软弱夹层模型可用前面提到的弹塑性模型，只是在选用单元的物理力学参数时，应分别考虑软弱夹层和完整岩体两种情况。

存在随机分布密集细小裂缝的岩体可视为均质的各向同性体，适用弹性力学有限单元法进行应力分析。计算结果表明，在应力集中处常出现拉应力区。因岩体的抗拉强度极低，有的根本不能承受拉应力，因此必须对拉应力区进行修正计算。当岩体中的拉应力超过规定的限值时，应认为在该主拉应力的作用方向上岩体已失去抵抗拉应力的能力，而在主压应力的作用方向仍可按线弹性材料进行分析。根据上述假设，首先对岩体进行线弹性有限元分析，据以判别岩体各单元是否有主拉应力产生，估算出拉应力区的范围，然后将各单元中的拉应力视为多余应力，利用初应力公式将它们换算成当量荷载，并用有限单元法计算出修正的应力场，再与原有应力场叠加后判别是否还有拉应力区存在。如此重复进行修正应力计算，直至各单元都不出现拉应力区或拉应力值都小于某一规定的允许限值，从而得到最终结果。该方法最初由辛克维兹提出，一般要迭代 10～15 次以上才能获得结果。这种方法的缺点是不能保证所有的情况都能收敛。为了减少收敛迭代的次数，耐厄等认为岩石拉裂后在两个相互垂直的方向上不能相互传递应力，故在计算中可将出现应力的各个单元的泊松比 μ 减少到趋近于零，这一建议使收敛速度得到改善，但每次迭代都必须进行刚度矩阵修正计算，从而增加了运算时间。为了避免这个缺点，可采用修正应力法消除泊松比的影响，如图 2.5.1 所示。对于平面应变问题，设某单元的主应变 σ_1 为拉应力，σ_3 为压应力，并认为这个单元的岩石在 σ_1 作用下已破裂，因在拉应力 σ_1 作用下材料不能在垂直方向传递变形，故有 $\varepsilon_3=0$。由弹性力学可知，为了保证这一条件成立，在 σ_3 方向应承受量值为 $\sigma'_3=\mu\sigma_1$ 的拉应力。同理，因材料也不能传递由 σ'_3 的作用引起的垂直方向的变形，故有 $\varepsilon'=0$。为了保证这一条件，在 σ_1 方向应承受量值为 $\sigma'_1=\mu\sigma'_3=\mu^2\sigma_1$ 的拉应力，如此重复分析，可得该单元总的修正拉应力，将其记为 $\{\sigma_T\}$，则表达式为

$$\{\sigma_T\}=\begin{Bmatrix}\sigma_1^0\\ \sigma_3^0\end{Bmatrix}=\begin{Bmatrix}\sigma_1+\mu^2\sigma_1+\mu^4\sigma_1+\cdots\\ \mu\sigma_1+\mu^3\sigma_1+\mu^5\sigma_1+\cdots\end{Bmatrix} \tag{2.5.1}$$

当某单元的 σ_1 和 σ_3 均为拉应力时，单元的修正拉应力 $\{\sigma_T\}$ 的表达式改为

$$\{\sigma_T\}=\begin{Bmatrix}\sigma_1^0\\ \sigma_3^0\end{Bmatrix}=\begin{Bmatrix}(1+\mu^2+\mu^4+\cdots)\sigma_1+\mu(1+\mu^2+\mu^4+\cdots)\sigma_3\\ (1+\mu^2+\mu^4+\cdots)\sigma_3+\mu(1+\mu^2+\mu^4+\cdots)\sigma_1\end{Bmatrix} \tag{2.5.2}$$

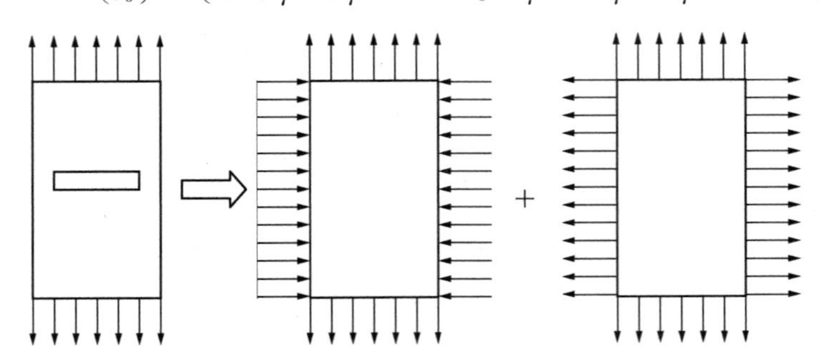

图 2.5.1　修正应力法

某些岩体存在多组平行或相互正交的不连续面，使其具有明显的各向异性特征，同时，这类岩体的各组节理面将产生相对滑移。这种岩体可看做正交各向异性体或横观各向同性体，其弹性矩阵 $[D]$ 的表达式见式（2.5.3）。若材料主轴坐标与假定的不一致，则要进行坐标转换。

$$[\overline{D}] = [T]^{\mathrm{T}}[D][T] \tag{2.5.3}$$

其中

$$[T] = \begin{bmatrix} l_1^2 & m_1^2 & n_1^2 & l_1 m_1 & m_1 n_1 & n_1 l_1 \\ l_2^2 & m_2^2 & n_2^2 & l_2 m_2 & m_2 n_2 & n_2 l_2 \\ l_3^2 & m_3^2 & n_3^2 & l_3 m_3 & m_3 n_3 & n_3 l_3 \\ 2l_1 l_2 & 2m_1 m_2 & 2n_1 n_2 & l_1 m_2 + l_2 m_1 & m_1 n_2 + m_2 n_1 & n_1 l_2 + n_2 l_1 \\ 2l_2 l_3 & 2m_2 m_3 & 2n_2 n_3 & l_2 m_3 + l_3 m_2 & m_2 n_3 + m_3 n_2 & n_2 l_3 + n_3 l_2 \\ 2l_3 l_1 & 2m_3 m_1 & 2n_3 n_1 & l_3 m_1 + l_1 m_3 & m_3 n_1 + m_1 n_3 & n_3 l_1 + n_1 l_3 \end{bmatrix} \tag{2.5.4}$$

式中　$[T]$——坐标转换矩阵；

l_i、m_i、n_i——新老坐标之间夹角的余弦值，i=1，2，3。

岩体进入弹塑性状态后，应按各向异性弹塑性矩阵进行应力分析，然而迄今为止，描述这类岩体的较为理想的弹塑性模型尚未建立。但当岩体本身比较软弱、内摩擦角很小时，可近似采用希尔的各向异性屈服准则建立公式。记 $\{\sigma\} = \{\sigma_1\ \sigma_2\ \sigma_3\ \sigma_4\ \sigma_5\ \sigma_6\}^{\mathrm{T}}$，对于弹性主轴，屈服函数可写为：

$$F(\sigma_2 - \sigma_3)^2 + G(\sigma_3 - \sigma_1)^2 + H(\sigma_1 - \sigma_2)^2 + 2L\sigma_4^2 + 2M\sigma_5^2 + 2N\sigma_6^2 = 1 \tag{2.5.5}$$

式中，F、G、H、L、M 和 N 为与材料有关的常数，用以下方法确定：

（1）在三个主方向上分别做岩石单轴抗压试验，得出沿各主轴的最大屈服应力 $\sigma_{1\mathrm{k}}$、$\sigma_{2\mathrm{k}}$ 和 $\sigma_{3\mathrm{k}}$，则由式（2.5.4）可得

$$\left.\begin{aligned} G\sigma_{1\mathrm{k}}^2 + H\sigma_{1\mathrm{k}}^2 &= 1 \\ F\sigma_{2\mathrm{k}}^2 + H\sigma_{2\mathrm{k}}^2 &= 1 \\ F\sigma_{3\mathrm{k}}^2 + G\sigma_{3\mathrm{k}}^2 &= 1 \end{aligned}\right\} \tag{2.5.6}$$

解式（2.5.5）得

$$\left.\begin{aligned} H &= \frac{1}{2}\left(\frac{1}{\sigma_{1\mathrm{k}}^2} + \frac{1}{\sigma_{2\mathrm{k}}^2} - \frac{1}{\sigma_{3\mathrm{k}}^2}\right) \\ F &= \frac{1}{2}\left(\frac{1}{\sigma_{2\mathrm{k}}^2} + \frac{1}{\sigma_{3\mathrm{k}}^2} - \frac{1}{\sigma_{1\mathrm{k}}^2}\right) \\ G &= \frac{1}{2}\left(\frac{1}{\sigma_{3\mathrm{k}}^2} + \frac{1}{\sigma_{1\mathrm{k}}^2} - \frac{1}{\sigma_{2\mathrm{k}}^2}\right) \end{aligned}\right\} \tag{2.5.7}$$

（2）在三个主方向分别做剪切试验，即得

$$\left.\begin{aligned} L &= \frac{1}{2\sigma_{4k}^2} \\ M &= \frac{1}{2\sigma_{5k}^2} \\ N &= \frac{1}{2\sigma_{6k}^2} \end{aligned}\right\} \tag{2.5.8}$$

根据正交流动法则，可导出各向异性的岩体单元的弹塑性矩阵为

$$[D_{ep}] = [D] - \frac{1}{Z}([D]\{S\})([D]\{S\})^{T} \tag{2.5.9}$$

式中　$[D]$ ——正交弹性矩阵，

　　　$\{S\}$ ——偏应力矩阵。

Z 的表达式为

$$Z = \frac{4}{9}\sigma_{qn}^2 H_0 + \{S\}^{T}[D]\{S\}$$

$$\sigma_{qn}^2 = \frac{3}{2(F+G+H)}[F(\sigma_2-\sigma_3)^2 + G(\sigma_3-\sigma_1)^2 + H(\sigma_1-\sigma_2)^2 + 2L\sigma_4^2 + 2M\sigma_5^2 + 2N\sigma_6^2]$$

$$H_0 = \frac{d\sigma_{qn}}{d\varepsilon_q^p}$$

其中，$d\varepsilon_q^p$ 为塑性等效应变增量。对于各向同性材料，希尔屈服准则可化为米塞斯屈服准则。

岩体沿层面出现破坏的情况有两种：第一，各层面的剪切应力达到层面材料的抗剪强度 τ_0 时产生层间滑移；第二，层面中出现拉应力时岩体在层面中张开，据此可建立两条破坏准则作为判据。

设 $[A_1]$、$[A_2]$、…、$[A_n]$ 为一组坐标变换矩阵，它们可将 $\{\sigma\}$ 中的总体坐标分量转换成各组节理面上的法向应力 σ_n 和切向应力 τ_{nl} 与 τ_{nm}，转化表达式为

$$\begin{Bmatrix}\sigma_n\\ \tau_{nl}\\ \tau_{nm}\end{Bmatrix}_1 = [A_1]\{\sigma\},\begin{Bmatrix}\sigma_n\\ \tau_{nl}\\ \tau_{nm}\end{Bmatrix}_2 = [A_2]\{\sigma\},\cdots,\begin{Bmatrix}\sigma_n\\ \tau_{nl}\\ \tau_{nm}\end{Bmatrix}_n = [A_n]\{\sigma\}, \tag{2.5.10}$$

式中，$[A_n] = \begin{bmatrix} l_1^2 & l_2^2 & l_3^2 & 2l_1l_2 & 2l_2l_3 & 2l_3l_1 \\ l_1m_1 & l_2m_2 & l_3m_3 & l_1m_2+l_2m_1 & l_2m_3+l_3m_2 & l_3m_1+l_1m_3 \\ l_1n_1 & l_2n_2 & l_3n_3 & l_2n_1+l_1n_2 & l_3n_2+l_2n_3 & l_1n_3+l_3n_1 \end{bmatrix}$ $(n=1,2,3,\cdots)$。各组层面的屈服函数可写为

$$F = |\tau|_k + \sigma_n \tan\varphi - C = 0 \tag{2.5.11}$$

式中，$|\tau|_k = \sqrt{\tau_{nl}^2 + \tau_{mn}^2}$。

层面不抗拉的条件可用屈服函数表示为

$$F = \sigma_n = 0 \tag{2.5.12}$$

设节理组数为 n，则式（2.5.11）、式（2.5.12）都分别有 n 个屈服函数，因此岩体本身还有一个正交各向异性的弹塑性屈服函数，总计 $2n+1$ 个方程。对于这种既有岩体本身的弹塑性变形又有各节理面滑移的模型，可以用黏塑性计算方法进行求解。

第3章　岩土工程勘察中的地质力学分析

地质力学是运用力学原理研究地壳构造和地壳运动规律及其起因的学科。主要是用力学的观点研究地质构造现象，研究地壳各部分构造形变的分布及其发生、发展过程，用来揭示不同构造形变间的内在联系。李四光先生扼要阐述了有关地质构造的若干传统概念、地质力学的方法、地质力学中存在的问题和地壳运动起源问题。把构造体系明确地归结为三大类型，即纬向构造体系、径向构造体系和各种形式的扭动构造体系。

中国地质力学研究在李四光先生以后在各方面应用中取得了新的进展，如地质力学与重大基础地质问题研究、新构造与活动构造研究、区域地壳稳定性研究、矿田构造与能源地质研究、第四纪地质与全球气候变化研究、地质灾害与工程地质研究、新技术与新方法应用研究和相关软科学研究等多个学科领域。

地质力学分析方法在岩土工程勘察设计中的运用是对李四光先生地质力学理论的传承与发展，本章根据多年的地勘经验，探讨了地质勘察与工程判断中的地质力学分析方法。

3.1　岩土工程勘查中应关注的问题

岩土工程勘察的目的是查明岩土工程地质条件，分析评价不良地质作用，为岩土工程治理设计、施工、监测提供岩土工程基础资料及依据。岩土工程地质条件包括：地形地貌、地层岩性、地质构造、水文地质条件、不良地质作用和天然建筑材料等。

（1）地形地貌：地形是指地表高低起伏状况、山坡陡缓程度与沟谷宽窄及形态特征等；地貌则说明地形形成的原因、过程和时代。

（2）地层岩性：是最基本的工程地质因素，包括它们的成因、时代、岩性、产状、成岩作用特点、变质程度、风化特征、软弱夹层、接触带以及地层物理力学性质等。

（3）地质构造：也是工程地质工作研究的基本对象，包括褶皱、断层、节理构造。

（4）水文地质条件：是重要的工程地质因素，包括地下水的成因、埋藏、分布、动态和化学成分等。

（5）不良地质作用：是现代地表地质作用的反映，与建筑区地形、气候、岩性、构造、地下水和地表水作用密切相关，主要包括滑坡、崩塌、岩溶、泥石流、风沙移动、河流冲刷与沉积等，对评价建筑物的稳定性和预测工程地质条件的变化意义重大。

（6）天然建筑材料：结合当地具体情况，选择适当的材料作为建筑材料，因地制宜，合理利用，降低成本。

1. 地形地貌

地形是指陆地表面各种各样的形态，地形的分类：按其形态可分为山地、高原、平原、丘陵和盆地五种基本地形类型。除此之外还有山谷、山脊、鞍部、山顶、洼地、陡崖、三角洲、冲积扇等地形。

地貌是地表外貌各种形态的总称。它是内动力物质作用和外动力地质作用对地壳作用的产物。

分类：按其形态可分为山地、丘陵、高原、平原、盆地等地貌单元。按其成因可分为构造地貌、侵蚀地貌、堆积地貌、气候地貌等类型。按动力作用的性质可分为河流地貌、冰川地貌、岩溶地貌、海成地貌、风成地貌、重力地貌等类型。

地形是制约各类边坡稳态的第一控制要素。边坡变形的第一个诱因是地形的改造，而变形易发部位是地形坡度陡变部位，变形区域规模则取决于边坡的高度及长度。

地貌也是制约各类边坡稳态的重要控制因素。内动力作用产生的大地貌单元决定区域稳定性。如稳定台地其大型边坡的稳定性一般良好；而带状大峡谷边坡稳定性一般不好。外动力作用造成的微地貌是不利边坡稳定状态的控制因素，如倒石锥、人工陡坎、海蚀崖等；而经长期风化剥蚀的圆丘其边坡稳定性往往良好。平原区、丘陵区和山岳地区的地形起伏、土层厚薄和基岩出露情况、地下水埋藏特征和地表地质作用现象都具有不同的特征，这些因素都直接影响到建筑场地和路线的选择。所以地形地貌是工程建设规划选址考虑的基本条件。

2. 区域地质构造

地质历史中地壳运动引起的地壳的变形和变位称为地质构造，它是内力地质作用产物，其类型有：褶皱（包括背斜和向斜）、断层（包括地垒和地堑）、节理的分布和特征、地质构造，特别是形成时代新、规模大的优势断裂，对地震等灾害具有控制作用，因而对建筑物的安全稳定、沉降变形等具有重要意义。

区域地质构造是指某一区域范围内的地质构造特征，区域地质构造是地质历史上由于内外动力地质作用下形成，是岩土工程稳定分析与控制理论方法研究的基础，其研究任务主要有：

（1）收集本区域资料，分析区域构造格架、主要构造运动期次和性质，主要构造线方向和特点，构造组合结构与构造地貌演化特征。

（2）收集分析本区域新构造运动、近期构造活动和地震活动调查分析，主要包括：收集资料分析区域地震活动、地震基本烈度，主要区域断裂新构造以来的活动性、活动强度和特征，区域地应力资料和区域构造应力场分析。

（3）调查主要活动断裂规模、性质、方向、活动强度和特征及其地貌地质证据，调查分析活动断裂与群带滑坡灾害的关系。

（4）调查各种构造结构面、原生结构面和风化卸荷结构面的产状、形态、规模、性质、密度及其相互切割关系，各种结构面与边坡几何关系及其对边坡稳定性的影响调查分析。

3. 地震地质环境

地震地质环境是指地震发生区域的岩石圈特征，地震地带往往是由几块相对较坚硬的部分拼接在一起，当这些部分相互挤压或者偏离或者错动时，就容易产生地震的地带。也是与发生地震有关的地质构造、构造运动和地壳的应力状态。研究地震地质的主要目的是查明发生地震的地质成因、地质条件和地质标志，对未来的地震危险区和地震强度作出预测，为地震区域划分提供依据。地震地质的研究和其他手段相结合，可用于探索地震预报问题。

地震在区域分布上往往呈带状，全球著名的地震带有环太平洋火山地震带、地中海-

阿尔卑斯-喜马拉雅地震带。我国位于两大地震带的交叉部位，地震活动受其影响明显，可分为青藏高原地震区、新疆地震区、中国台湾地震区、东南沿海地震带、南北地震带。其特征如下：

青藏高原地震区包括兴都库什山、西昆仑山、阿尔金山、祁连山、贺兰山一六盘山、龙门山、喜马拉雅山及横断山脉东翼诸山系所围成的广大高原地域。涉及青海、西藏、新疆、甘肃、宁夏、四川、云南全部或部分地区，以及原苏联、阿富汗、巴基斯坦、印度、孟加拉、缅甸、老挝等国的部分地区。该地震区是中国最大的一个地震区，也是地震活动最强烈、大地震频繁发生的地区。据统计，20世纪以来这里8级以上地震发生过9次；7～7.9级地震发生过78次，均居全国之首。

中国东南沿海地震带的分布情况：东南沿海地震带地理上主要包括福建、广东两省及江西、广西邻近的一小部分。这条地震带受与海岸线大致平行的新华夏系北东向活动断裂控制，另外，一些北西向活动断裂在形成发震条件中也起一定作用。

南北地震带从中国的宁夏，经甘肃东部、四川西部直至云南，有一条纵贯中国大陆、大致南北方向的地震密集带，被称为中国南北地震带，简称南北地震带。2008年5月12日中国四川汶川8.0级的大地震就发生在这一地震带上。

此外，“中国新疆地震区”、“中国台湾地震区”也是中国两个曾发生过8级地震的地震区。这里不断发生强烈破坏性地震也是众所周知的。

一般内应力不断聚集的活动性断层或断层破碎带易发生变形而释放能量从而发生地震。沿发震断裂往往有线头或串珠状温泉、断崖、地裂缝、崩塌、滑坡、河流断流或袭夺带等分布，这与强地震时往往断裂带活动性培养增强并同时诱发地质灾害特征是相符合的。

引用李四光先生的地质力学理论对地壳的认识是比较具体而细微，地质力学几十年来形成的一套独特的工作方法，具体可划分为七个步骤：一、鉴定每一种构造形迹或构造单元（结构要素）的力学性质；二、辨别构造形迹的序次，按照序次查明同一断裂面力学性质可能转变的过程；三、确定构造体系的存在和它们的范围；四、划分巨型构造带，鉴定构造形式；五、分析联合和复合的构造体系；六、探讨岩石力学性质和各种类型的构造体系中应力活动方式；七、模型实验。所有这些，对研究地质构造现象和探索解决地壳运动问题，开辟了一条崭新的途径。第一次把已经认识了的构造体系，明确地分为三大类型：一是横亘东西的复杂构造带，即纬向构造体系；二是走向南北的构造带，即径向构造体系；三是各种扭动构造体系。他把多字形构造、山字形构造、人字形构造、旋卷构造和棋盘格式构造等，统统纳入扭动构造体系这一大类之中。这样，有关构造体系的认识，就更加系统化了。

李四光地震地质工作和地震预报思想对现今的地震研究工作仍然具有十分重要的理论和现实意义。为了查明强烈地震带的分布规律和每个地震带可能达到的烈度和频率，应该从地质构造的角度来研究地震问题。第一，要对有关地区详尽地进行地质构造工作，特别要查明具有活动性的断裂带的性质、分布规律和延伸的范围；同时，要尽量收集历史地震资料，加以综合分析，并根据这些地震资料和震中分布，研究构造体系和地震的关系。第二，围绕现今还在活动的断裂带，进行精密大地测量、微量位移测量、原地应力测量，并设置地震观测网，进行微观和宏观的地震观测工作。第三，对上述观测资料进行综合分析，分析现今地应力分布的情况和活动的方式，从而明确它们和当地地震的关系，并确定震源所在和它们的分布范围。这样，就有可能进一步推测今后地震的发展趋势。

一般地震几乎都是构造地震，构造地震起源于构造运动，要有一定的力量推动岩石才能发生构造运动。在岩石具有一定弹性的条件下，只有当这种力量（地应力）增强到超过岩石的强度极限时，岩石才会产生破坏而引起地震。根据上述理由，认为在一个构造上互相联系的地区中，选择适当地点，观测地应力加强的过程是探索地震预报的比较可靠的途经之一。这为地震预报研究开辟了新途径。

大规模人类工程活动也会在地质环境条件相对脆弱的地区诱发人工地震，如深部矿产资源开发引发的地震，一般均因深部矿硐岩爆、崩塌而造成；水库建设及蓄水诱发地震都是因为水库蓄水后改变了地面的应力状态，且库水渗透到已有的断层中，起到润滑和腐蚀作用，促使断层产生新的滑动；向地下深部注浆或抽液引起的地震；地下爆炸、比较少见的岩溶气爆引发的地震等。

4. 场地地质构造

场地地质构造是判断独立变形、运动单元的根本依据。

（1）节理裂隙序次

第一序次：周边完整基岩的节理裂隙和劈理；

第二序次：破碎岩体个别独立块体的节理裂隙和劈理，含微结构、显微构造序列；

第三序次：新近出现的变形裂隙。

（2）坡体结构

控制岸坡的稳态或变形的地质构造效应：

1）刚度效应。坡体的整体刚度取决于节理裂隙的发育程度。

2）变形、失稳类型。取决于各类地质结构面产状同坡面产状之间的相互关系。

刚度效应表象是取决于刚度的变形差异，总体表现为沉陷伴随应力相对集中域。如果域内无软弱夹层等低刚度层位，一般不会形成一定规模的崩滑事件。

对第 2 类效应，有 5 种表现：

1）顺向坡。构造界面倾向坡外，在众多地质界面内，层面是第一控制界面，而坡体的变形失稳模式是：随着层面倾斜角加大，顺层滑移更趋明显，当倾角大于 70°时将转化为倾倒崩塌型。顺层滑移必备条件是控制层面上覆盖体在坡角临空，被反倾向裂隙切断或挠曲。

2）由陡倾转缓倾顺向坡。自坡体向坡外方向，地层倾角由陡变缓，陡倾部位是主滑体，缓倾部位对主滑体构成阻滑体，其阻滑作用将取决于缓倾段的面积。

3）逆向坡。逆向坡的稳态取决于岩体的总体刚度，而变形、失稳控制界面是反倾角裂隙。

4）斜切坡。斜切坡往往形成高、陡稳态坡形，变形、失稳基本上是局部性崩塌，除非在几乎平行坡面且倾向坡外的断层或一组倾向裂隙（裂隙走向垂直于垂直地层走向）。

5）水平层状结构岸坡。地层产状几乎水平或微倾山体，首先取决于刚度的竖向压缩，仅在临江一带，泥岩、页岩等夹层风化、水蚀掏空而导致上覆砂岩坐落、倾滑或坐滑。

（3）地层岩性

地层岩性的岸坡变形、失稳效应最终反映为在各层的刚度与抗剪切强度。如果坡体各组成层位的刚度比值大于1/3，该坡体可作为准均值体考虑；若刚度比值不大于1/3，变形第一控制层位是刚度比值最小的那一层位。

分析塑性区域扩展趋势时，各层抗剪切强度值均有影响，但控制层位仍然是刚度最小的层位。

（4）汇水域及地表、地下水文网

当坡体具备变形、失稳条件时，导致其失稳的直接诱发因素之一是水的作用，包括地表水和地下水的作用，其中地表水及大气降水往往是该部位地下水的直接补给源。

地表水系的展布格局往往提示变形域或崩滑体的分布轮廓，同时又是崩滑体的解体边界。

也包括：大气降雨渗入地下、程度等。

（5）人为改造

岸坡新的变形都是从改造地形开始的。人类对岸坡稳态的影响首先是不合理的开挖、切角。

人为诱发原因：矿产资源开发、基础设施建设、爆破、给排水和排污失控以及滥砍滥伐和开垦等。

自然诱发原因：降雨、地震、冰川等。

3.2　核电岩土工程勘察的特殊要求

由于核辐射对人类危害大，核电工程安全稳定性要求高，因此核电工程岩土勘察设计的要求较之其他工程有特殊性，为此中国核工业集团公司组织编写了《核电厂岩土工程勘察规范》GB 51041—2014，规范分13章和3个附录，主要内容有：总则、术语与符号、基本规定、初步可行性研究阶段、可行性研究阶段、初步设计与施工图设计阶段、工程建造阶段、水工构筑物、专门岩土工程勘察、边坡工程、水文地质、勘察方法、岩土工程分析评价和成果报告等。

规范对四个勘察阶段、水工构筑物及边坡工程分项工程、水文地质及专门岩土工程勘察独立分章，对勘察方法也独立分章，这与《岩土工程勘察规范》GB 50021—2001（2010版）相比是有鲜明特色的。

（1）要求严格：每一阶段的勘察都要经过两纲（工作大纲和质保大纲）、现场验收、成果报告的专家评审。

（2）要求采用多种方法评价论证、尽量采用新方法，且新方法要经过可行性论证。

（3）物探方法：要求采用两种以上的方法，确定隐伏断裂构造、风化界限等。如高密度电法、浅层地震法、面波法等。

（4）孔内试验：声波测井评价岩体风化程度，单孔法测波速、跨孔法测波速测定岩体压缩波和剪切波，计算岩体动态参数（动弹性模量、动剪切模量、阻尼比）；软岩采用旁压试验测定变形模量、硬岩采用钻孔弹模试验测定弹性模量、地应力等。

（5）现场试验：荷载试验测定软岩变形模量、硬岩弹性模量；野外大剪试验测定岩体、结构面的抗剪强度；块体振动试验测定岩土的自由振动频率、强迫振动频率、阻尼比等。

（6）水文地质试验：现场弥散试验测定地下水的流速、流向，地下水长期（自建厂至退役）观测（水位、水质分析）等。

（7）质保要求：质保大纲、质量计划、质量保证报告等。

3.3 核电建设中的岩土工程问题

1. 厂址选择

核电站建设遇到的首要工程技术问题即厂址选择问题。正确选址是保证核电生产既安全又经济的关键环节之一。

核电站的选址条件比一般常规火电厂要求高得多，也复杂得多，核电站的设备比一般火电厂设备重，要求地基承载力足够大、差异沉降足够小，选址中还要考虑保护公众免受放射性事故所引起的及正常的核辐射影响。

安全是核电站选址中要考虑的首要问题。为科学地选址，国内外已制定了一系列核安全法规和核安全导则。我国的核安全法规和核安全导则中规定了选址过程中所要考虑的与安全有关的厂址特征和非安全方面的问题。

与安全有关的厂址特征包括：①地表断裂；②地震活动性；③地下岩土层的适宜性；④火山；⑤洪水泛滥；⑥极端气象现象；⑦人为事件；⑧大气弥散；⑨水弥散；⑩人口分布；⑪应急计划；⑫土地利用；⑬冷却水的可用性；⑭其他厂址特征。

2. 岩土工程勘察评价

岩土工程勘察的目的是查明岩土工程条件，获取地质和土工资料，解决区域稳定性（包括地震地质区域稳定性、工程地质稳定性和水文地质条件）问题。

获得资料的来源有：①现代和历史资料；②间接勘探法（地球物理勘探）；③直接勘探法；④实验室试验。勘察任务可安排在选址工程的各个阶段，较早阶段得到的是宏观资料（如大地构造趋势等），而最后阶段得到的是微观资料（如地基土物理力学指标等）。

（1）地震地质区域稳定性

我国地震多发且分布不均匀，地震问题直接影响着核电站生产的安全性和经济性。我国的核安全导则指出，评价厂址的地震安全性包括初步调查和详细调查两个阶段：第一阶段是根据现有资料及现场踏勘的结果对厂址做出初步评价；第二阶段是确定有关抗震设计基准和地震参数。

在实际工作中，一般从地质环境中选择地震“安全岛”，即在地震活动性较强的地区选出地震活动性相对较弱的地带——“安全岛”作为核电站工程建设的厂址。并对厂址区及其附近的地表断裂进行调查研究，避让正在活动和再活动的活动断裂。

（2）工程地质稳定性

评价核电站厂址的工程地质稳定性，既要考虑核电站设备重且是不均匀荷载，对地基的承载力（有些地方高达1600kPa）和差异沉降（不大于万分之一）要求高，又要考虑其动态稳定性及基础与地基相互作用。换而言之，对核电站厂址的勘察和评价，除一般土工方面的工程条件外，还要评估地基土承受地震荷载及其他动力状况的情况。这类分析包括测定松散砂条件的液化可能性，评定地下材料的地震波传播特性和基土-结构相互作用的效应。

1）土工参数：除提供一般的土工测试参数外，还要提供核电站特殊要求的动力参数，并建立厂址专用反应谱，为工程分析、基础与主体工程设计提供设计依据。确定土工参数的方法除一般方法外，确定核电站特殊要求的动力参数的主要方法有：实验室采用循环单剪、循环三轴、循环扭剪试验确定基土动力反应分析、基土一结构相互作用所需的基本参数（如动力剪切模量、泊松比、阻尼比及模量、阻尼随应变的变化）；对于岩石，通过地震速度提供压缩波速和剪切波速，以间接求得杨氏模量和泊松比；原位试验主要有液压破裂试验等，以确定视主应力；地球物理试验主要有跨孔地震试验、孔口/孔内地震试验等，确定剪切波速 V_s，压缩波波速 V_p。

2）钻探：由于核电站设备对地基强度和沉降的要求高，核电站的反应堆厂房一般建在坚硬完整的基岩上。核电站辅助设施的勘探与一般建筑物无大的区别，而反应堆厂房对勘探的要求非常严格、复杂。孔深和孔间距均有特殊要求，对钻孔质量也有要求。如秦山核电站在反应堆部位取边长 18.5m 等边三角形角点布置 3 个钻孔，最大孔深达到安全壳基础直径的 3 倍。秦山二期工程反应堆厂房测试孔孔深为反应堆厂房直径的 2 倍，反应堆厂房地基控制孔孔深为反应堆厂房直径加上核辅助厂房宽度的 2 倍，最大孔深达 245m，全部取芯，并永久保留部分岩芯。对岩芯采取率和孔斜也提出了现行勘察规范更严的要求。

3）地基的各向异性：对于岩石地基，强度一般可以满足，但差异沉降未必符合要求。差异沉降除与构造发育不均匀性相关外，还与岩石地基的物理力学性质的各向异性（如地基刚度和承载力分布的不均匀性）有关。故对岩石地基的物理力学性质的各向异性进行研究也是必要的。

4）动态参数测试：为提供核电站建（构）筑物动态分析和抗震设计所需的地基岩体的动态参数，核电站勘察都必须对有关岩体进行动态测试，一般仅在核岛部位进行。如秦山核电进行了声波测井、孔口/孔内地震试验、电火花激振跨孔测试和炸药爆炸跨孔测试；田湾核电除上述测试方法外，还进行了井下 CT 层析成像测试。核电站地基的动态参数测试是严格按照国内外的核安全规程和设计要求进行的，其内容、规模和难度在我国是空前的，即便与国外比较也是少见的。

5）地基土液化：地基土液化是由地震应力和其他动力荷载引起的不良地质作用。国内外的核安全导则均指出：对液化可能性进行评定。评定方法有经验法和分析法，每种方法都要进行适当的现场试验并结合适当的室内试验。评定液化可能性所需的资料有：地下水特征、颗粒分布、标准贯入试验（SPT）资料、静力（锥头）贯入试验（CPT）资料、相对密度、实验室动力试验资料等；并确定预防液化发生的安全系数。在我国，反应堆厂房一般建在基岩上，基土液化主要对辅助建筑物产生危害。

6）边坡稳定性：自然边坡和人工边坡的稳定性，也影响着核电站的安全。应进行稳定性量化分析评价，方法有准静力法和动力分析法等，可采用现场和实验室测试方法（岩体现场剪切试验、软弱结构面不规则剪切试验、夹泥剪切试验）取得资料。如秦山核电站将边坡勘测作为整个工程勘测工作的重点之一，对岩体的岩性构造特征、结构类型、坡体内软弱结构面特征、开挖坡段岩体结构稳定性、边坡地下水及地表水情况进行了全面论述和分析。

（3）水文地质条件

水文地质条件是核电站岩土勘察中要解决的重要问题之一，它严重影响着核电站的安全性和核辐射对环境的影响，反应堆密闭室要求防水，故要求地下水位必须低于反应堆基底。地下建筑材料的渗透性与放射性物质共同对地下环境造成影响，一般要通过抽水（注水、压水）试验，渗透试验，室内试验消除影响。国内的核电站勘察必须布置水文地质勘探孔，并做抽水试验、压（注）水试验。

3. 地基准备工作

地基准备工作是在浇灌混凝土基础前进行的岩土工程活动，它直接影响地基在预期荷载状况下的性能，对安全是至关重要的。如秦山核电站主体工程基坑开挖采用了浅钻预裂爆破，避免了洞室爆破或其他形式大药量爆破对围岩的破坏，坑壁和坑底岩体的原有完整性有了保障；对开挖后的基坑进行了详细的地质编录、检验，并对岩基出现的不良问题提出了处理建议。

4. 地基处理

目前，我国的核电站厂址多选在坚硬完整的基岩区，基本上不存在地基处理问题，但随着核电事业的发展，核电站数量增多，基岩厂址不易选出，而土基的其他条件又满足选址要求时，势必要考虑核电站的土基处理问题。而国外已有一些核电站的厂址未选在基岩上，并采取了相应的处理措施。另外，中国某些核电站的辅助设施也有不少建在海滩区软弱地基上，根据建筑物对地基强度和沉降的要求，都采用了相应的处理措施。核电站的建设几乎涉及所有的地基处理方法，采用的地基处理方法有：塑料排水板排水固结法、深层搅拌桩、粉喷桩、钢筋混凝土钻孔灌注桩、地下连续墙等，对于回填的松散层采用强夯法处理。基坑支护除采用常规的桩锚结构、内支撑结构外，还采用预应力锚索、高压旋喷锚索、主动土压力加固、被动土压力加固等复合加固措施。

5. 岩土工程监测

岩土工程监测是一项必不可少的工作，是信息化施工的基础。在核电站基坑及边坡的开挖、建造及运行过程中，应对基土性状、底板变形、地下水状况、斜坡性状、地震性状等进行监测。监测时使用的仪表主要有：总压力盒和深部沉降计、地下测量仪和沉降杆、U型液压计和应力/应变计、地下水位仪、测斜仪和岩石变形仪、地震仪和孔隙水压力仪等。

3.4 常用的地质力学分析方法

1. 解决岩土工程实际问题的手段

目前，用于解决岩土工程实际问题的手段主要有三种：

（1）地质定性分析法

是从工程地质条件和工程条件出发，凭借经验或者采用类比方法来解决工程问题，其缺点是无法定量解答。

（2）解析法

解析法依靠数学公式进行推导，对于边界简单、介质单一的问题常常可以获得比较精确的计算结果，但由于目前对于岩土介质的理论认识不足，在推导理论公式的过程中存在很多假设条件，所以计算结果往往只对理想状态下的岩土体有效，对工程缺乏实际意义。因此该方法仅适用于求解介质力学性质、边界几何形状及作用荷载简单的工程问题。

（3）数值计算方法

它应用在工程地质学、岩石力学、土力学、基础工程学、数学和计算机科学中，用它的理论和方法来研究岩土工程问题。目前，已经提出了大量理论和方法，解决岩土工程中存在非线性、非均质、各向异性、几何边界形状及作用荷载复杂的情况。

在这三种方法中，地质分析是第一层面的，也是进行理论分析与数值计算的基础。而在实际工程经验判断中，则充满了利用地质方法＋力学方法解决问题的实例。为了说明问题，以滑坡工程为例说明地质力学分析方法在工程中的应用。滑坡是岩土工程中经常面对的一类地质问题，在地质调查、稳定分析、治理措施确定等方方面面，都充分运行了地质力学分析方法。

2. 地质力学分析方法在工程中的应用

（1）滑坡模式的判别

所谓边坡的变形破坏机理，即反映边坡变形的力学机理，破坏及滑坡模式，作用机制、诱因、发展趋势等。工程中针对边坡破坏主要分为牵引式滑坡和推移式滑坡两种，针对具体边坡如何辨别，需要充分利用地质、力学原理进行。

1）牵引式滑坡：按力学条件分类，下部先滑动使上部失去支撑而变形滑动。此类滑坡即为牵引式滑坡（图3.4.1）。

下部先滑，使上部失去支撑而变形滑动。一般速度较慢，多具上小下大的塔式外貌，横向张性裂隙发育，表面多呈阶梯状或陡坎状。

2）推移式滑坡

上部岩层滑动挤压下部产生变形，滑动速度较快，滑体表面波状起伏，多见于有堆积物分布的斜坡地段（图3.4.2）。

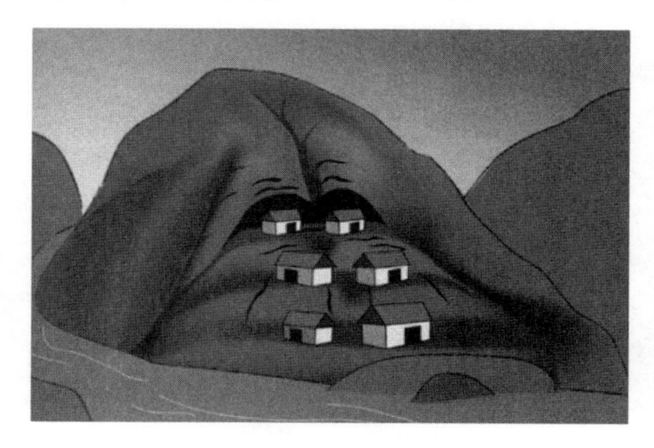

图3.4.1　牵引式滑坡

图3.4.2　推移式滑坡

斜坡上的建筑物变形、开裂、倾斜，或者井水、泉水水位突然发生明显变化时可能要发生滑坡。裂缝呈压性或有鼓丘发育时，属于推移式滑坡。当两翼剪裂缝位移量自后缘向前缘递减时，属于推移式滑坡。

（2）滑坡征兆判断

1）滑坡前兆

不同类型、不同性质、不同特点的滑坡，在滑动之前，均会表现出不同的异常现象。显示出滑坡的预兆。归纳起来常见的，有如下几种：

① 大滑动之前。在滑坡前缘坡脚处，有堵塞多年的泉水复活现象，或者出现泉水突然干枯，井水位突变等类似的异常现象。

② 在滑坡体中。前部出现横向及纵向放射状裂缝，它反映了滑坡体向前推挤并受到阻碍，已进入临滑状态。

③ 大滑动之前。滑坡体前缘坡脚处，土体出现上隆现象，这是滑坡明显的向前推挤现象。有岩石开裂或被剪切挤压的声响。这种现象反映了深部变形与破裂。动物对此十分敏感，有异常反应。

④ 临滑坡之前。滑坡体四周岩体会出现小型崩塌和松弛。如果在滑坡体有长期位移观测资料，那么大滑动之前，无论是水平位移量或垂直位移量，均会出现加速变化的趋势。这是临滑的明显迹象。滑坡后缘的裂缝急剧扩展，并从裂缝中冒出热气或冷风。临滑之前，在滑坡体范围内的动物惊恐异常，植物变态。如猪、狗、牛惊恐不宁，不入睡，老鼠乱窜不进洞。树木枯萎或歪斜等。

2）已稳定滑坡体的迹象

① 后壁较高，长满了树木，找不到擦痕，且十分稳定。

② 滑坡平台宽大且已夷平，土体密实，有沉陷现象。

③ 滑坡前缘的斜坡较陡，土体密实，长满树木，无松散崩塌现象。前缘迎河部分有被河水冲刷过的现象。

④ 目前的河水远离滑坡的舌部，甚至在舌部外已有漫滩、阶地分布。

⑤ 滑坡体两侧的自然冲刷沟切割很深，甚至已达基岩。

3）不稳定滑坡体的迹象

① 滑坡体表面总体坡度较陡，而且延伸很长，坡面高低不平。

② 有滑坡平台、面积不大，且有向下缓倾和未移平现象。

③ 滑坡表面有泉水、湿地，且有新生冲沟。

④ 滑坡表面有不均匀沉陷的局部平台，参差不齐。

⑤ 滑坡前缘土石松散，小型坍塌时有发生，并面临河水冲刷的危险。

⑥ 滑坡体上无巨大直立树木。

（3）滑坡裂缝的成因

滑坡裂缝是滑坡地貌的组成部分之一。滑坡裂缝是地面裂缝的一种；斜坡上的岩土体在重力作用下，都具有下滑的趋势。当由于自然或人为因素导致抗滑力减小、下滑力大于抗滑力时，斜坡就会失稳，在滑动体与不动体之间形成地面裂缝。由于滑体内部运动方向和快慢的差异，在滑坡内部也会形成各种裂缝。此类裂缝广泛见于各类滑坡中。滑坡裂缝产生的原因主要分为如下几种：

1）滑坡裂缝

滑坡裂缝主要出现在斜坡上；力学性质以张性和剪切裂缝为多见，偶见挤压裂缝。对于土质滑坡，张性裂缝走向常与斜坡走向平行，弧形特征明显；剪切裂缝走向常与斜坡走向直交，多数情况下较平直。对于岩质滑坡，裂缝产状和性质主要受结构面控制。

2）地震和活动断裂形成的裂缝

活动断裂短时间内快速活动、孕震断裂在发生地下破裂和地震的同时，常在地表形成裂缝。这类裂缝主要受构造应力控制，与重力作用关系不明显；力学性质表现为张性、压性或水平剪切，但在一定范围内以某一种力学性质的裂缝占绝对优势；组合形态上常呈雁行排列或连续、不连续的直线状分布；裂缝产状、分布位置与活动断裂（或孕震断裂）的产状、位置具有明确的对应关系，一般不受地形限制，裂缝规模较大时可以穿山越岭。

3）人工洞室顶板变形形成的裂缝

人工洞室开挖造成顶板围岩临空，当顶板重力超过其自持能力时，就会发生顶板坍落，在地表形成裂缝或陷坑。这类裂缝仅出现在人工洞室开挖区，在坑采矿区尤为常见；裂缝力学性质均呈张性，垂直位移一般大于水平位移；分布位置不受地形限制而与人工洞室位置相呼应；组合形式可以是一组产状相近的平行裂缝，也可以是两组倾向相反的地堑状裂缝，还可以是同心圆状漏斗形裂缝，裂缝形态与下伏人工洞室形态有关。天然溶洞发生顶板塌陷时，也会在地面形成裂缝。特点与人工洞室塌陷裂缝相类似。

4）地下水不合理开采形成的裂缝

开采第四系松散层地下水或第四系覆盖下的岩溶水时，潜水面的快速下降会引起粗颗粒松散堆积物的孔隙压密和溶蚀管道口附近松散堆积物流失，进而导致地面沉降、陷落和开裂。

上述原因形成的地面裂缝仅分布在开采井附近或采水影响区；裂缝力学性质显张性，一般垂直位移大于水平位移且位移幅度不大；组合形态有环形、弧形和直线形等；地形上，此类裂缝仅出现在山前缓坡地带、平原和盆地中，裂缝规模大小悬殊。

5）岩土体水理性质差异形成的裂缝

膨胀岩、土体的饱水、失水也可以形成地面裂缝。这类裂缝仅分布在近地表有膨胀岩、土分布的地区，受人为工程活动扰动时表现明显。裂缝力学性质呈张性；裂缝数量多而密集，但单条裂缝规模和位移均较小、形态不规则，一般水平位移大于垂直位移。组合形态呈不规则网状，宏观上显示较均匀的图案。

在基岩山坡与山前残坡积物交界地带，长时间连续降雨之后，因岩石与土体对饱水、失水作用的反应不同，也常在土/石界面附近形成地面裂缝。这类裂缝通常规模很大，基本沿某一等高线分布，裂缝走向随山坡走向婉转变化。

（4）滑坡裂缝分析的作用

1）判定滑坡范围

滑坡范围是滑坡调查的基本内容，滑坡裂缝包络的区域即为滑坡范围。滑坡后缘裂缝平、剖面均呈弧形，显张性力学性质。有些情况下，滑坡后缘发育多条裂缝、平面上呈近似同心弧状排列；垂向上向坡下呈阶状递降，最终收敛到主滑面上。

两翼裂缝较顺直，水平剪切特征明显，左翼（从滑坡顶点观察，下同）裂缝左旋、右翼裂缝右旋。简单滑坡两翼各有一条剪裂缝；复杂滑坡两翼可以各有多条剪裂缝且裂缝数目可以不对等，但左、右两翼裂缝的累积位移量应大致相等。在滑坡调查中，如发现两翼裂缝位移量相差较大，可能还有裂缝未发现或位移被其他形变所吸收，这时应找出原因，准确划定滑坡范围。

2）判定滑坡发展阶段

判定滑坡发展阶段是预测滑坡发展趋势的基础；掌握滑坡发展趋势是制定防灾预案的前提。当后缘和两翼裂缝连续分布并有明显位移时，说明滑坡已经形成。当后缘出现连续的弧形张裂缝、两翼裂缝表现为雁行式羽裂（左翼右行，右翼左行）时，说明滑坡正在形成。如果后缘出现断续的弧形张裂缝，两翼隐约可见羽状张开裂缝，说明滑坡刚开始形成。

3）判定滑坡力学机制

一般按滑坡力学机制把滑坡划分为牵引式和推移式两种。针对不同力学机制的滑坡，采取的工程治理措施也不相同。

当滑体中、下部有与滑动方向直交的裂缝发育，裂缝呈张性时，属于牵引式滑坡；裂缝呈压性或有鼓丘发育时，属于推移式滑坡。当两翼剪裂缝位移量自后缘向前缘递减时，属于推移式滑坡；自后缘向前缘递增时，则属于牵引式滑坡。

4）判定滑体厚度

滑坡厚度是估算滑坡规模的重要参数。滑坡后缘裂缝陡直、滑体中裂缝较少、地面较规整时，一般为深、中层滑坡；滑坡后缘裂缝顺坡倾斜、滑体中裂缝密集、地面零乱破碎时，一般为中、浅层滑坡。

（5）诱发滑坡的人为因素调查

违反自然规律、破坏斜坡稳定条件的人类活动都会诱发滑坡。例如：

1）开挖坡脚：修建铁路、公路，依山建房、建厂等工程，常常因使坡体下部失去支撑而发生下滑。例如我国一些铁路、公路因修建时大力爆破、强行开挖，事后陆续在边坡上发生了滑坡，给道路施工、运营带来危害。

2）蓄水、排水：水渠和水池的漫溢和渗漏，工业生产用水和废水的排放、农业灌溉等，均易使水流渗入坡体，加大孔隙水压力，软化岩、土体，增大坡体容重，从而促使或诱发滑坡的发生。水库的水位上下急剧变动，加大了坡体的动水压力，也可使斜坡和岸坡诱发滑坡发生，支撑不了过大的重量，失去平衡而沿软弱面下滑。尤其是厂矿废渣的不合理堆弃，经常触发滑坡的发生。

3）此外、劈山开矿的爆破作用，可使斜坡的岩、土体受振动而破碎产生滑坡；在山坡上乱砍滥伐，使坡体失去保护，使雨水等水体的入渗从而诱发滑坡等。如果上述的人类作用与不利的自然作用互相结合，则就更容易促进滑坡的发生。随着经济的发展，人类越来越多的工程活动破坏了自然坡体，因而近年来滑坡的发生越来越频繁，并有愈演愈烈的趋势，应加以重视。

由滑坡裂隙分析、滑坡变形破坏机理分析过程可以看出，该过程是地质分析与力学分析相结合得出的经验总结，二者是密不可分的两部分。

3.5 基于工程地质调查的三维建模

工程地质分析的另外一个重要功能是三维地质建模。

三维地质建模，又称为三维地学建模、三维地质数字化建模等。是研究地理学、地质学、地球物理学以及大地测量学等地球相关学科的统称。但狭义上主要指在原始的地质勘察资料基础上（如地质点、钻孔、平硐、地球物理测量、航卫照片，野外制图和地质剖面等），在地质工程师的专家知识和经验指导下经过一系列的解译、修正后，以适当的数据结构建立地质特征的数学模型，通过对实际地质实体对象的几何形态、拓扑信息（地质对象间的关系）和物理力学性质三个方面开展计算机三维建模，由这些对象的各种信息综合形成的一个复杂整体三维模型的过程。

地质信息三维可视化是三维地质建模的后期表现过程，是指在三维地质几何模型的建立基础上，采用计算机图形技术，将几何描述以 3D 真实感图像的形式予以表现。三维可视化技术对于地质构造研究十分重要，通过不同颜色和实际岩土照片材质对不同地质对象进行纹理映射，地质三维可视化模型能够形象地表达地质构造的真实形态特征以及构造要素的空间关系，结合三维信息处理和空间分析功能，可以使地质构造分析更为直观、准确。

工程地质模型统一建模是近几年来的新概念。工程地质学是研究与工程有关的地质问题的科学。工程建筑与地质环境两者相互作用、相互制约，应将其作为一个统一的系统进行分析研究。工程地质三维统一建模就是在已经构建的三维地质模型和工程建筑物模型基础上，通过三维图形运算操作获得工程建设区域内耦合工程建筑与地质环境的三维统一模型，提供工程勘测、设计、施工所需的地质信息，分析解决各种工程地质问题。

建立工程地质模型的目的是为了对工程地质条件进行有效的分析，为指导工程勘测、设计与施工服务。为工程优化设计和快速施工提供有效的技术支持。

目前，复杂地质体的三维建模主要面临原始地质数据获取的艰难性，地下地质体及其空间关系的极端复杂性，地质体属性的未知性与不确定性，三维地质分析能力的局限性等困难。在对地质条件进行充分分析基础上可以形成如图 3.5.1（*a*）所示几何模型，为力学、数值模拟提供依据，同样基于空间变形监测也可以将整个研究区域的变形利用云图、等值线等更为直观地显示，如图 3.5.1（*b*）所示。

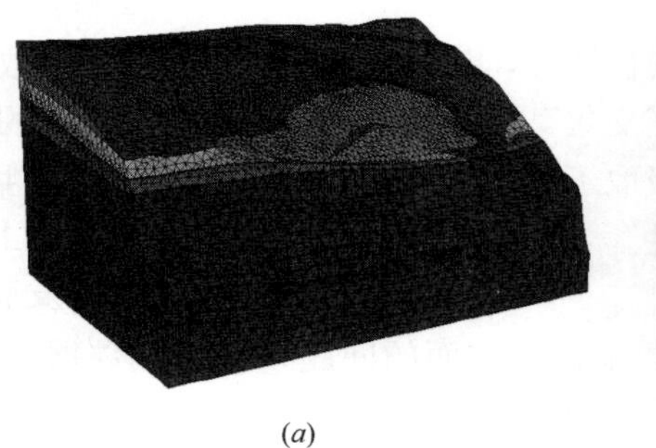

(*a*)

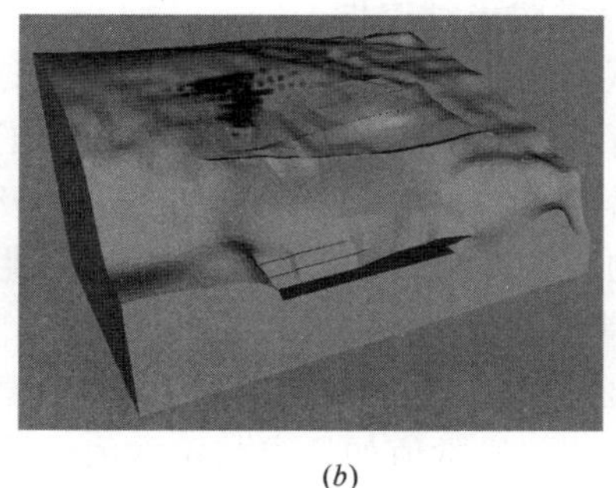

(*b*)

图 3.5.1　基于地质分析的三维建模及变形显示

（*a*）地质模型；（*b*）变形空间云图

因此，工程地质建模也是岩土工程计算分析的前提与基础。是将地质分析与理论分析、数值计算相联系的桥梁，需要岩土工作者特别重视。

第 4 章　岩土工程宏细观力学参数确定方法

在核电、水电、交通、土建工程中，反映工程围岩状态的物理力学参数很多，如岩石密度、比重、孔隙率、吸水率、渗透系数、抗压强度、抗拉强度、抗剪强度、弹性模量、泊松比、内摩擦角、凝聚力等，岩土力学参数的获取往往是工程师面临的巨大挑战。特别是一些颗粒级配不均，大颗粒起骨架作用的岩土介质，或者结构面起重要作用的岩体，其微细观特征不可忽略，采用常规的岩土力学实验得到的结果往往离散性大、代表性差。

本章针对岩土工程中的土石混合介质、岩体结构面介质等细观特征突出的对象，分别采用不同方法开展参数研究，探讨了多种考虑细观特征的岩土力学参数确定方法，可以完善当前岩土工程力学参数确定体系。

4.1　常规的岩土力学参数选取方法

岩土力学参数通常采用如下几种方法获取：

1. 正交试验设计原理

正交试验设计是利用数理统计学和正交性原理，从大量的试验点或多元参数组中挑出适量的具有代表性、典型性的点，应用“正交集”合理安排试验，是一种最优的试验设计方法。它避免了“孤立实验法”的不足，吸取了“全面试验法”的长处。正交性原理包括两方面的内容，即水平均匀性和搭配均匀性。

2. 异常值剔除

在实验过程中，由于读错、记错和仪器本身等方面的问题，使测试数据出现异常现象。这样的一些异常值如果参与正常值计算或数据整理会造成计算结果的歪曲甚至错误。根据统计学原理，在给定的一置信概率（如 $1-\alpha=0.99$）情况下，确定出相应的置信限，凡超过此置信限制则为随机误差，应给予剔除。对一维数组坏值剔除有许多准则可循。而成比例的二维数组如何剔除尚未见到可遵循的规则。如剪切试验，建议将剪应力除以相应的法向应力转换为一维数组，然后按数值剔除法进行计算。

异常数据的判别与剔除，有物理判别法和统计判别法，格拉布斯准则则属于后者。其基本思想为：给定一个危险率（如，0.05，0.01），确定相应的置信限，凡超过这个界限的误差，就认为它不属于随机误差范畴，而且粗大误差，应予以剔除。

3. 抗剪参数选取的传统方法

实践经验说明，按目前常规计算方法所得的参数，往往与工程岩体实际性状有较大的出入。究其原因是人们在处理数据时，只考虑了岩体本身的复杂性而没有考虑岩体的不确定性，从而导致所选取的参数与实际情况差异较大。为了弥补这方面的不足，提出了如下几种参数选取方法。

（1）经验法

这种方法的基本思想认为，由试验成果统计分析得到的强度指标不能直接运用于地下工程优化设计，须对其加以折减。其方法是凭借地质工程师的经验或其他方法，对试验资料加以处理，从而保证工程具有一定的安全储备。其方法有以下几种：

1）系数折减法

该方法是考虑影响抗剪强度的各种因素，以不同的系数对试验值加以折减，通常考虑的因素有地质条件、尺寸效应、时间效应、地下水作用等。

2）工程类比法

这是根据国内外已建工程的抗剪强度参数的选取，把拟建工程的工程地质与水文地质条件与已建工程的工程地质与水文地质条件加以对比，然后结合拟建工程的试验和分析结果，确定本工程的抗剪参数。其基本要求是参与类比的工程的地质条件必须具有可类比性。

3）变形一致原理

变形一致原理法又叫改进的加权平均法，对不同的岩性或组合运用变形一致原理，分别取值，然后取加权平均值作为设计抗剪参数。

以上三种方法的主要特点是：依据工程地质条件及试验结果，凭借地质工程师的经验对设计抗剪参数加以确定。

（2）点群中心法及优定斜率法

在一些工程中，通常以室内或现场剪切试验来确定岩体的抗剪强度 c、φ 值。

优化斜率法，主要是以岩体质量分级为基础，对试验结果进行整理，同时考虑了试件边界条件及变形机理，舍弃可信度低的试验值，然后对各岩级的斜率进行优定，分别求得相应斜率下凝聚力的上、下限，一般取下限值为岩体抗剪参数建议值。

优定斜率法虽然考虑了影响抗剪参数的综合因素，但对所给出的 c、φ 是否为最佳，c、φ 的波动情况及 τ、σ 的相关性等问题同样缺乏说明。

4. 最小二乘法

针对优定斜率法及点群中心法的局限性，一些专家提出了用带约束条件的最小二乘法确定 c、φ 值的方法，这种方法能较好地解决前两种方法所存在的问题。

假定岩体破坏服从摩尔库伦准则，根据试验资料（直剪试验或三轴试验）可确定凝聚力 c 及内摩擦系数 $f(=\tan\varphi)$ 的均值、标准差及变异系数。

5. 随机模糊法

由于人们的认识能力、手段及客观条件所限，在实际工作中无法得到岩体力学参数（即母体）的真实值，因而不得不借助试验来获取样本值。通过对样本值的统计分析来确定岩体的力学参数，用以代替母体的真实值。很显然，两者之间必然会存在差异，这种差异性既反映了岩体材料本身的空间差异性，又融入了在取样试验过程中人与环境的影响。因而统计测定应当在整体上使差异达到最低程度，即最优参数估计量在整体上应对岩体的力学参数母体具有最优代表性。为解决这个问题，人们曾用随机场来描述岩体材料的空间变异性，用随机误差来表征取样试验过程中人与环境的影响。这样做在理论上是较理想的，但在应用中却不可避免地存在着难以克服的困难。

实际测定岩体力学参数的试验是以岩体地质分类为基础的。而岩组的划分是根据地质工作者现场勘查和个人经验确定。根据“不相容原理”，“当一个系统的复杂性增大时，人们使它精确化的能力减少，在达到一定的阈值之上时，复杂性与精确性将相互排斥”。因此，当把处在复杂地质环境中的岩体视为一个系统时，岩体的划分不可能过细，每一类岩组包括相当大的空间范围，以适应其本身包容的岩体的复杂性。这样一来，便产生了岩组本身的不确定性一模糊性。问题的一方面是岩体的空间变异性和个人经验的影响，使得工程岩组分类难以确切；另一方面就是目前人们无法找到精确的工程岩组分类标准，很难明确断定某一岩体是否属于某一岩组，例如新鲜花岗闪长岩与微风化花岗闪长岩之间就没有绝对界限。由此，使工程地质岩组的分类具有不确定性，即岩体属的模糊性。工程地质岩组所包含的空间范围越大，这种模糊性就越大。显然，工程地质岩组是一个模糊集合，同一岩组中不同位置的岩体都以不同的隶属度从属于该岩组。如此，岩组划分的模糊性势必通过取样传递给岩体样本，使岩体力学参数具有模糊不确定性。

岩体力学参数的另一不确定性，是由取样引起的随机性，它是在岩体类属完全确定的情况下，在取样和试验过程中产生的，包括取样方式误差、岩样加工误差、试验过程误差等。人们以往的方法是对这种随机性进行处理。

综上所述可知，岩体力学参数的不确定性包括随机性和模糊性。岩体力学参数的随机性是岩体取样测试过程中的一种客观存在的不确定性，而模糊性则是人们在区别同一岩组中岩体力学特性的整个过程中反映出的一种主观不确定。这种模糊性不仅包含了划分岩组过程中地质工作者判断的模糊性，同时也是岩体性质的模糊性的客观反映。在实际工作中，可以通过对同一母体反复抽样进行大量试验来逼近母体的力学特性，尽可能地消去随机不确定性。而模糊性则反映了岩体样本的工程地质岩组的隶属程度，是一种比随机性更为基本、更为深刻的不确定性，就目前的科技水平而言，无法消除这种不确定性。因此，岩体力学参数应视为随机-模糊变量。

由于岩体样本包含了随机性和模糊性，岩体力学参数为随机一模糊变量，故可用随机一模糊理论对其加以研究，使得参数能更合理地反映出岩体本身特性，从整体上给出母体参数的最佳估计值。

4.2　土石混合介质力学试验获取方法

土石混合体中力学参数受制于介质中细颗粒含量与复杂的块石介质分布，故力学参数的获取离散性强、随机性大，而实验室仪器往往受颗粒尺寸限制，需要忽略大颗粒的影响，故宏观力学参数的合理性需要考虑土石结构、土石尺寸、颗粒性质等综合获取。

在目前的土石混合体力学参数研究中，一般是通过少量的岩土力学试验，借鉴连续介质的稳定性分析方法进行分析与评价。但由于土石混合体具有颗粒级配复杂、不连续、高度非均质和非均匀的结构特征，其内部构成对岩土力学参数的影响异常明显，少量的现场试验代表性差、离散性强，难以准确确定其力学参数，故如何描述土石混合体的土石结构特征、提出考虑介质构成的岩土力学参数等效计算方法，开展地质安全评价是研究人员必须面对的难题。目前相关研究在力学参数选取、物理力学机制、工程响应方面尚缺乏有效的联系，难以对土石混合介质提供有效的借鉴，有关土石混合体介质构成与力学参数确定方法的研究，可以为复杂的土石混合体边坡稳定判断提供依据，这主要包含室内试验、基于细观特征的力学分析、数值模拟分析等方法构成。

1. 大型直接剪切试验研究

室内大型直接剪切试验（简称为大剪试验）将试样置于上下盒之间，在试样上加一定的垂直压力，然后施加水平推力，使试样在上下盒之间的水平面上发生剪切直至破坏。通过若干个不同垂直压力下的抗剪强度值，绘制抗剪强度与垂直压力关系曲线。

（1）试验方案

剪切试验样品分别取自某工程中的洪积物、土石堆积物、古滑坡体堆积物三个不同地层，进行天然状态下的抗剪强度指标测定，每组进行 5 种不同压力下的剪切试验，对应垂向应力 σ 分别为 0.2MPa、0.4MPa、0.6MPa、0.8MPa 及 1.0MPa。每组试样尺寸 Φ300×240mm（面积 707cm^2），最大粒径不超过 60mm。

（2）试验主要仪器设备

试验采用 DUJ-30 大型单剪直剪仪（见图 4.2.1），测定最大粒径 60mm 土石混合体的抗剪强度指标。

图 4.2.1　大型单剪直剪仪

剪切盒尺寸为 Φ300×240mm，最大法向应力 2.8MPa，总载荷 200kN，位移传感器最大法向量程为 80mm。最大切向推力为 200kN，位移传感器最大切向行程为 80mm。剪切速率为等速率控制，速率可调范围为：0.01～5mm/min。

（3）试验结果整理

根据试验测得的数据，分组整理并绘制天然状态下垂直压应力 σ—水平剪应力峰值 τ 关系曲线，如图 4.2.2～图 4.2.4 所示。

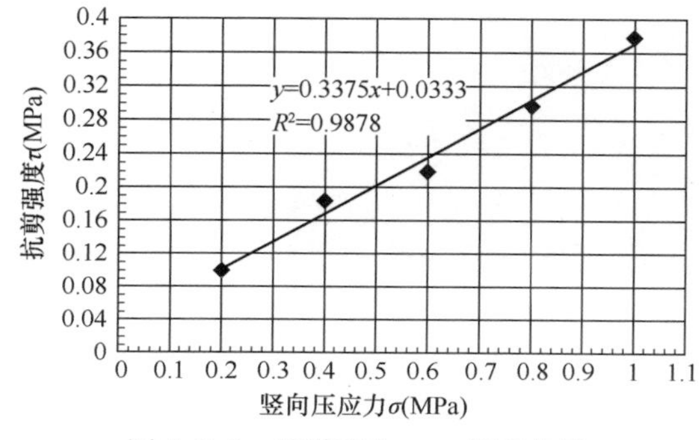

图 4.2.2　坡洪积物 σ-τ 关系曲线

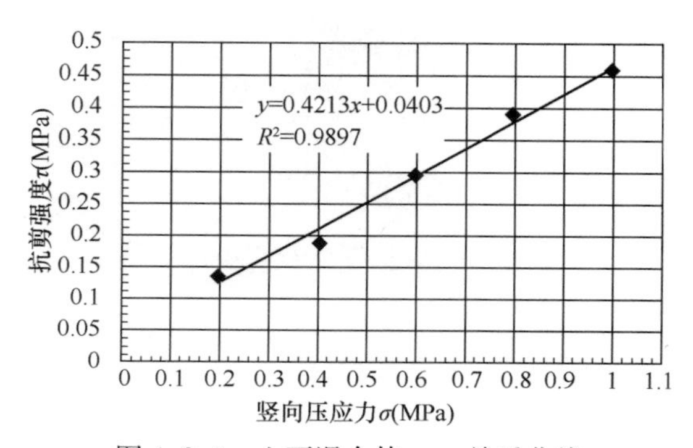

图 4.2.3　土石混合体 σ-τ 关系曲线

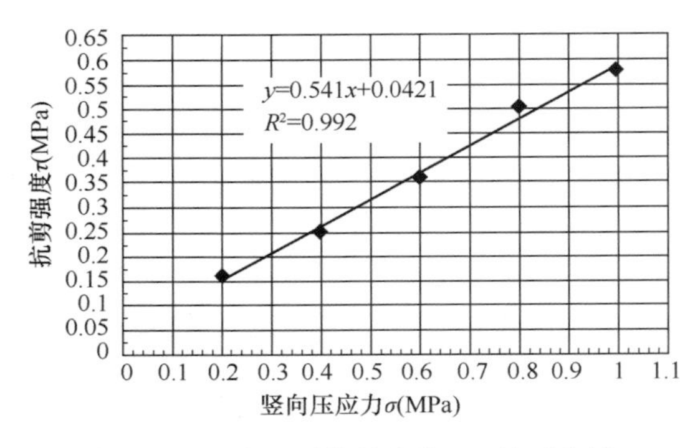

图 4.2.4　古滑坡体堆积物 σ-τ 关系曲线

根据试样试验结果，综合分析垂直压应力 σ—水平剪应力峰值 τ 关系曲线，可确定抗剪强度指标见表 4.2.1。

大型直剪试验抗剪强度指标

表 4.2.1

组别	黏聚力 C（kPa）	内摩擦角 ϕ（°）
洪坡积物	33.3	18.7
冰水堆积物	40.3	22.8
古滑坡体堆积物	42.1	28.4

2. 常规三轴剪切试验研究

三轴剪切试验是试样在某一固定周围压力下，逐渐增大轴向压力，直至试样破坏的一种抗剪强度试验，是以摩尔-库仑强度理论为依据而设计的三轴加压的试验。

（1）试验方案

试验采用固结不排水剪切试验（CU），三轴剪切试验样品分别取自洪坡积体、土石混合体、古滑坡体。每组 3 个试样，每组试样的最大粒径不超过 6mm，对应周围压力 σ_3 分别为 50kPa、100kPa、150kPa 及 200kPa 进行剪切试验，施加轴向压力，取 15%轴向应变时的主应力差值作为破坏点。

（2）仪器设备

试验采用常规三轴剪切试验机（图 4.2.5）：由中央控制台、压力室、轴向加压设备、周围压力系统、反压力系统、真空抽气饱和设备、孔隙水压力量测系统、轴向变形和体积变化量测系统组成。其附属设备包括：透水板、击样器、橡皮膜、成形筒和台秤。其中透水板的直径与试样直径相等；橡皮膜为具有弹性的乳胶膜，成形筒直径 100mm、高 150mm。

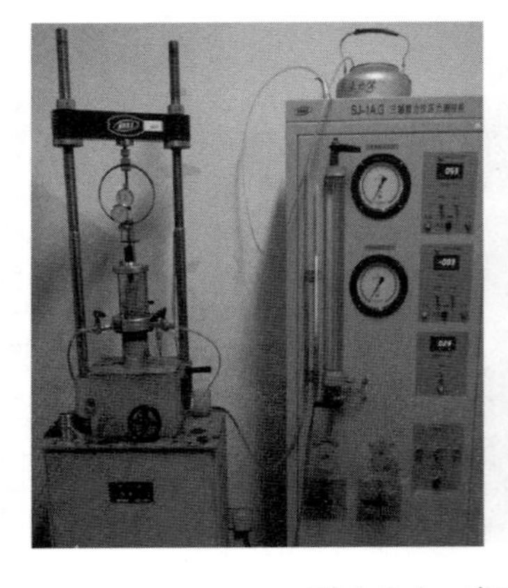

图 4.2.5　应变控制式直剪仪

（3）试验成果

根据三轴剪切试验测得的数据，整理并绘制主应力差与轴向应变关系曲线（图 4.2.6

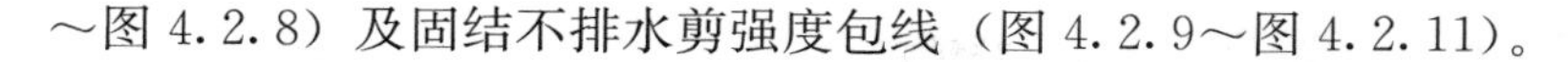
～图 4.2.8）及固结不排水剪强度包线（图 4.2.9～图 4.2.11）。

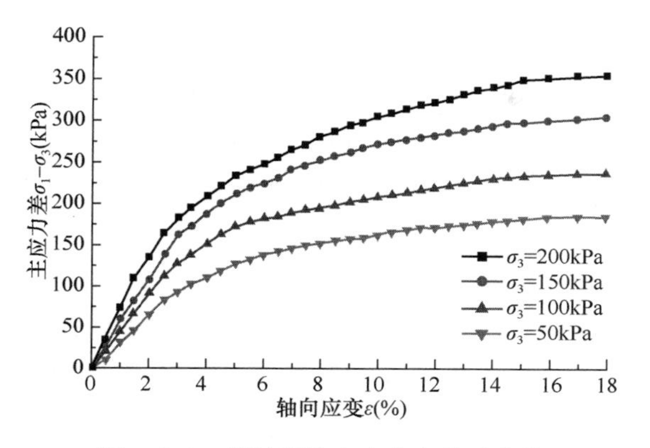

图 4.2.6　洪坡积物应力应变关系曲线

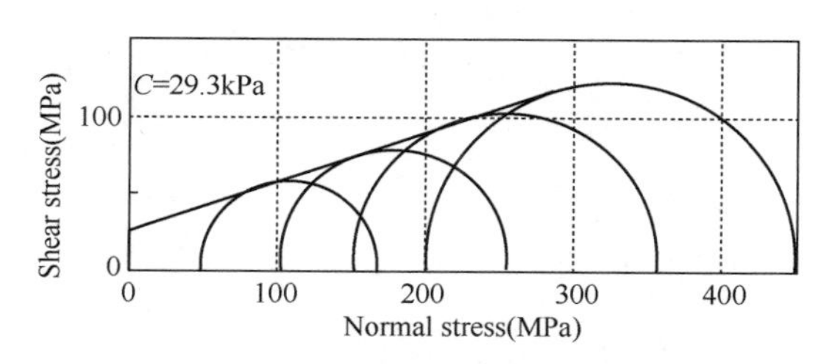

图 4.2.7　洪坡积物不排水剪强度包络线

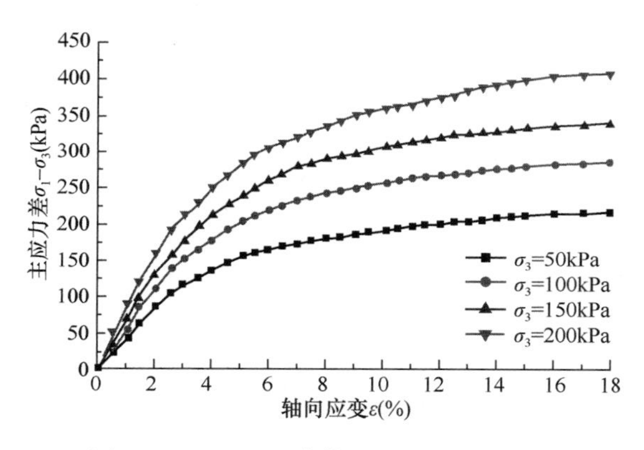

图 4.2.8　土石混合体应力应变关系曲线

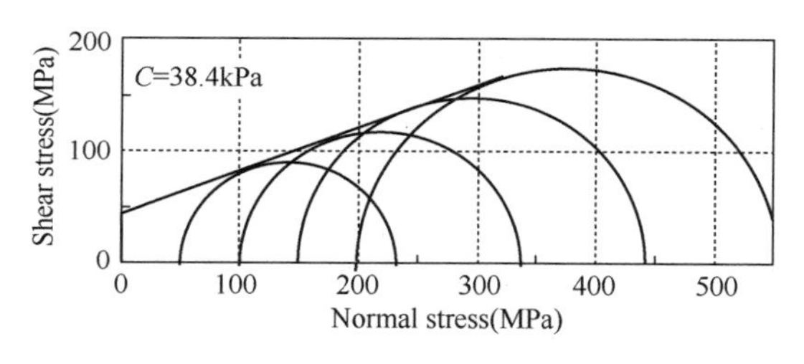

图 4.2.9　土石混合体不排水剪强度包络线

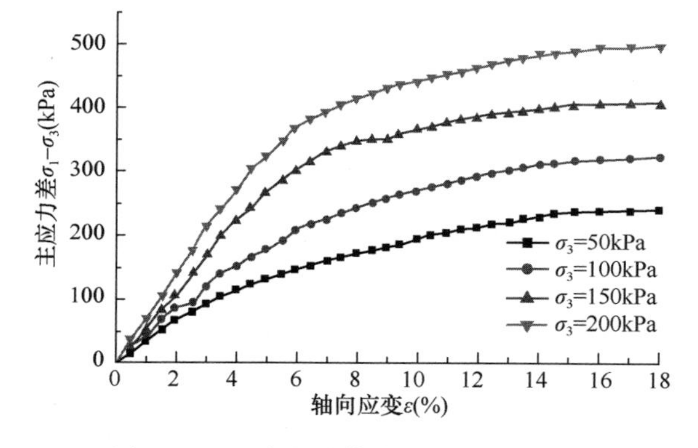

图 4.2.10　古滑坡体应力应变关系曲线

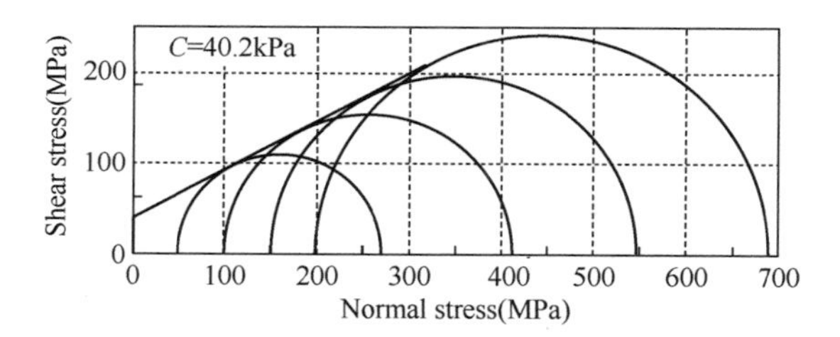

图 4.2.11　古滑坡体不排水剪强度包络线

3. 小型直接剪切试验研究

直剪试验是直接剪切试验的简称，它是测定土的抗剪强度的常用方法。因为设备简单，受力明确，速度快，因而被广泛应用。

图 4.2.12　应变控制式直剪仪

（1）试验方案

直剪试验样品同样分别取自洪坡积体、土石混合体、古滑坡体三个不同地层，每层试样共分 4 组。以粒径小于 60mm 的标准进行筛分，然后进行天然状态在四种不同压力作用下的直剪试验。

（2）实验仪器设备

本次试验采用应变控制式直剪仪：由剪切盒、垂直加压设备、剪切传动装置、测力计及位移量测系统组成（图 4.2.12）。

（3）试验成果

通过直接剪切试验，绘制剪切位移与剪应力关系曲线（图 4.2.13），可得抗剪强度关系（图 4.2.14）。

直剪试验结果表明，在天然固结快剪状态下，坡洪积物的抗剪强度指标黏聚力为

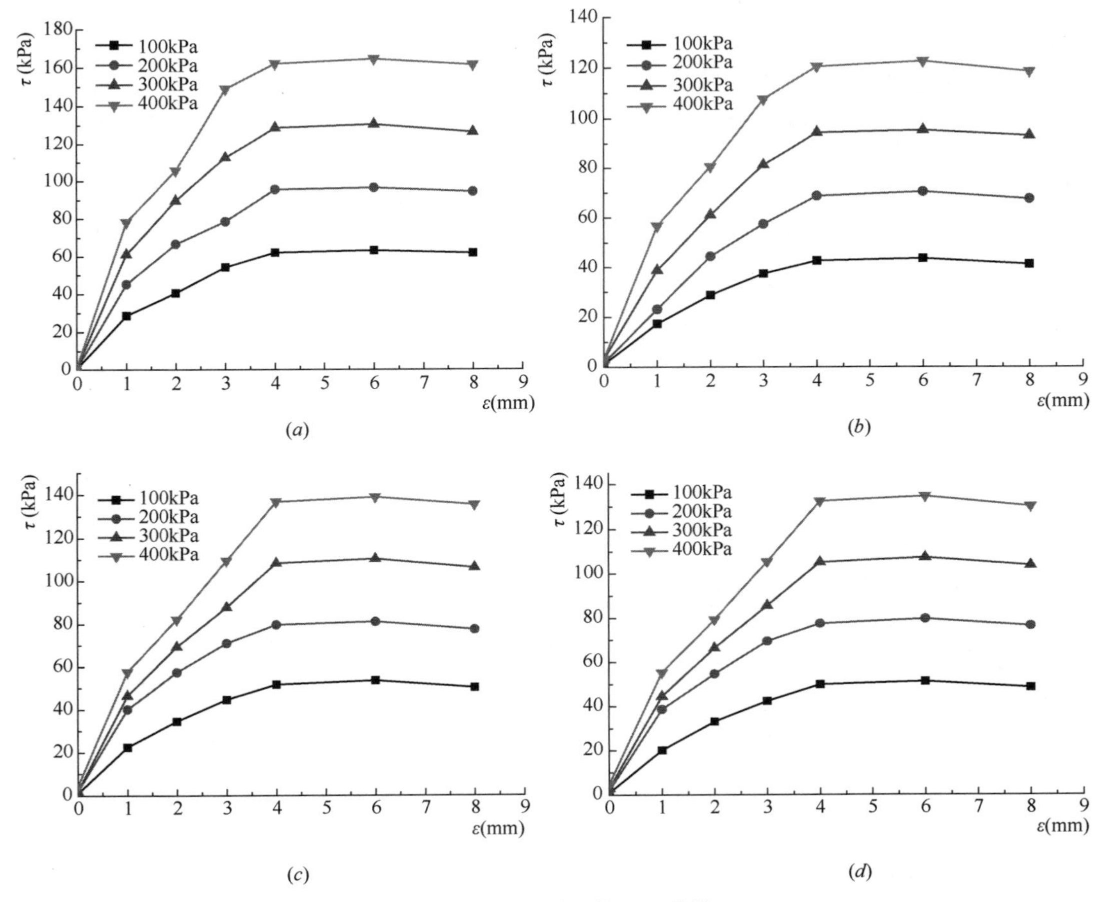

图 4.2.13　坡洪积物 τ - ε 曲线

(*a*) 1 号试样；(*b*) 2 号试样；(*c*) 3 号试样；(*d*) 4 号试样

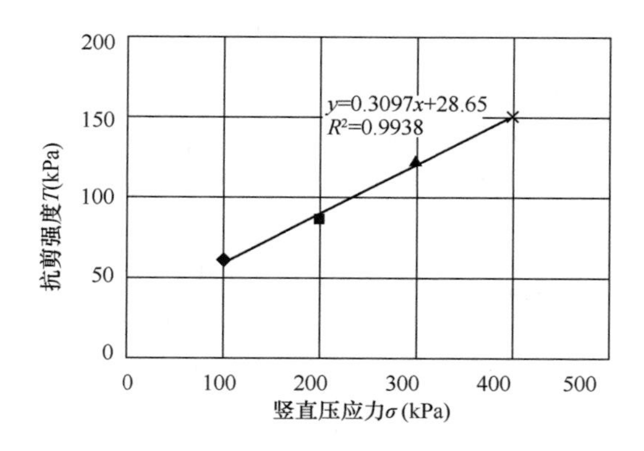

图 4.2.14　坡洪积物直剪强度曲线

27.2～30.7kPa，平均为 28.6kPa；内摩擦角为 15.8°～18.4°，平均为 17.2°。

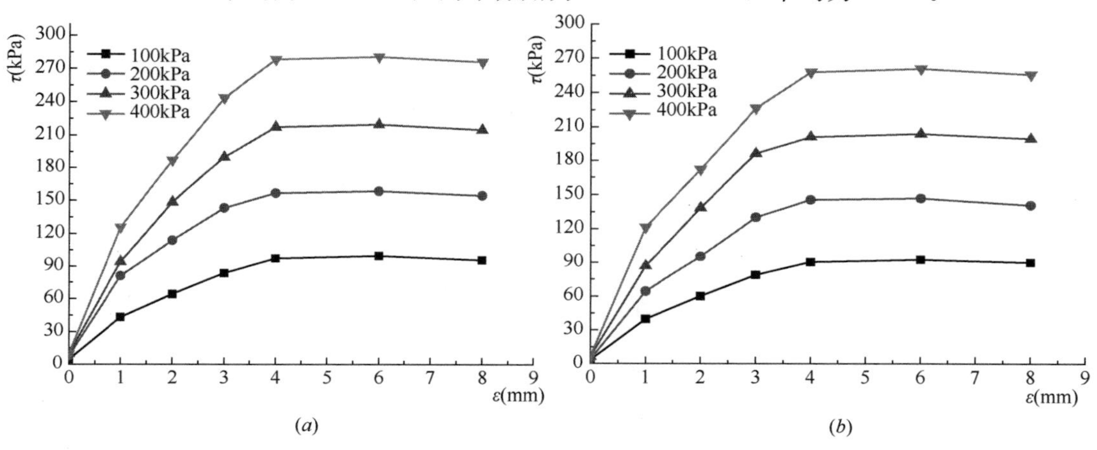

图 4.2.15　土石混合体 τ-ε 曲线
(a) 5 号试样；(b) 6 号试样

直剪试验结果表明（图 4.2.15 和图 4.2.16），在天然快剪下土石混合体的抗剪强度指标黏聚力为 33.3～39.2kPa，平均为 35.8kPa；内摩擦角为 19.8°～23.0°，平均为 20.9°。

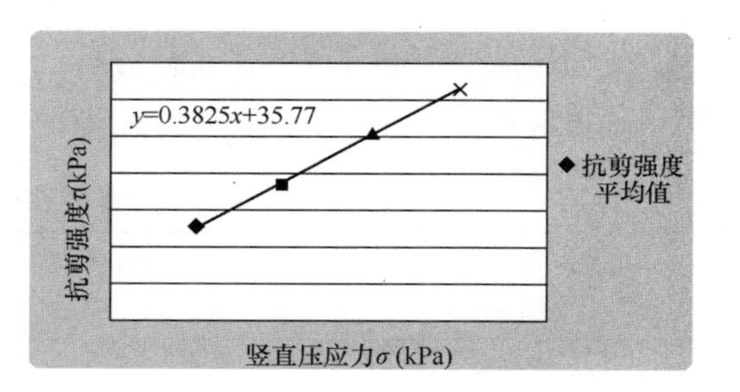

图 4.2.16　土石混合体直剪强度曲线

直剪试验结果表明（图 4.2.17 和图 4.2.18），天然快剪条件下，古滑坡体的抗剪强度指标黏聚力为 35.3～40.6kPa，平均为 37.8kPa；内摩擦角为 26.2°～30.4°，平均为 27.8°。

4. 岩土体力学参数规律研究

根据抗剪强度与细粒含水量及碎块石含量的变化关系，可以以细粒的液性指数和碎石含量为指标，提出碎石土抗剪强度的实用计算公式。在碎石土抗剪强度指标的确定上，具有较高的参考价值。

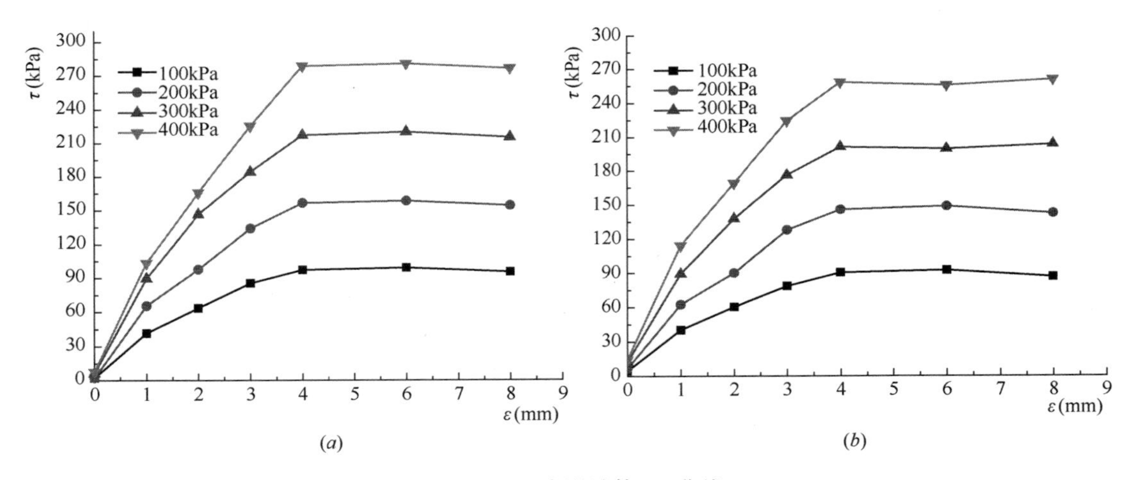

图 4.2.17　古滑坡体 τ-ε 曲线

(a) 9 号试样；(b) 10 号试样

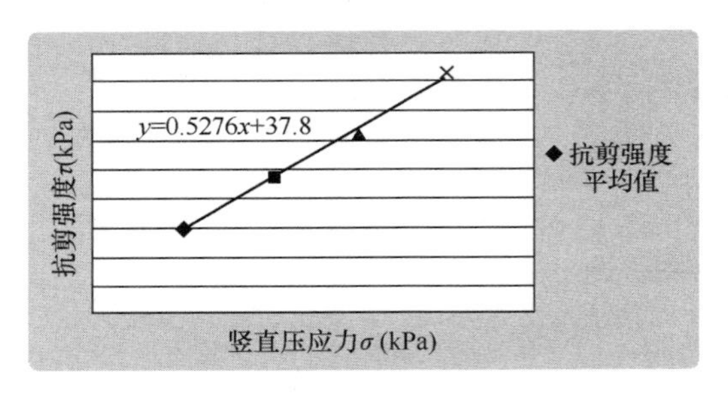

图 4.2.18　古滑坡体堆积物直剪强度曲线

$$C = C_c + 100 \times (P_5 - A)K_c, (P_5 > A) \tag{4.2.1}$$

$$\varphi = \varphi_C + 100 \times (P_5 - A)K_\varphi, (P_5 > A) \tag{4.2.2}$$

式中，C_c、φ_c 表示纯土时的黏聚力和内摩擦角；K_c、K_φ 分别为含石量对黏聚力和内摩擦角的影响系数，按表 4.2.2 中数据取值；P_5 表示粒径大于 5mm 的颗粒含量，以小数计；A—临界含石量，按表 4.2.3 中数据取值。

含石量对强度参数的影响因数　　表 4.2.2

细粒土的液性指数 I_L	临界含石量 A	含石量对强度参数的影响系数	
		K_c	K_φ
$I_L<0$	0.2	0.24	0.09
$0<I_L<0.25$	0.2	0.30	0.29
$I_L>0.25$	0.4	0.19	0.45

因此，只要按常规试验，测定碎石土中细粒土的强度参数和液性指数，就可以推算出不同含石量下的强度参数。由此可分别估算洪坡积物、冰水堆积物、古滑坡体堆积物抗剪强度指标（见表 4.2.3）。

含石量对强度参数的影响因数 表 4.2.3

项目	I_L	A	P_5	K_c	K_φ	C	φ
洪坡积物	−0.41	0.2	0.277	0.24	0.09	30.8	17.9
冰水堆积物	−0.72	0.2	0.491	0.24	0.09	41.7	23.4
古滑坡体堆积物	−1.16	0.2	0.904	0.24	0.09	47.3	28.6

计算结果表明，土石混合体的抗剪强度指标随着含石量的增加，内摩擦角增大，而黏聚力减小。产生上述结果的原因可以从颗粒组成上来解释，对于黏性土，其强度主要表现在黏聚力；而对于纯净的碎石，其强度主要表现在内摩擦角上。从总体上来说，随着含石量的增加，细粒土再减少，表现在强度上是内摩擦角的增加，而黏聚力减小，也就是说土石混合体由“土”性转化为“石”性。

土石混合体的抗剪强度指标随着液性指数的增大，内摩擦角减小，而黏聚力增大。内摩擦角减小可以从两方面解释，一方面由于液性指数增加，土粒变得松软，从而降低了颗粒间的摩阻力，从而降低了摩擦角。另一方面由于液性指数的增加，某些硬结的粗粒被软化，变成了软泥，间接的减少了粗粒的含量，因而引起内摩擦角的降低。黏聚力增大现象的原因在于，在相同的压实能量下，土体随液性指数的增加逐渐压实，密度逐渐增加，强度也随之增高，黏聚力也越大。

4.3 基于数字图像分析的介质识别方法

数字图像处理技术的广泛应用为土石细观结构的研究提供了方便。由现场直接拍摄的土石混合体照片，通过数字图像处理技术，可快速准确的建立其细观结构模型，再将其导入常用的数值分析软件 FLAC 或 PFC 等，并进行相应的数值模拟研究，这将成为土石混合体细观深入研究的主要思路。

1. 数字图像“概念模型”的建立

数字图像处理是指将图像信号转换为数字信号，并利用计算机对其进行处理的过程。Matlab 在图像信号处理方面的优势和强大的矩阵运算能力为研究数字图像提供了方便。

数字图像由一个个像素点构成，通常以一个三维矩阵对其信息进行存储，离散函数 $f(i,j,k)$ 即可实现对图像矩阵信息的任意提取，其中（i，j）代表像素点在该图像对应像素点矩阵中的行、列号，k 代表颜色信息，彩色图像 $k=3$，分别代表 R，G，B 三种颜色。基于此，即可实现对图像信息的处理，R 颜色信息以一个二维矩阵 $R(i,j)$ 进行存储，即

$$\boldsymbol{R}(i,j)=\begin{bmatrix} R(1,1) & R(1,2) & \cdots & R(1,M) \\ R(2,1) & R(2,2) & \cdots & R(2,M) \\ \vdots & \vdots & \ddots & \vdots \\ R(N,1) & R(N,2) & \cdots & R(N,M) \end{bmatrix} \tag{4.3.1}$$

式（4.3.1）中任一元素取值范围为［0～255］。

2. 数字图像预处理

土石细观特征数码照片通常摄于野外，其成像质量受环境、相机等各种因素的制约，结果往往不尽如人意，所拍得的二元介质差异不明显，图像噪声较大，首先需要对数码照

片采用 PhotoShop 等图像处理软件进行去噪处理，增加图像的亮度和对比度，以提高土石二元介质的差异，这样在进行数字图像结构建模时更容易设定二元介质的阈值，建立的细观结构模型也就更加真实可靠。

（1）彩色图像空间转换

常用的颜色空间很多，如 RGB、CMYK、HSI、HSV、HSL、灰度图等。其中，HSI 色彩空间是用色调、色饱和度和亮度来描述色彩。HSI 对于人的视觉特性较 RGB 的优越性使之经常被用于人的视觉系统。在图像处理和计算机视觉中也经常采用 HSI 色彩空间，这大大简化了图像分析和处理的工作量。

HSI 色彩空间和 RGB 色彩空间只是同一物理量的不同表示法，因而它们之间存在着转换关系。按照关系式（4.3.2）可将 RGB 色彩空间转化为 HSI 色彩空间。

$$
\begin{aligned}
I &= \frac{R+G+B}{3} \\
H &= \begin{cases} \arccos\left(\dfrac{(2R-G-B)}{2\sqrt{(R-G)^2+(R-B)(G-B)}}\right) & B<G \\ 2\pi-\arccos\left(\dfrac{(2R-G-B)}{2\sqrt{(R-G)^2+(R-B)(G-B)}}\right) & B>G \end{cases} \\
S &= 1-\frac{3\times\min(R,G,B)}{R+G+B}
\end{aligned}
\tag{4.3.2}
$$

其中，$\min(R,G,B)$ 表示每个像素中 R、G、B 的最小值，上式要求满足 $R\neq G$，$R\neq B$。

（2）灰色图像预处理

最常用的数字图像方法是利用灰度图，灰度图是只含亮度信息而不含色彩信息的图像，应用领域比较广泛，主要用于图像模式识别、图像分割、图像增强等方面。在彩色图像中，每个像素的颜色由 R、G、B 三个分量决定，每个分量又可从 0～255 中任取，因此一个像素点就有 1600 多万种颜色的变化范围，然而灰度图像是由 R、G、B 三个分量值相同组成的一种特殊色彩图像，一个像素点的变化只有 255 种。因此，在数字图像处理中将彩色图像转化为灰度图像，能够减少很多后续图像处理的计算量。

灰度化处理就是把含有亮度和色彩的图像转变成灰度图像的过程，通常灰度化处理是许多后续图像操作的基础。灰度图像的描述与彩色图像一样仍然反映了整幅图像的整体和局部的色度和亮度等级的分布和特征。图像的灰度化处理可先求出每个像素点的 R、G、B 三个分量的平均值，然后将这个平均值赋予这个像素的三个分量。可基于 GDI+采用三种算法对数字图像灰度化，具体算法如下。

1）最大值法。

最大值法采用 R、G、B 分量值中最大的一个作为三个分量值，该方法能够形成较高亮度值的灰度图像，即：

$$R=G=B=\mathrm{Max}(R,G,B) \tag{4.3.3}$$

2）平均值法。

平均值法采用 R、G、B 三个分量平均值作为分量值，该方法能够形成较柔和的灰度图像，即：

$$R=G=B=(R+G+B)/3 \tag{4.3.4}$$

3）加权平均值法。

加权平均值法是根据重要性或其他指标给 R、G、B 各分量赋予不同的权值，并将加权平均值赋予 R、G、B 三个分量，即：

$$R=G=B=(W_r \cdot R+W_g \cdot G+W_b \cdot B) \tag{4.3.5}$$

式中 W_r、W_g、W_b 分别是 R、G、B 的权值。当 W_r、W_g、W_b 不同时，将得到不同灰度的数字图像。实验表明，当 $W_r=0.299$，$W_g=0.587$，$W_b=0.114$ 时，所获得的灰度图像最符合人眼的视觉感受，因此此处的加权法就是采用上述权值。

（3）图像二值化处理

在图像分析中，二值图像应用非常广泛，具有非常重要的地位。当需要对二值图像的处理与分析时，首先要把灰度图像二值化，这样才能够呈现出明显的黑白效果，二值化处理就是将图像上像素点的灰度置为 0 或 255。二值图像优点是只有两个灰度级，存储空间小，处理速度快，对图像能够快速进行布尔逻辑运算等特点。

二值化图像时选取适当的阀值很重要，选取适当的阀值将 256 个亮度等级的灰度图二值化仍然可以反映图像整体和局部特征，本文在对土石混合体图像去噪、灰度化以及二值化后，选取适当域值从而得到土石混合体块石含量、块石级配、几何特征等。主要有如下两种方法：

1）全局阈值法

全局阈值法是指仅使用一个全局阈值 T 对数字图像二值化。它将图像中每个像素的灰度值与 T 进行比较，若大于 T，则取为白色；否则取黑色。选取阈值 T 时可根据图像中的直方图或灰度空间分布确定，为了满足图像处理应用系统自动化及实时性要求，图像二值化的阈值的选择最好由计算机自动来完成。常用几个阈值的自动选择算法有平均灰度值法、大津法以及边缘算子法。

2）局部阈值法

局部阈值法是用像素灰度值和此像素邻域的局部灰度特性来确定阈值，其将原图像划分成一些不相交的区域，在局部上采用上面的整体阈值法。典型的局部阈值法有 Bernsen 方法、梯度强度法、最大方差法、基于纹理图像的方法等。

总之，全局阈值法常用于目标和背景比较清楚的图像，对于图像背景不均匀时，此方法便不再适用。局部阈值法常用于识别品质较差、干扰比较严重的图像，与整体阈值法相比应用更加广泛，但此方法也存在一些缺点，实现速度慢、连通性不好以及容易出现伪影现象等。

（4）图像其他操作

利用数码设备拍摄现场土石混合体图像会受到众多因素的影响，对土石混合体图像进行去噪、灰度化、二值化以及腐蚀等一系列处理，无论算法多么优越，依旧会存在一些瑕疵，因此可采用手动方式去除不合理的细节，譬如去除孤点、去除伪点、填充孔洞等，从而使得土石混合体图像识别更加精确。

1）孤点去除

土石混合体图像处理后，通常存在一些孤立点，如单个或者少量的几个像素等，这些块石粒径大多小于块石阀值，因此可以采用人工手动处理方式，去除这些孤点使之更加符合真实现状。

2）伪点去除

在土石混合体图像划分土与块石时，无论选取的阈值多么合理，都不能将土和块石完全化分开。因此为了更准确地分析土石混合体的组成，需要将处理后的图像与原图像进行比较，必要时进行校正，以防出现原图像中的填充物块石处理后变成基质土，或者原图像中的基质土处理后变成填充物块石。

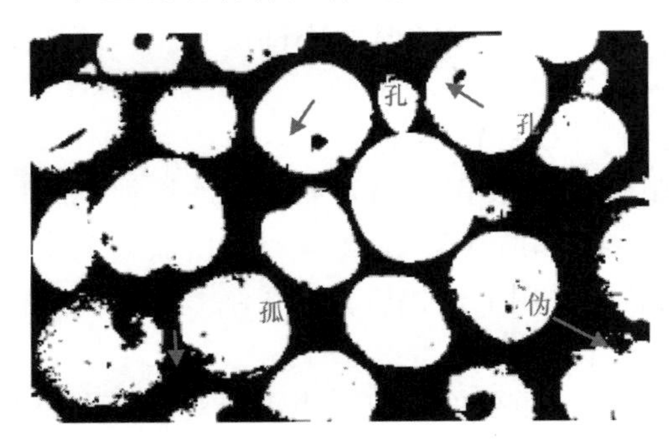

图 4.3.1　图像人工处理

3）孔洞填充

对土石混合体图像处理后，有时在块石中部会出现孔洞，如图 4.3.1 所示，这与实际情况不符，因此，为了确保了块体的准确性需要对孔洞进行填充处理。

3. 土石混合介质二元化

网格划分，并不像有限元软件将块石或土体进行网格化，而是将数字图像进行网格化。随着计算机学科的迅速发展，数字成像技术越来越高，拍摄图像越来越清晰，图像像素越来越高，所占的存储空间就越大。通常数字图像处理的信息大多属二维信息，处理信息量很大，若一个像素对应一个网格，则一幅很低分辨率为 200px×200px 的黑白图像就会产生 40000 个网格，对于数值模拟这是一个较多网格的模型，网格数量与计算时间成指数关系，同时网格数量越多，对计算机硬件要求也越高。

因此，数值图像网格划分具有重要的意义，网格数量的多少将影响计算结果的精度和计算规模的大小。通常随着网格数量增加，计算精度会有所提高，但同时计算规模也会增加，所以在确定网格数量时应权衡两个因数综合考虑。

如图 4.3.2 所示，曲线 1 表示计算时间随网格数量的变化。可以看出，网格数量较少时增加网格数量，计算时间增加的不多，但当网格数量增加到一定程度后，计算时间却有大幅度增加，因此应注意增加网格的经济性。实际应用时可以根据图像所对应的区域以及图像的大小合理的划分网格，当数字图像所对应的区域较大而像素又较高时，一个网格内应包含多个像素，反之，应将网格对应较少个像素，甚至仅包含一个像素。

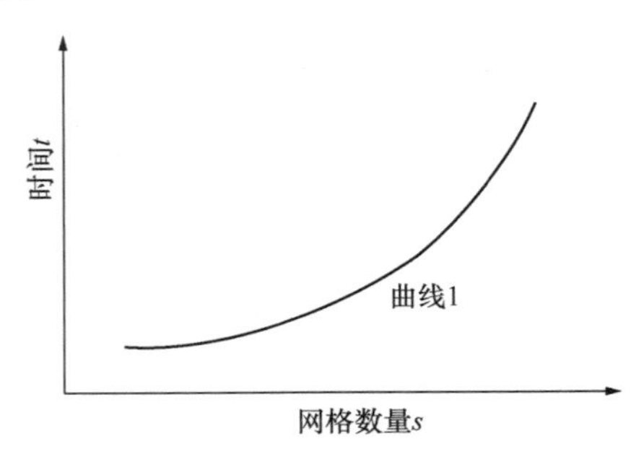

图 4.3.2　计算时间随网格数量的变化

采取上述网格划分方法，一个网格内通常包含多个像素，若一个网格内块石像素数多于基质土像素个数，则将该网格判断为块石网格，否则判断为土网格。

网格划分后，需要将网格与数值模型对应起来，在从概念模型向数值模型的转换过程中，需要将网格尺寸按比例转换为模型的实际尺寸，其转换比例为：

$$S_{\text{row}} = \frac{L_{\text{row}}}{N_{\text{column}}} \tag{4.3.6}$$

$$S_{\text{column}} = \frac{L_{\text{column}}}{N_{\text{row}}} \tag{4.3.7}$$

式中：S_{row}、S_{column}分别代表网格行与列间距的真实尺寸，L_{row}、L_{column}分别代表图像在横向或纵向上的真实尺寸，N_{row}、N_{column}分别代表图像在横向、纵向上的划分网格数目。利用数字图像对土石混合介质进行识别的详细流程如图 4.3.3 所示。

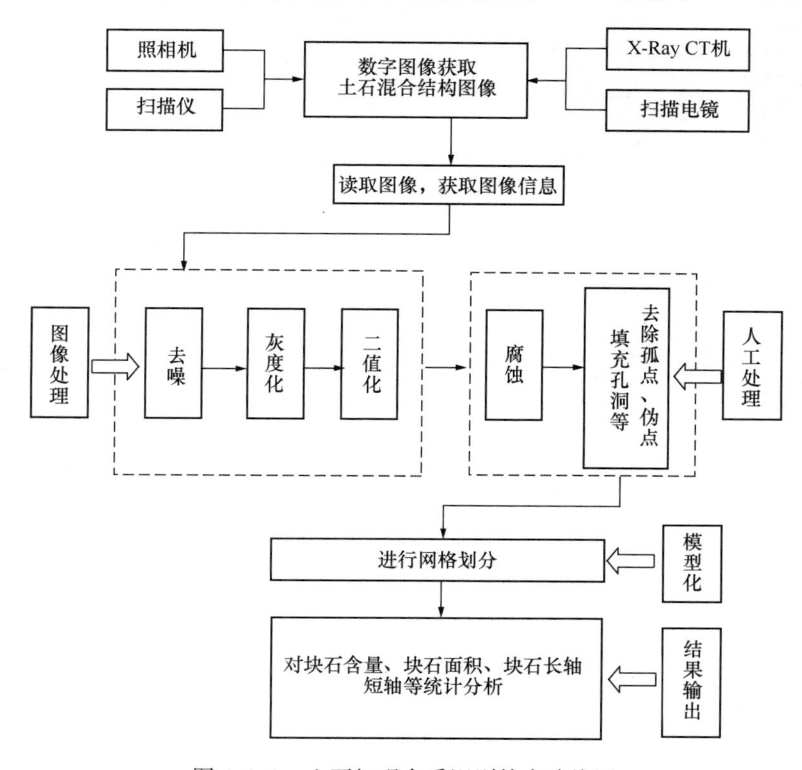

图 4.3.3　土石细观介质识别技术路线图

4. 块石细观特征统计

(1) 含石量统计

含石量即石块面积所占区域总面积的百分比，划分网格后，可根据二值化结果统计块石面积，如式（4.3.8）式所示：

$$S=\frac{A_{rock}}{A_{total}}=\frac{N_{rock}}{N_{row}\times N_{colum}}\times 100\% \tag{4.3.8}$$

式中：S为含石量，A_{rock}为块石的总面积，A_{total}为区域的总面积，N_{rock}为块石的网格数，N_{row}、N_{colum}分别为网格的行和列的网格数目。

(2) 粒径统计

数字图像显示的块石尺寸是二维形式，为了能够更好地统计块石粒径，本文采用对块石投影，根据其投影形状进行统计块石粒径的长轴 a 和 b 短轴，长轴方向为块石边界点中，距离最远的两点间的连线，短轴方向为长轴方向的垂直方向，如图 4.3.4 所示。

划分网格后，每个网格都有自身属性（土或石），根据网格属性进行块石粒径统计，具体的实施步骤如下：

1) 删除多余纵向节点连线；图像被划分为 M 行、N 列，去除边界线，则图像内部的纵向线段为 $(N-1)\times M$ 个，从第一个纵线段开始，依次循环判断，若纵线段前后网格属

图 4.3.4 块石粒径尺寸图

性相同则删除，否则保留该线段。

2）删除多余的横向节点连线；图像被划分为 M 行、N 列，去除边界线，则图像内部的横向线段为 $(M-1)\times N$ 个，从第一个横线段开始，依次循环判断，若横线段上下网格属性相同则删除，否则保留该线段。

3）块石边缘的形成；经过上述两步骤后，剩余的线段都是有用的，然后从其中一条线段的一个阶段编号开始，逐线段搜索相同编号，然后在以找到的线段的另一编号逐线段搜索，直至找到第一个线段的另一端编号，最终形成一个封闭的块石边界，并将块石的编号记录起来，重复上述则能够将块石的所有边界信息找出。

4）寻找块石长轴 a，通过步骤（3）能够得到单个块石的节点信息，然后从其中一个节点开始，逐次求与其他节点的最大距离，并记作 L_i，然后从 L_i 中找出 L_{max}最大值，即为长轴 a，长轴方向为 L_{max}的方向。

5）寻找块石短轴 b，逐次求块石边界点到长轴的距离 d_i，d_i 的正负与边界点在长轴哪一侧有关，从 S_i 序列中分别找出最大值 d_{max}和最小值 d_{min}，则短轴 $b=d_{max}-d_{min}$。

6）块石的面积 S_i，块石的面积用单纯性法进行计算。

总之通过上述六个步骤，可以得出块石长轴 a、短轴 b 和面积 S，进而得出块石长轴、短轴和块石面积的分布。分析识别效果见图 4.3.5。

通过对典型土石混合体现场拍摄的数字图像进行去噪、灰度化、二值化、孤点去除、等一系列处理，并进行自行网格划分，最终建立了符合现场实际的细观岩土介质模型。

（3）块体颗粒细观特征统计

分别对上述两种不同网格得到的统计结果为：网格 100×100 土石混合体模型的含石量为 39.68%，网格 200×200 土石混合体模型的含石量为 40.36%，前者能够统计出长、短轴，后者由于网格较大无法统计，前者的统计结果如表 4.3.1 所示：

介质细观结构块石统计表 **表 4.3.1**

长轴范围（mm）	所占面积（cm^2）	块石个数
<12	35	56
12～32	94.5	42
32～52	252	67
52～72	224.5	31
72～92	116	14
92～112	150	10
>112	120	6
总计	992	226
项目	均值（cm）	方差
块石长轴	0.36	0.2157
块石短轴	0.21	0.2365
块石扁率	0.58	0.1998

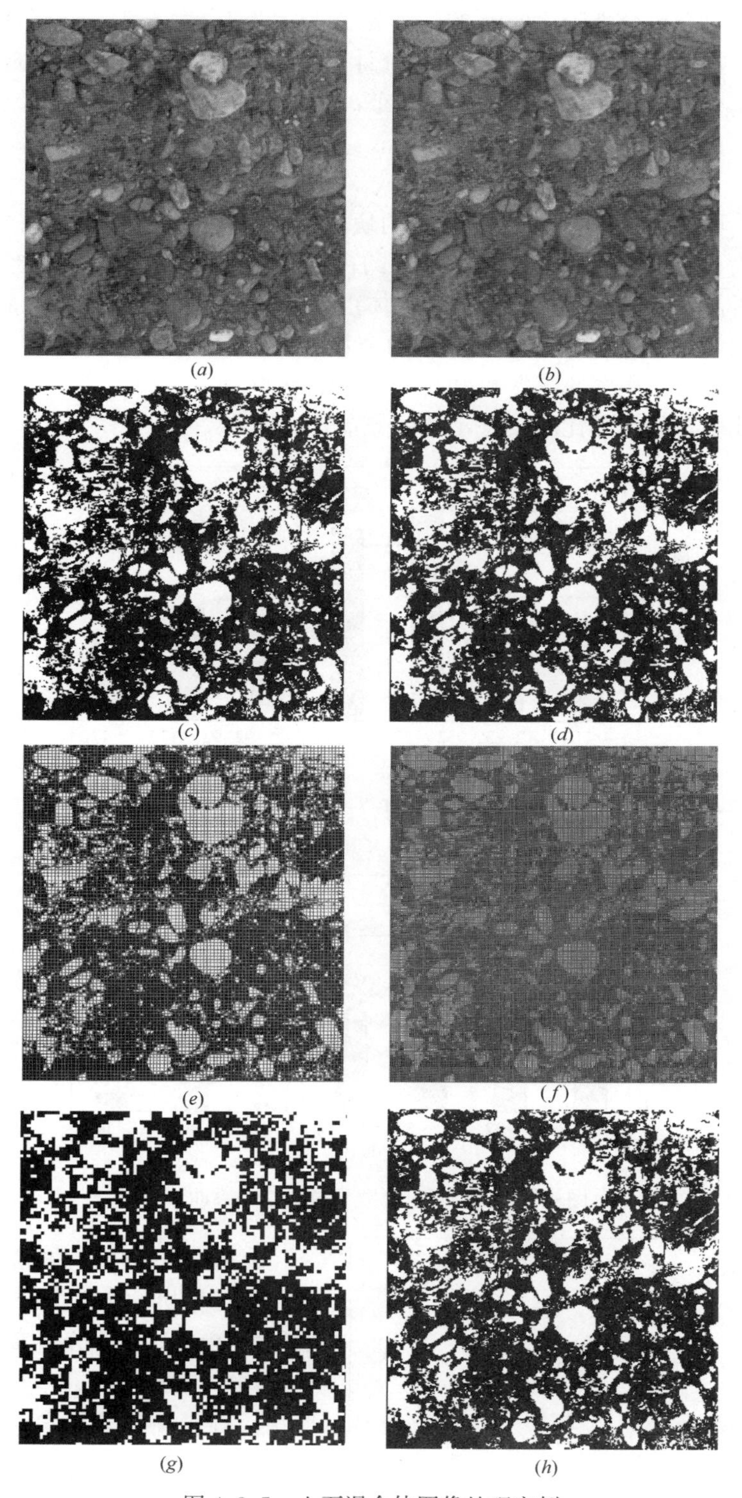

图 4.3.5　土石混合体图像处理实例

(a) 土石混合体现场拍摄图；(b) 灰度化处理；(c) 二值化处理；(d) 孤点、伪点处理；(e) 网格划分为 100×100；(f) 网格划分为 200×200；(g) 数值模拟 100×100 网格模型；(h) 数值模拟 200×200 网格模型

此处近似将块石粒径小于12mm的块石定义为“土”，大于12mm的为“块石”。由表4.3.1可得，“土”占了一半以上。进而统计土石混合体中块石信息。统计结果为：含石量为39.68%，块石长轴近似服从正态分布，平均长度为0.36cm，方差为0.2157；块石短轴近似服从正态分布，平均值为0.21cm，方差为0.2365；块石的扁率为0.58，方差为0.1998。

由图4.3.6可知，粒径在3.2cm以下的块石颗粒，所占的比例较小；粒径在3.2～7.2cm之间的块石，所占的百分比较大，大约占据块石总面积的50%；随后随着块石粒径的增长块石所占面积百分比逐渐减小，整体上，块石面积随粒径组近似服从正态分布。从图4.3.7可知，粒径在5.2cm以下块石的个数占块石总数的73%，块石个数随粒径组近似成对数正态分布。由图4.3.8可知，介质块石级配在0～13cm之间近似呈线性，未出现陡坡，因此块石的级配比较良好，粒径分布较均匀。

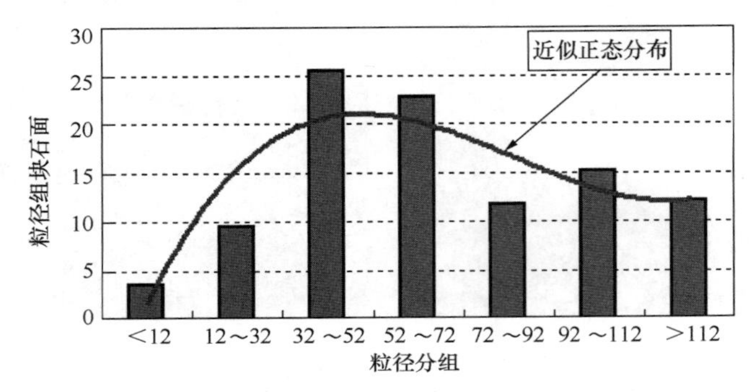

图4.3.6　粒径含量百分比与粒径组关系曲线

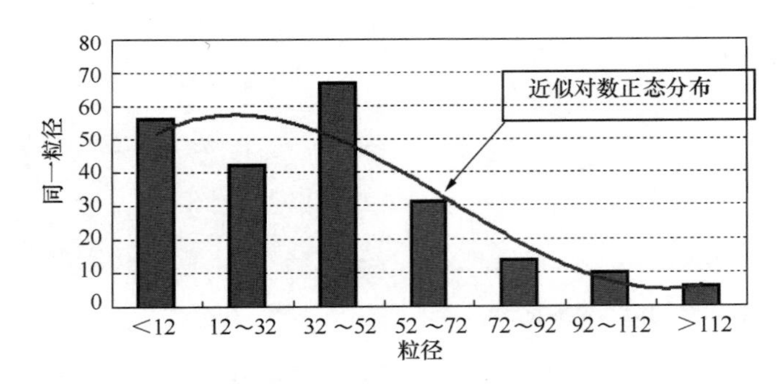

图4.3.7　粒径组个数与粒径组关系曲线

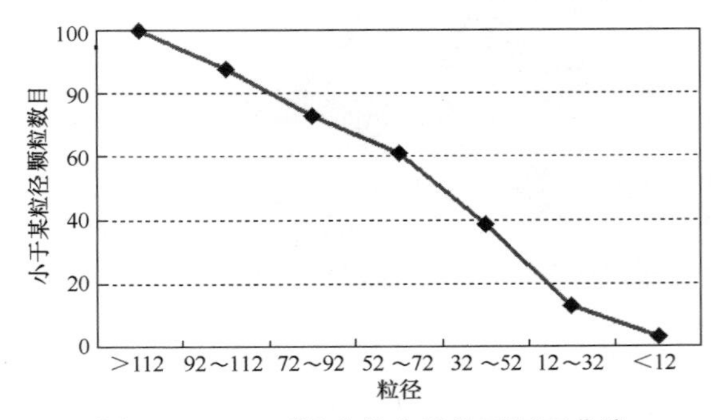

图4.3.8　土石混合体介质块石级配曲线

5. 随机介质重构方法

现场拍摄的土石混合介质随机性强，如果能在前面统计分析基础上，针对细观结构，考虑含石量、石块级配、石块形状、石块倾角等因素，随机描述土石细观结构，无疑更具有统计意义，这主要借助块体的生成方法进行。

块体的生成是整个随机模型建立的

第一步，块体按照形状不同可以分成多边形块体和平滑块体。实际上本方法中平滑块体被界定为边数多于15条并通过级数化平滑处理的块体，而边数小于15条的将不作级数化膨化处理。

（1）多边形块体

生成多边形块体时有两套方案，其生成效果如图4.3.9和图4.3.10所示。从生成结果来说，1方案生成块体较2方案平滑，凹边数量较少。可根据石块不同状况选择石块生成方式。

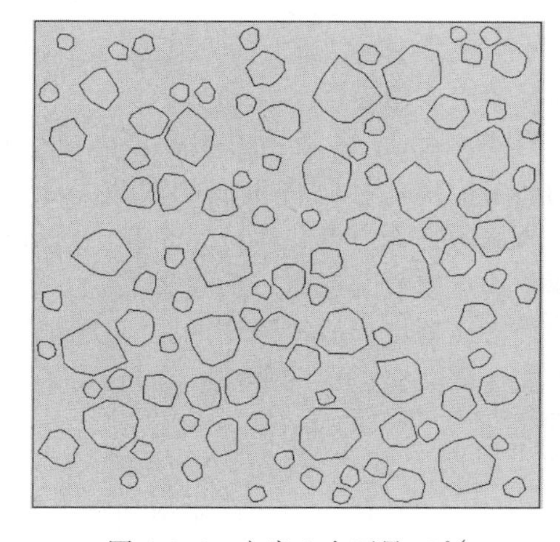

图4.3.9　方案1含石量35%

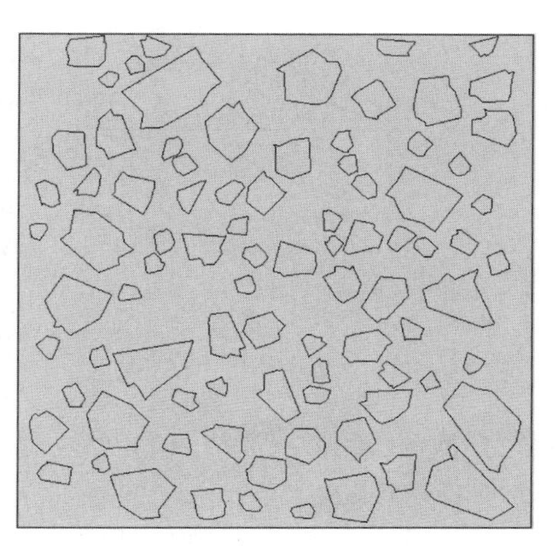

图4.3.10　方案2含石量35%

1）方案1

在生成n边形块体时，首先在极坐标系下生成一组随机半径序列$\{1\cdots r_i\cdots r_n\}$，范围为$r_0-\Delta r$到$r_0+\Delta r$，于是有：

$$r_i = r_0 + (2\cdot\xi - 1)\cdot\Delta r \tag{4.3.9}$$

其中ξ是在（0，1）区间上的伪随机数（下文中的所有ξ皆同），r_0为随机半径r_i的平均值，Δr为半径振幅。

再生成一组随机角度增量序列$\{1\cdots\Delta\theta_i\cdots\Delta\theta_n\}$，$\Delta\theta_i$的角度范围为$2\pi/n-\eta\cdot 2\pi/n$到$2\pi/n+\eta\cdot 2\pi/n$，于是有：

$$\Delta\theta_i = \frac{2\pi}{n} + (2\cdot\xi - 1)\cdot\eta\cdot\frac{2\pi}{n} \tag{4.3.10}$$

其中η是一个介于0到1之间的一个系数。显然，η越小角度增量的增幅越小，生成的随机角度越均匀。

为了保证所有$\Delta\theta_i$之和等于360°，需将$\Delta\theta_i$都用下式处理，再更新到序列中：

$$\Delta\bar{\theta}_i = \Delta\theta_i\cdot\frac{2\pi}{\sum\Delta\theta_i} \tag{4.3.11}$$

在极坐标下用序列$\{1\cdots r_i\cdots r_n\}$和$\{1\cdots\Delta\theta_i\cdots\Delta\theta_n\}$生成块体（图4.3.11），块体尺寸应该相等（即$r_0$相等），等待下一步的放缩。

2）方案 2

与方案 1 生成半径序列的方法相似，首先在极坐标系下生成一组随机半径序列｛$1\cdots r_i\cdots r_n$｝，范围为 $r_0-\Delta r$ 到 $r_0+\Delta r$，按照式（4.3.9）生成序列。

再生成一组随机角度序列｛$1\cdots\theta_i\cdots\theta_n$｝，$\theta_i$的范围为 0 到 2π：

$$\theta_i=\xi\cdot 2\pi \tag{4.3.12}$$

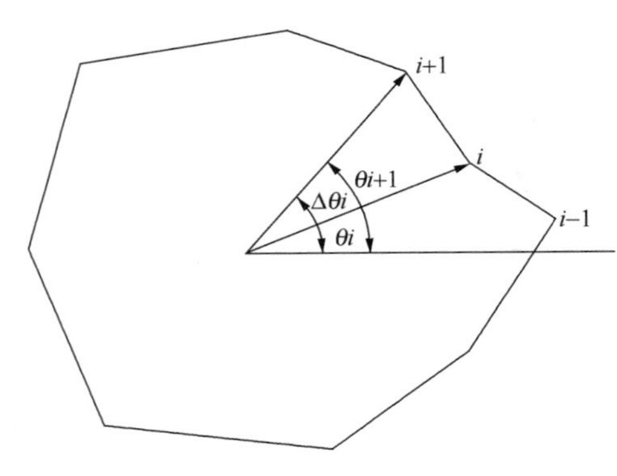

图 4.3.11　多边形块体生成图

由于 θ_i 是散序的，而角度序列要求升序，所以对｛$1\cdots\theta_i\cdots\theta_n$｝进行一次升序处理。接着，在极坐标下用序列｛$1\cdots r_i\cdots r_n$｝和｛$1\cdots\theta_i\cdots\theta_n$｝生成块体（如图 4.3.11 所示）。同样，块体尺寸应该相等。

另外，对 1、2 两种方案，若需要生成严格的凸多边形，可以将生成的块体去除凹边，方法为遍历每个顶点并保证每个顶点都在其周围两个顶点组成的逆时针向量的右边，若不满足，消去该顶点。值得强调的是一次凹点消去并不能保证凸多边形的形成，在每次凹点消去后必须检查是否已经形成严格凸多边形，否则重复消去凹点的操作。

（2）平滑块体

平滑块体各顶点之间的夹角均相等，所以对有 n（$n>15$）条边的平滑块体，其角度序列｛$1\cdots\theta_i\cdots\theta_n$｝的公式为：

$$\theta_i=i\cdot\frac{2\pi}{n} \tag{4.3.13}$$

对于平滑块体的半径序列｛$1\cdots r_i\cdots r_n$｝，若用与多边形块体类似的随机数生成方法，将造成块体表面凹凸不平，毫无规律，于是需要对半径序列做级数化平滑处理，再在极坐标下生成块体。半径序列级数化处理公式如下：

$$r_i=r(\theta_i)=r_0+\sum_{j=1}^{m}\alpha_j\cos(j\theta_i+\beta_j) \tag{4.3.14}$$

其中 r_0为平均半径，m 为半径序列中已生成的半径个数，β_j为［0，2π］区间上的一个随机数，α_j表达式如下：

$$\log\left(\frac{\alpha_j}{r_0}\right)=-p\cdot\log j-b \tag{4.3.15}$$

块体测量需要确定块体宽度、长度、倾角三个量。

1）块体宽度和倾角的确定

块体宽度即块体的最小可通过宽度，也可以视为块体的粒径。以一个 n 边形为例，具体的测量方法为：

①以第 i 边为底边，遍历所有 $n-2$ 个顶点到这条边的垂线，找到其中的最长垂线 $l_{\max}(i)$；

② 遍历所有 n 条边，找出 n 条最长垂线中最短的一条 min（$l_{\max}$（i））（$i=1\cdots n$），如图 4.3.12 所示中的 DF，这时块体宽度 $Width$ 即为｜DF｜，而逆时针向量$\overrightarrow{AB}$的倾角即

为块体的倾角 α。

2）块体长度的确定

块体长度可以理解为块体在块体倾角方向的延伸距离。以图 4.1.4 中的块体为例，计算方法如下：

① 计算向量 $\overrightarrow{AB}$ 的单位向量 $\vec{e}$。

② 可知向量 $\overrightarrow{AC}$ 在向量 $\overrightarrow{AB}$ 方向的投影距离为：

$$\text{proj}(i) = \overrightarrow{AC} \cdot \vec{e} \qquad (4.3.16)$$

其中 porj（i）以顺 $\overrightarrow{AB}$ 向为正，逆向为负。

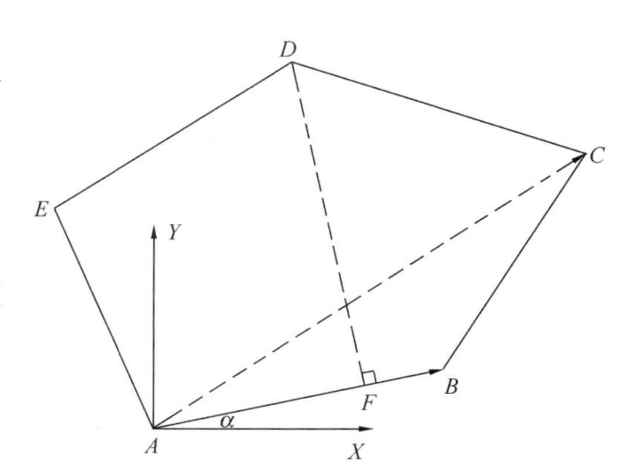

图 4.3.12　块体尺寸测量

③ 遍历所有 $n-2$ 个顶点，确定 min(proj(i))和 max(proj(i))(i=1…n−2)，块体长度为：

$$\text{Length} = |\max(\text{proj}(i)) - \min(\text{proj}(i))| \, (i = 1 \cdots n-2) \qquad (4.3.17)$$

实际工程中，人们通过常规试验确定土石混合体的粒径分布表（或曲线）。但是其所得的粒径范围非常大，可以从大于 100mm 到小于 0.005mm，涵盖了所有石与土的粒径范围。显然，在模型尺度固定的情况下，一定粒径以下的颗粒可以视作土体，其结构特征对数值试验结果的影响是可以忽略的。在土石混合体数值建模时，必须在连续的粒径分布曲线上确定一个合适的土石分界值，以计算含石量与石块的粒径分布。

Medley. E，Lindquist. E. S 等在对土石混合体的研究中发现其具有一个很重要的性质——比例无关性（Scale-independence），并将土石分界值定义为：

$$d_{S|RT} = 0.05Lc \qquad (4.3.18)$$

式中：$d_{S/RT}$——土石分界值；

Lc——土石混合体的工程特征尺度。

对于三轴试验试样，Lc 取试样直径或边长。所以在 1m×1m 的石块尺度下，土石阀值必须小于 0.05×1m=50mm，于是本文取 20mm 粒径作为土石阀值，大于 20mm 看作石块。

块体投放是一个生成块体、试投放、判断相交、调整位置、确定投放的过程，其详细流程如下：

① 在投放块体以前，需在块体所属级配的粒径区间［D_i，D_{i+1}］内随机选择一个粒径 D 作为该块体粒径并将其缩放至此粒径。若块体是有倾向排列，则根据石块倾角将石块旋转至指定倾角。

② 将块体随机投入边界内，并判断其与边界是否相交。

③ 若上一步不相交，再判断是否与已放置好的块体相交。

④ 若不相交，则确定对此块体的投放。若②、③步有一步得出相交的结果，对块体重新确定投放位置并重复②、③两步，直到确定投放为止。

其中块体外轮廓建立的基本思路是：A. 按照块体形状参数和一定规则生成统一尺寸

的石块，进而按照石块倾向等地质参数对块体进行伸长和倾斜操作；B. 根据含石量与级配参数逐次随机的将石块投放到边界内部；C. 严格的块体侵入条件，保证任何两个块体不相互嵌入，直至所有级配的石块被投放完毕。

含石量是土石混合体的一个重要指标，直接影响土石混合体的各项物理力学性能。根据用户输入，本系统能精确地控制模型的石块含量，不同含石量生成的模型见图 4.3.13～图 4.3.16。

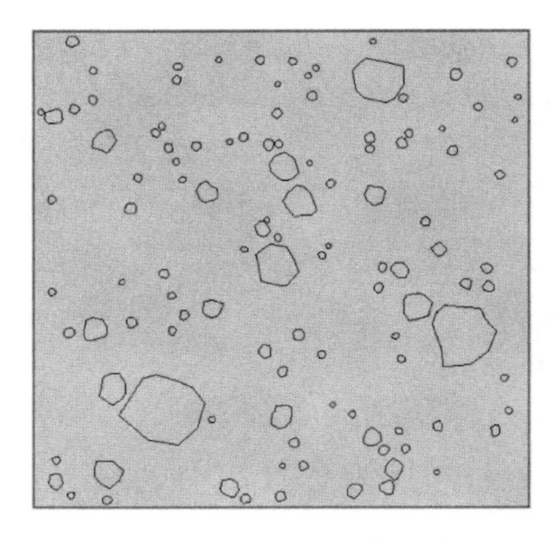

图 4.3.13　含石量为 10%的块体模型

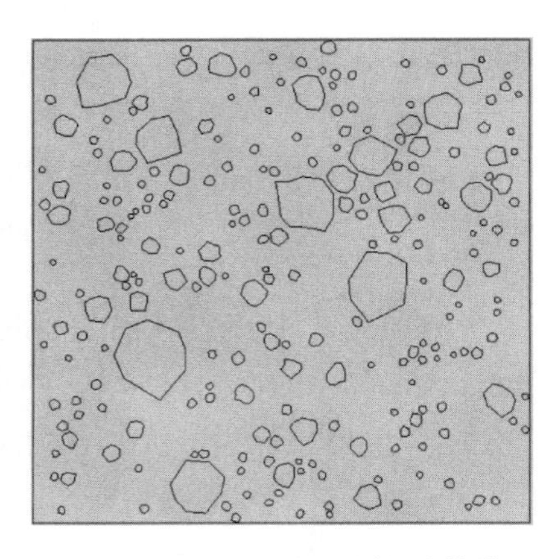

图 4.3.14　含石量为 20%的块体模型

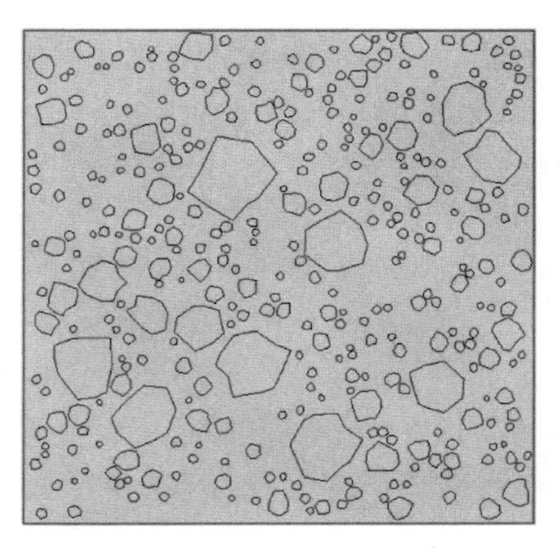

图 4.3.15　含石量为 30%的块体模型

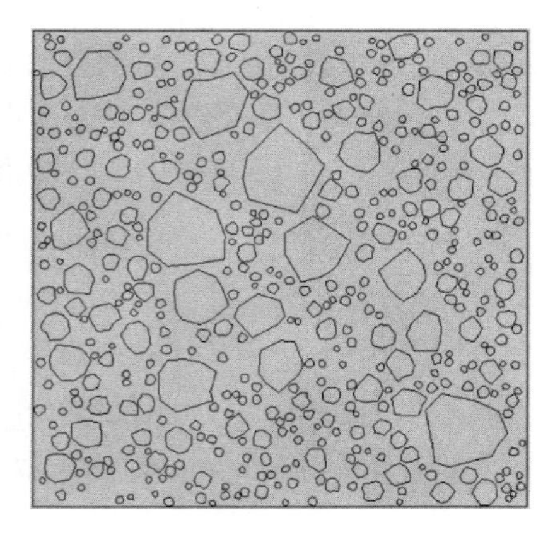

图 4.3.16　含石量为 40%的块体模型

按照级配数据生成模型是本方法的另一项重要功能。输入各粒组最小粒径、最大粒径和该粒组占石块总量的百分比三项数据，将按照不同级配特性生成模型。

另外，还可以根据石块形状、石块倾向等特征建立模型，模型效果图见图 4.3.17 和图 4.3.18。

针对工程中常见的土石混合体，可以利用数值图像分析方法快速实现统计，并在数字图像基础上开展随机构形，进而形成土石混合体数值计算模型，以进一步通过数值模拟开展复杂的力学特性研究，辅助确定不同状态下的变形与强度参数。

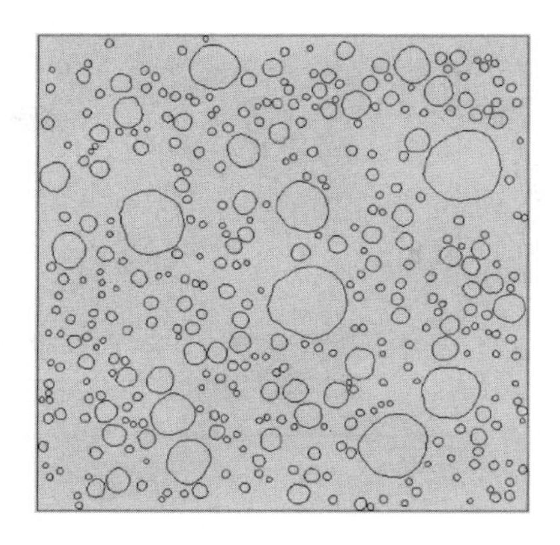

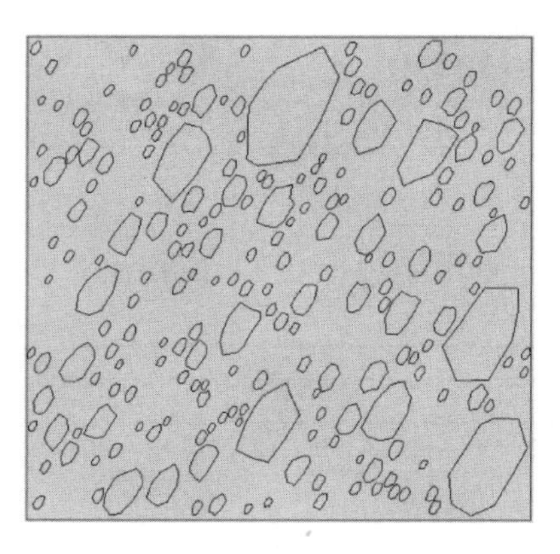

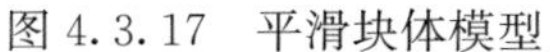

图 4.3.17　平滑块体模型

图 4.3.18　倾角为 60°的块体模型

4.4　基于细观特征分析的土石混合体力学参数研究

1. 含石量对土石混合体参数影响

含石量是影响土石混合体强度、变形等力学特性的一个至关重要的因素。含石量的不同，混合介质所表现出的力学特性也不同，为了更清楚研究含石量对土石混合体力学特性的影响，在颗粒级配和粗糙度相同的条件下，分别生成多组含石量为 0、10%、20%、30%、40%、50%和 60%的土石混合体模型，从而进行数值试验模拟。

图 4.4.1 为相同含石量，围压分别为 0.2MPa、0.4MPa、0.8MPa 以及 1.6MPa 下，土石混合体的应力-应变关系曲线。

由图 4.4.1（*a*）～（*g*）可以看出：①土石混合体加载初期，应力-应变关系曲线为直线段，在含石量相同的情况下，土石混合体的破坏强度随着围压的增加而增加。②围压较低时，应力-应变曲线与纯土体相似，具有明显的峰值；随后随着围压的增大，应力-应变曲线逐渐硬化，有明显的二次上升趋势。③应力-应变曲线有抖动现象，充分说明在加载过程中，块石出现移动、翻转，使得介质受力重分布。

图 4.4.2 为级配相同、围压相同，含石量分别为 0、10%、20%、30%、40%、50%以及 60%条件下应力—应变关系曲线。

由图 4.4.2（*a*）～（*d*）可以看出：①在围压相同的情况下，破坏强度和弹性模量均随着含石量的增加而增大，峰值所对应的应变在 2%左右。②加载初期土石混合体应力-应变关系曲线有一个明显的线性阶段，此曲线随含石量的增加，波动现象逐渐明显，且随围压的增加逐渐出现硬化现象。③在含石量 40%～50%之间存在一个临界值，当含石量小于该临界值时，相同的各围压下的抗压强度变化不大，当超过临界值时，其抗压强度急剧上升。

在对混合介质三轴数值模拟试验过程中，应力-应变过程一般可分为 3 个阶段。

第 1 阶段为初始压缩阶段：由于土与块石的刚度相差巨大，含石量较低时（<30%），轴向荷载主要由土颗粒承担，强度参数与变形模量仅比纯土略高一些，没有明显的提高，且变形曲线与纯土相同近似为线性；含石量较高时（≥30%），轴向荷载由土与块石共同

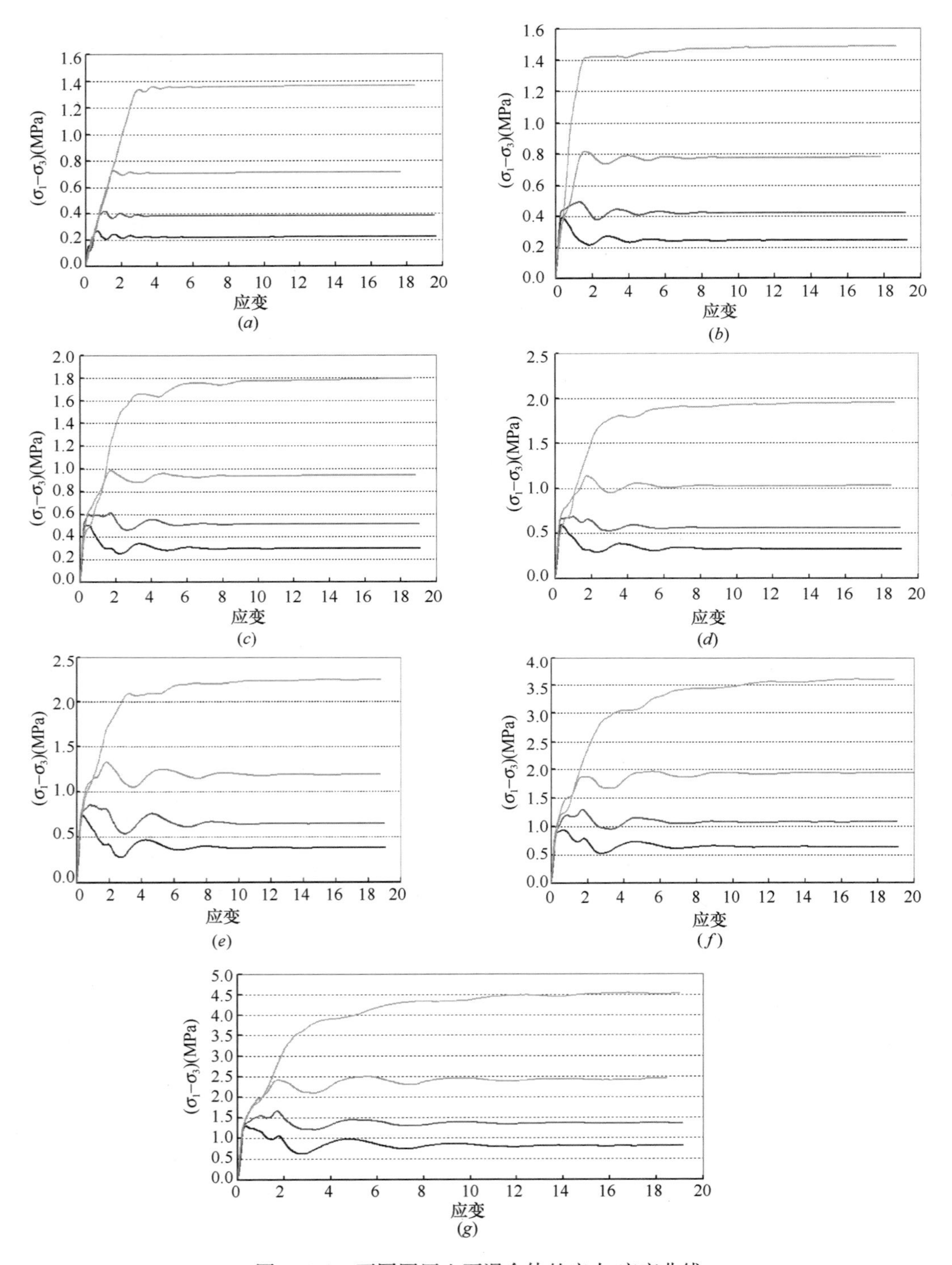

图 4.4.1 不同围压土石混合体的应力-应变曲线

(*a*) 含石量 0；(*b*) 含石量 10%；(*c*) 含石量 20%；(*d*) 含石量 30%
(*e*) 含石量 40%；(*f*) 含石量 50%；(*g*) 含石量 60%

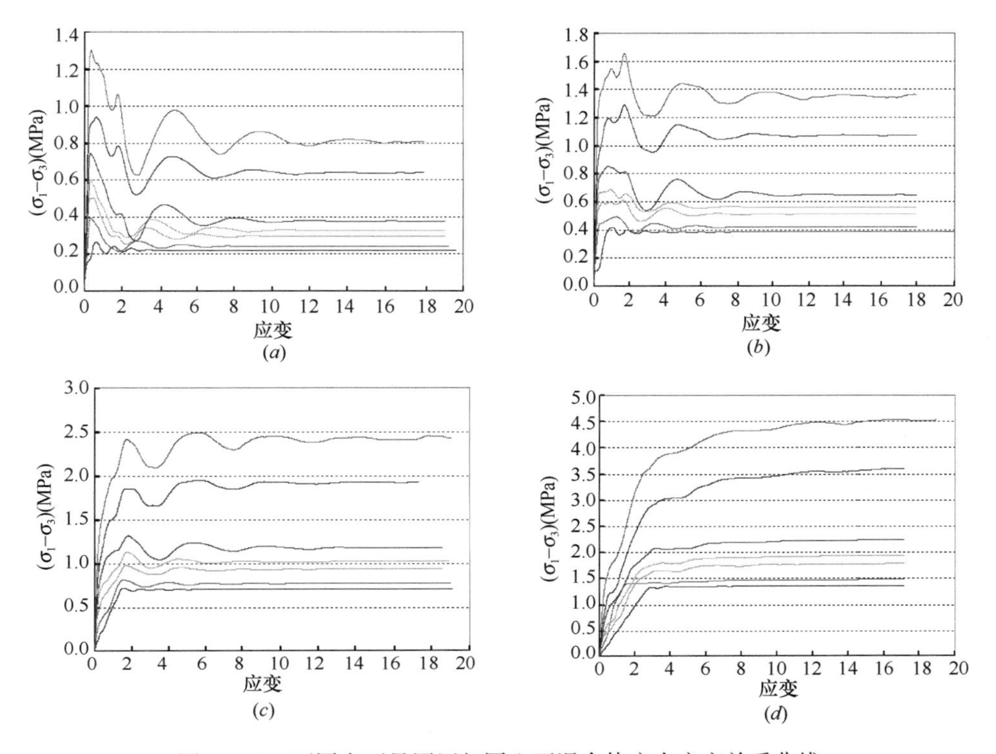

图 4.4.2　不同含石量围压相同土石混合体应力应变关系曲线

(*a*) 围压为 0.2MPa；(*b*) 围压为 0.4MPa；(*c*) 围压为 0.8MPa；(*d*) 围压为 1.6MPa

承担，强度参数与变形模量比纯土有明显的提高，变形曲线仍旧与纯土相同近似为线性。

第 2 阶段非线性段：由于土颗粒强度较低，随着荷载的增大，土体首先进入屈服，此时块石开始发生平移、旋转、挤压、咬合等作用，直至整体发生屈服、强度出现峰值，此时的应力-应变曲线出现明显的波动现象，且属于非线性硬化型。

第 3 阶段软化阶段：当土石混合介质达到峰值强度后，继续变形导致土体的黏结强度逐步丧失，承载力开始下降，随着变形的增加，土体颗粒黏结力最终完全消失，但宏观强度受土颗粒与块石的摩擦控制，因而土石混合体仍具有一定的残余强度。

通过对不同围压下土石混合体强度峰值整理，发现强度基本符合的莫尔-库伦准则。图 4.4.3 是根据土石混合体三轴数值模拟试验输出的主应力求取土石混合体抗剪强度参数的示意图。

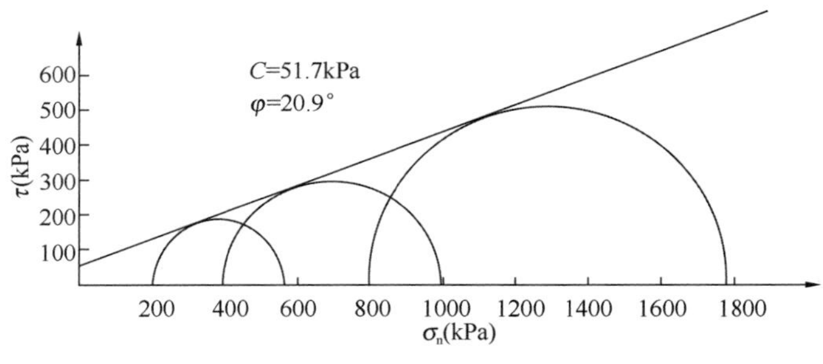

图 4.4.3　抗剪强度参数的确定

针对复杂的土石混合体，需要从大量的数值模型出发分析含石量对强度参数的影响，因此，对每种含石量分别建立 10 组数值模型，试验围压分别采用 0.2MPa、0.4MPa、0.8MPa 以及 1.6MPa，对每组摩擦力与摩擦角最大值、最小值以及平均值进行统计，采用如图 4.4.4 所用方法计算每组试验的强度参数，汇总情况如表 4.4.1～表 4.4.4 所示。

不同含石量强度参数统计　　表 4.4.1

编号	含石量(%)	C(kPa)	ϕ/(°)	编号	含石量(%)	C(kPa)	ϕ/(°)
1	0	61.5	23.3	1	10	48.4	27.3
2	0	69.3	23.8	2	10	57.6	24.8
3	0	67.2	24.1	3	10	61.7	25.2
4	0	65.6	25.2	4	10	48.4	27.9
5	0	62.2	24.5	5	10	50	28.4
6	0	70	22.9	6	10	59.8	24.7
7	0	66.1	23.1	7	10	46.5	25.9
8	0	64.9	23.9	8	10	52.5	28.2
9	0	64.8	24.1	9	10	56.3	26.8
10	0	71.3	24.4	10	10	62.5	27.6
均值	0	66.29	23.93	均值	10	54.37	27.41

不同含石量强度参数统计　　表 4.4.2

编号	含石量(%)	C(kPa)	ϕ/(°)	编号	含石量(%)	C(kPa)	ϕ/(°)
1	20	39.9	26.9	1	30	38.9	30.1
2	20	54.1	27.6	2	30	47.8	29.4
3	20	52.5	31.8	3	30	45.1	28.6
4	20	39.6	27.4	4	30	36.2	33.3
5	20	42.4	28.7	5	30	36.6	32.6
6	20	53.7	30.3	6	30	49.7	27.7
7	20	43.2	28.5	7	30	34.4	29.9
8	20	47.6	29.9	8	30	42.9	31.7
9	20	42.1	31.4	9	30	46.3	30.8
10	20	50.5	31.7	10	30	42.1	31.2
均值	20	46.56	29.42	均值	30	42.0	30.53

不同含石量强度参数统计　　表 4.4.3

编号	含石量（%）	C（kPa）	ϕ/（°）	编号	含石量（%）	C（kPa）	ϕ/（°）
1	40	28.3	31.9	1	50	23.7	32.5
2	40	33.2	33.2	2	50	37.2	35.3
3	40	41.6	35.5	3	50	25.6	33.9
4	40	25.9	32.8	4	50	38.4	37.6
5	40	34.5	33	5	50	26.5	34.7
6	40	44.8	38.3	6	50	29.7	37.8
7	40	43.2	31.2	7	50	40.9	33.4
8	40	41.1	36.4	8	50	21.1	36.9
9	40	31.3	33.1	9	50	36.5	35.2
10	40	39.8	35.9	10	50	42.4	40.3
均值	40	36.37	34.13	均值	50	32.2	35.76

不同含石量强度参数统计　　表 4.4.4

编号	含石量（%）	C（kPa）	ϕ（°）
1	60	28.2	41.7
2	60	37.6	37.4
3	60	22.4	38.9
4	60	33.5	36.3
5	60	18.6	44.6
6	60	32.3	42.8
7	60	12.8	39.2
8	60	39.9	42.8
9	60	38.1	36.5
10	60	27.4	39.4
均值	60	29.08	39.96

对表 4.4.3 的数据进行整理，土石混合体的黏聚力与摩擦角随含石量变化关系如图 4.4.4 所示。

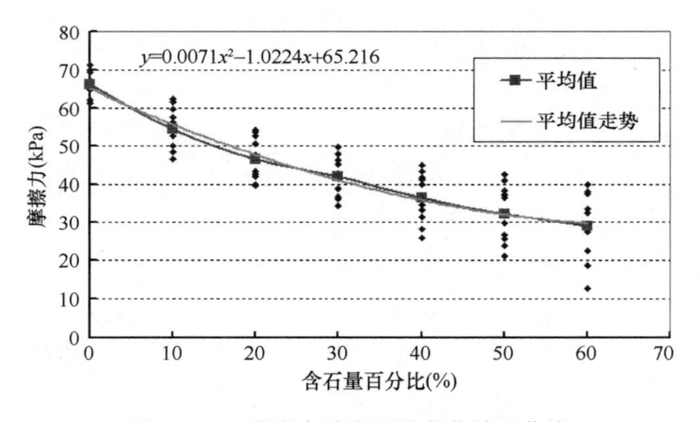

图 4.4.4　黏聚力随含石量变化关系曲线

由图 4.4.4 所示可知，相同含石量条件下，土石混合体的黏聚力大小均出现上下波动现象。对于不同的含石量，黏聚力均值随着含石量的增加，波动出现逐渐增大的趋势，能够用二次多项式很好地表示。含石量为 0 时，黏聚力最大，其均值为 66.29kPa；含石量为 60%时，黏聚力最小，均值为 29.08kPa；含石量大于 30%时，其下降速度明显减缓，这一趋势与土石混合体大型直剪试验得到的规律相吻合。

由图 4.4.5 所示可知，相同含石量情况下，摩擦角同黏聚力一样出现上下波动现象。对于不同的含石量，摩擦角随含石量的增加呈一定的指数形式增大。当含石量 0 时，摩擦角最小，其均值为 23.93°；含石量为 60%时，摩擦角最大，均值为 39.96°。由于现场土石混合体含石量多处于 25%～40%之间，在这一范围内摩擦角的变化为 29.5°～34.13°，与通常一些勘察设计单位给出 28°～34°基本吻合，充分证明了利用数值试验得到结论的可靠性。

根据数值模拟土石混合体加载破坏时，其内部的应力状态如图 4.4.6 所示，土石混合体变形特性如下：

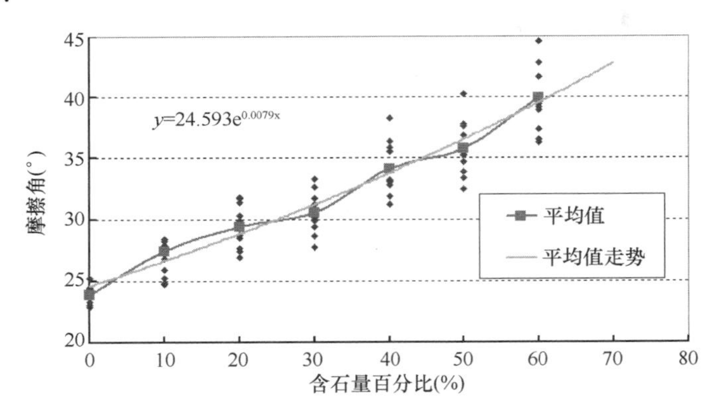

图 4.4.5　摩擦角随含石量变化关系曲线

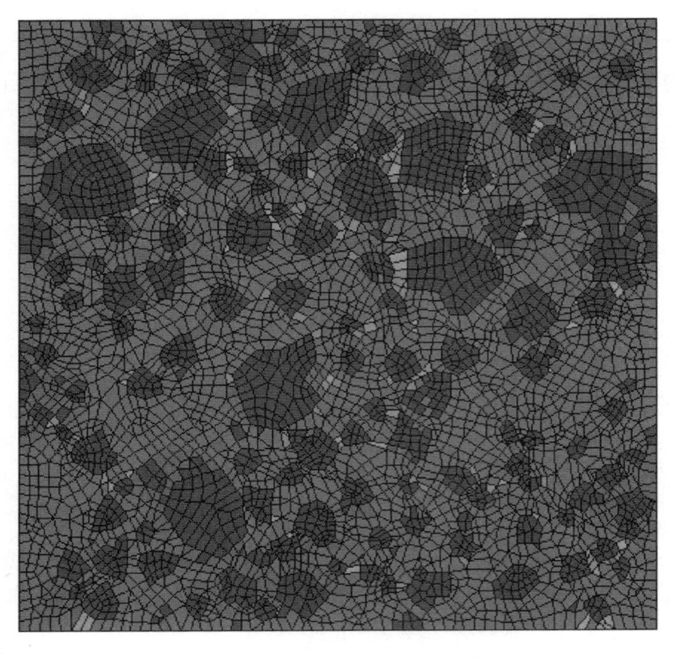

图 4.4.6　加载破坏时土石混合体内部应力状态

① 在加载破坏过程中，土石混合体“欺软怕硬”的特性十分明显。加载初期，块石仅作为载体传递外力至土体，土体一直承担着主要变形，直至发生屈服；随后块石发生平移、旋转等，两者互相挤压、咬合，共同承受外力作用，直至整体发生屈服、破坏。

② 块石与土体的相互挤压、咬合，对应力应变曲线的形态有重要影响，导致该曲线会出现两次以上的爬升。

③ 加载破坏并不是块石被压碎，而是在变形过程中，土体模量低、变形较快；不均匀变形会导致块石承受较强的拉应力，从而引起块石平移、旋转，使得土石咬合作用改变，因而在粗糙块石尖端出应力较为集中的部位出现破碎。部尖角受拉应力，会出现破碎现象，而整个土体基本都处于塑性区，出现塑性流动。

在加载的过程中，土体与块石的相互挤压、咬合随着轴向压力的增大，土石混合体中土体开始出现塑性区，块石开始发生平移、旋转等；当含石量较小且围压较小时，块石颗粒不能形成受力骨架，破坏依旧因土体塑性区贯通，故其应力-应变曲线与纯土相似，强度提高不明显；当含石量较大或围压较大时，尽管塑性区贯通，但块石颗粒能够很好地形成受力骨架，继续承受轴向压力，故其应力-应变曲线会出现硬化现象，从而使得抗剪强度和变形模量相应增大。

从试样破坏发展过程来看，其破坏区首先发生在土石混合体试样的中部位置，而后逐渐向外扩展，使不同部位的土体的破坏及破坏区的相互贯通及分岔。同时由于块石的存在使得土石混合体的剪切破坏带极其不规则，多滑面现象出现，而且在剪切过程中可能出现相邻块石之间的相互咬合。当含石量超过50%时，剪切破坏带具有绕石现象，试样内部的较大粒径的块石基本控制了整个剪切带的形态，进而控制了其宏观的力学性。从图4.4.7可以看出，随着围压的增大及含石量的增高，在剪切带附近的块石由于阻碍了剪切带的扩展发育及相邻块石的相互作用，使得有些块石进入塑性状态，甚至出现破坏现象。

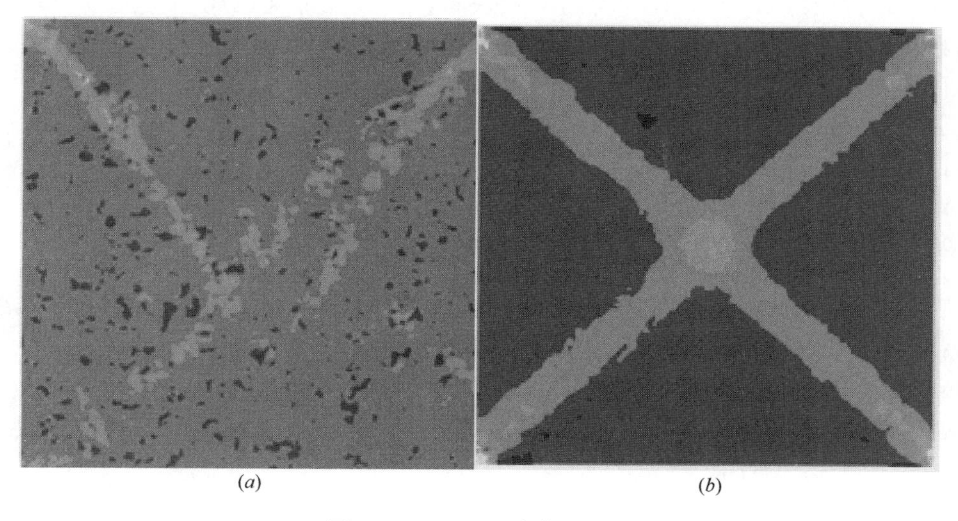

(*a*)　　(*b*)

图4.4.7　土石混合体剪应变

(*a*) 含石量为0；(*b*) 含石量为50%

通过与纯土的破坏形态相比，土石混合体的破坏过程与形态更为复杂，土体模量低、变形较快，不均匀变形会导致块石承受较强的拉应力，从而引起块石平移、旋转，使得土石咬合作用改变。因而在粗糙块石尖端出应力较为集中的部位出现破碎，随后剪切破裂面逐渐扩展并贯通，最终呈块状不规则破坏。与均质土体的破坏形态具有呈明显的X型，且剪切带分布稳定不同。

2. 块石级配对堆积参数影响

块石级配也是影响土石混合体力学参数的一个重要因素，它用于描述土石混合体中块石粒径分布的指标，因此在一定程度上级配能够反映土石混合体的细观结构特征。为了研究块石级配对土石混合体力学参数的影响，通过分别对含石量为30%、40%以及50%，0.5MPa围压条件下，不同块石粒径的土石混合体进行研究分析。图4.4.8为含石量为40%不同块石级配情况。

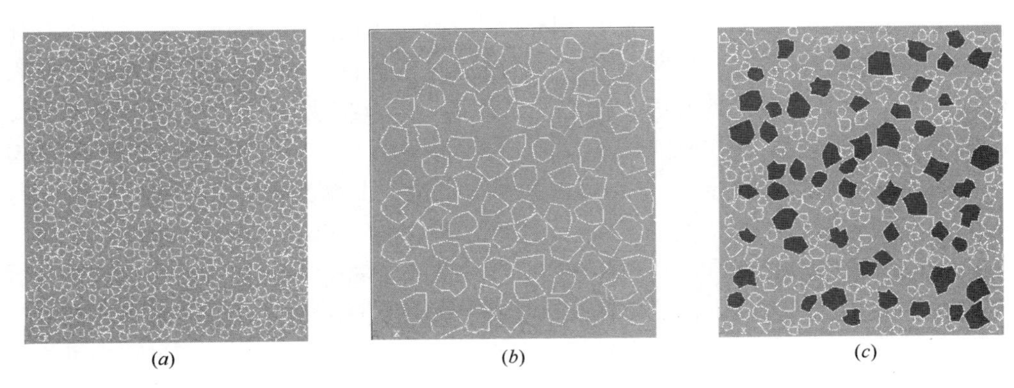

图 4.4.8　土石混合体不同块石级配

(a) 均匀小块石；(b) 均匀大块石；(c) 混合块石；

图 4.4.8 (a) 是粒径为 1.8～2.1cm 均匀的小块石，块石级配属于不良类型，图 4.4.8 (b) 是粒径为 3.9～4.1cm 均匀的大块石，其级配情况也属不良类型，图 4.4.8 (c) 是粒径尺寸 1.5～4.5cm 均匀分布的块石，块石级配情况良好。

从图 4.4.9 (a) ～ (c) 看出，(1) 块石级配对土石混合体的弹性模量影响不大，对其破坏强度有一定的影响；

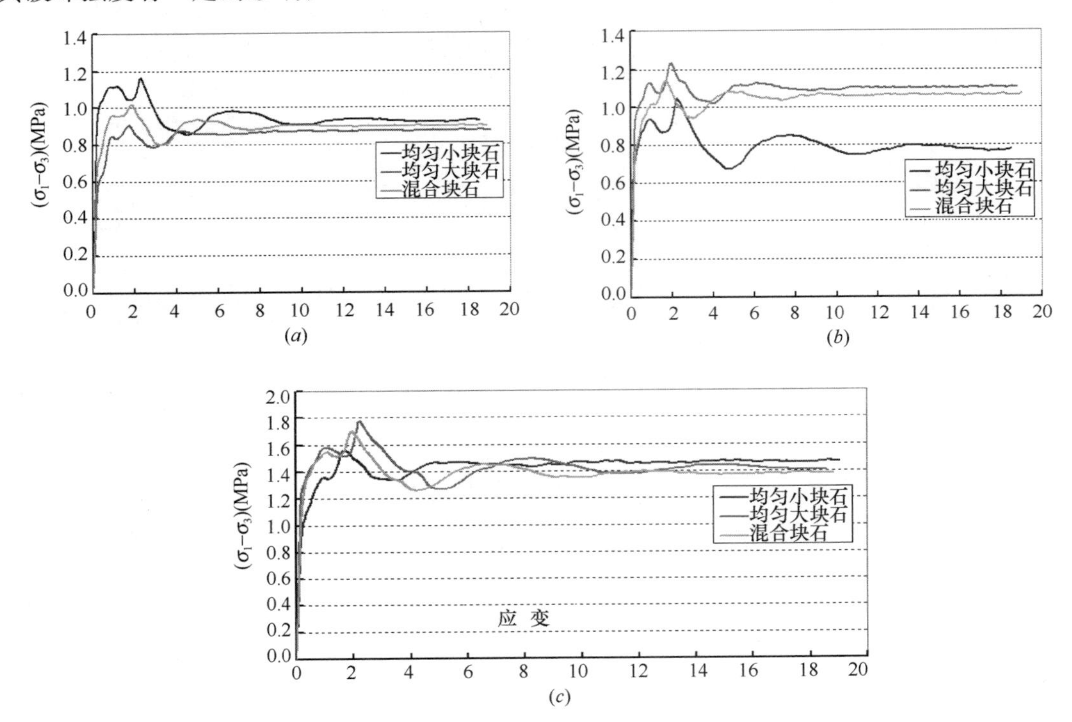

图 4.4.9　不同块石级配土石混合体应力-应变关系曲线

(a) 含石量 30%；(b) 含石量 40%；(c) 含石量 50%

① 从整体上讲，不同级配下土石混合体的应力-应变曲线在加载初始阶段具有很好的线性，随后出现峰值，土石混合体的强度开始下降，随后强度继续上升出现二次峰值（较

第一次峰值大），最终强度趋于稳定。二次峰值较小主要原因为土石混合体围压较小，块石体难以形成较好的受力骨架；

② 含石量较小时（30%），均匀小块石强度最大，其次是混合块石（级配良好），均匀大块石强度最小。影响土石混合体强度的内部其主要在于含石量较小时，块石难以形成受力骨架，土石混合体主要靠块石与土之间的摩擦力抵抗轴向力，因此粒径越小，块石与土体接触的面就越多，相互作用就越明显，土与块石之间的摩擦力就相对较大；随着含石量的增大，均匀大块石的土石混合体其强度变得最大，混合尺寸次之，均匀小块石最小，这是由于含石量的增加，使得均匀大块石在加载时，更容易形成受力骨架，基本控制着剪切面的破坏形状，从而更好地抵抗轴向力。

③ 土石混合体的弹性模量和峰值强度均随着块石粒径尺寸的增大而逐渐增大，这种影响随着含石量的增加呈逐渐减小的趋势。

3. 块石位置随机分布对堆积参数影响

土石混合体为土与块石的耦合体，具有非均质、非连续性等特点，因此，即便在相同含石量和级配情况下，其表现出的力学特性也可能因块石所处位置不同而不同，然而目前国内外很少研究块石随机位置分布对土石混合体力学特性的影响。此处利用土石混合体随机构形生成系统生成大量相同含石量和级配条件下，建立土石混合体的模型，然后采用三轴数值试验，分别对含石量为27%、37%和47%，级配、粗糙度相同，不同围压条件下土石混合体的力学特性进行了分析研究（图4.4.10）。

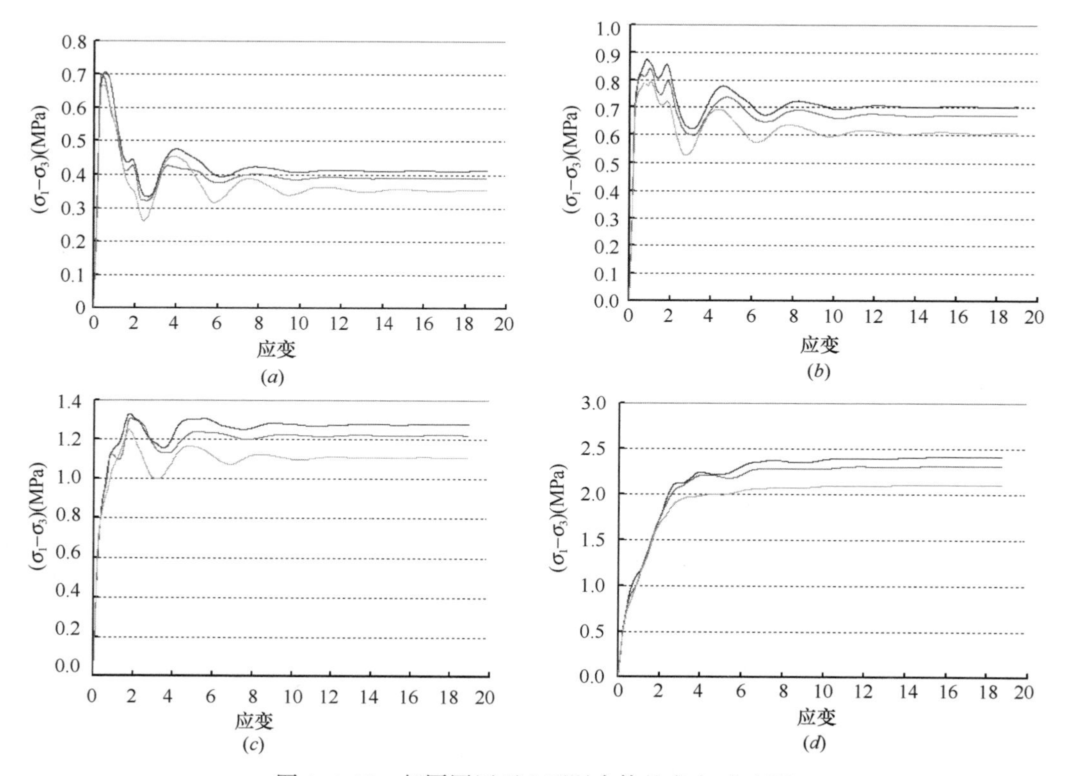

图4.4.10　相同围压下土石混合体的应力-应变图

(*a*) 围压为0.2MPa；(*b*) 围压为0.4MPa；(*c*) 围压为0.8MPa；(*d*) 围压为1.6MPa

对每一含石量分别生成10组数值模型，通过对不同围压下土石混合体破坏强度最大值、最小值进行统计，得到表4.4.5～表4.4.7。

土石混合体含石量27%的强度　　表4.4.5

统计值＼围压	0.2MPa	0.4MPa	0.8MPa	1.6MPa
最大值	0.619	0.726	1.188	2.012
最小值	0.521	0.641	1.002	1.761
平均值	0.568	0.699	1.086	1.859

土石混合体含石量37%的强度　　表4.4.6

统计值＼围压	0.2MPa	0.4MPa	0.8MPa	1.6MPa
最大值	0.706	0.873	1.328	2.377
最小值	0.668	0.791	1.251	2.109
平均值	0.699	0.842	1.309	2.293

土石混合体含石量47%的强度　　表4.4.7

统计值＼围压	0.2MPa	0.4MPa	0.8MPa	1.6MPa
最大值	0.762	0.980	1.920	3.215
最小值	0.698	0.916	1.611	2.763
平均值	0.746	0.968	1.772	3.052

对上述表格数据进行整理，得到不同含石量下土石混合体的强度破坏曲线如图4.4.11～图4.4.13所示。

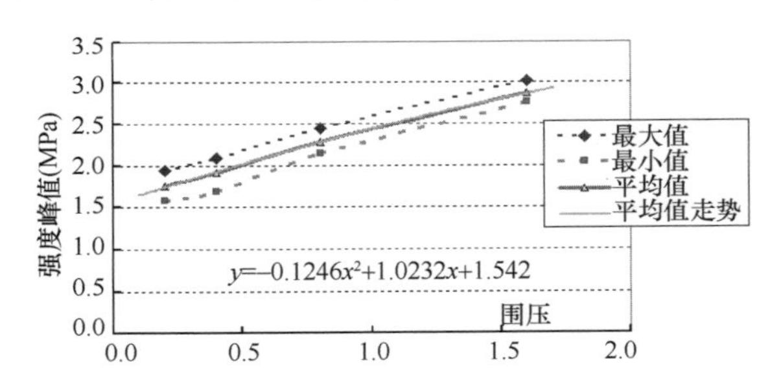

图4.4.11　土石混合体含石量27%强度破坏曲线

由于剪切破坏带具有绕石现象，试样内部的较大粒径的块石能够基本控制了剪切带的形态，进而控制了其宏观的力学性质，块石位置的分布对土石混合体会产生一定的影响。大量的数值试验可以看出，块石随机位置分布对土石混合体参数的影响随着围压和含石量的增大而呈逐渐减小的趋势，其强度参数平均值与加载围压的关系能够用二次多项式精确地描述。

土石混合体在变形过程中，土体模量低、变形较快，不均匀变形会导致块石承受较强的拉应力，从而引起块石平移、旋转，使得土石咬合作用改变，在粗糙块石尖端出应力较为集中的部位出现破碎，因此，块石分布也会影响土体的破坏路径。

4. 块石粗糙度对力学参数影响

在分形几何中，通常用分维数来表示颗粒的表面特征，分维数的大小表征了颗粒表面的粗糙程度。分维数越大，颗粒表面越粗糙。在土石混合体中，对石块而言，从某种程度上其表面分维数的大小也近似反映其表面的风化程度。

利用土石混合体随机构形系统，在含石量、级配相同的条件下，设置不同的块石粗糙

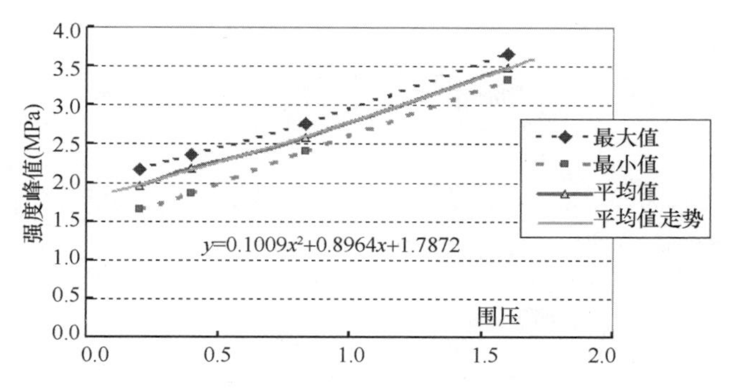

图 4.4.12　土石混合体含石量 37%破坏强度曲线

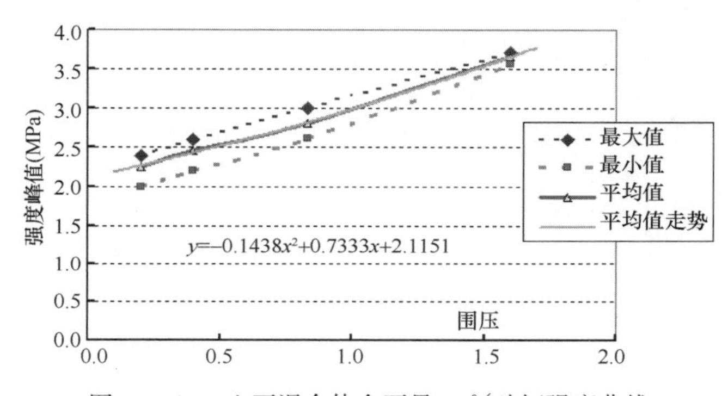

图 4.4.13　土石混合体含石量 47%破坏强度曲线

度，以代表各个块体的表面分维数，进而对土石混合体中块体的表面形态特征进行研究。土石混合体中不同的粗糙度数值模型如图 4.4.14 所示。

在含石量为 37%，级配相同的条件下，分别生成多组粗糙系数为 1、3、5、7 和 9 的土石混合体模型，每组围压均设置为 0.5MPa，然后进行三轴数值试验模拟，得到的应力应变曲线关系如图 4.4.15 所示。

图 4.4.15 为不同粗糙度块石对土石混合体体宏观强度影响。可知在同等外界条件下，不同块石粗糙程度的土石混合体达到破坏时的轴向应力也有所不同，总体上看，随着块石粗糙度的增大土石混合体的宏观强度呈现上升趋势。由于粗糙度越大，土石间的摩擦阻力就越大，从而承受的轴向荷载也较大，在加载过程中，随着粗糙度的增加土石混合体中块石咬合、移动和翻转越明显，土石混合体应力应变关系曲线抖动也就越明显。此外，从压缩曲线直线段还可看出，在相同含石量条件下，块石的粗糙度对土石混合体的弹性模量影响不大。

对于相同含石量土石混合体，当粗糙系数不大于 5 时，其峰值强度变化不明显，均在 0.97MPa 左右；但当粗糙度系数超过 5 时，随着粗糙度系数的增大，块石表面就越粗糙且块石与土接触的面积就越大，土石间的摩擦阻力就越大，从而承受的轴向荷载也较大，最大值在 1.23MPa，其增大幅度为 26.8%。在土石混合体剪切破坏过程中，粒径较大的块石基本控制了剪切面空间位置及形态特征。在决定土石试样的宏观力学性质方面大块石空间位置、形态等特征起主要的作用，而不是像粒度分布维数较低的情况下试样的宏观力学性质是各块石的总体力学响应，因此在同等围压条件下块石粗糙系数较高的土石混合体

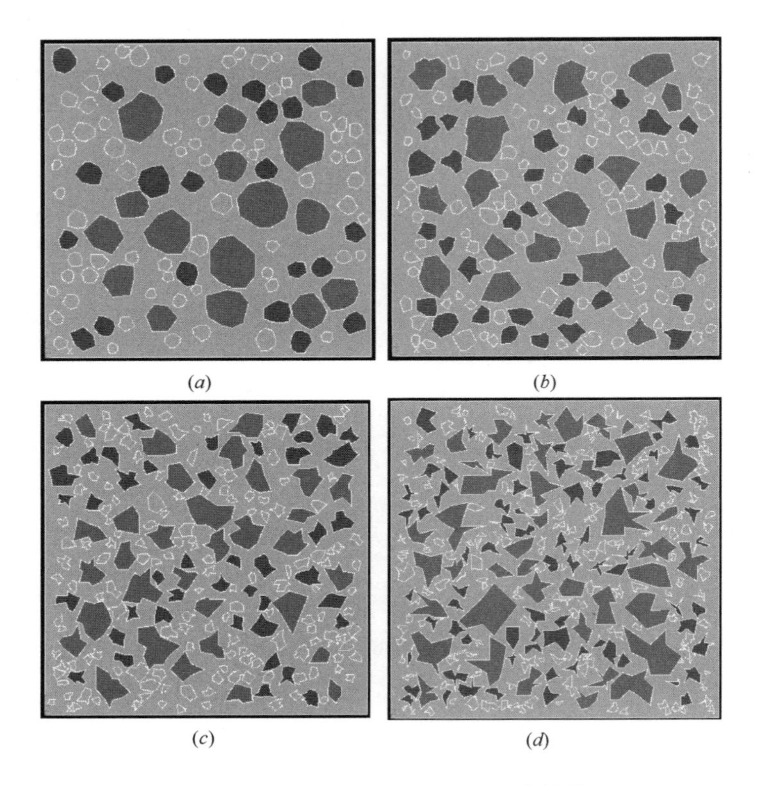

图 4.4.14　不同粗糙度下的土石混合体模型

(a) 粗糙系数 3；(b) 粗糙系数 5；(c) 粗糙系数 7；(d) 粗糙系数 9

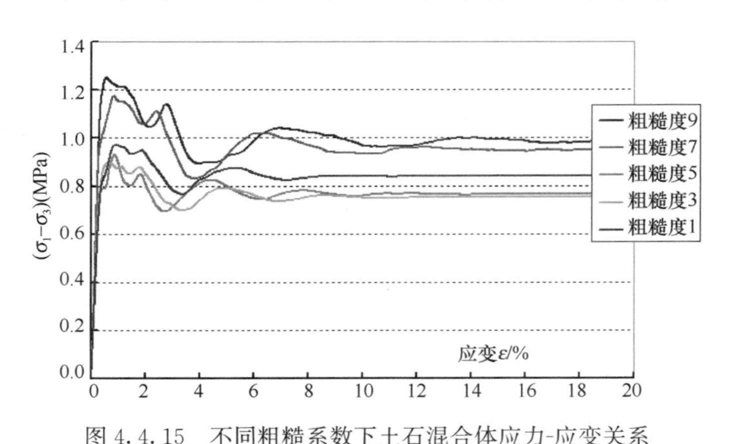

图 4.4.15　不同粗糙系数下土石混合体应力-应变关系

抗压强度较大。

通过 10 组数值试验，得到不同粗糙系数下强度的包络区间如图 4.4.16 所示，总体上土石混合体应力-应变关系曲线均有明显的波动现象，强度随着块石粗糙度的增大而增大，其主要原因是当土石混合体中块石粗糙度很小时，块石与土体摩擦阻力较小，相对较密实，故其强度较高，随着粗糙度的增加，块石与土体间的摩擦逐渐增大，块石咬合、移动和翻转的现象越明显，从而抵抗力就越大，使得破坏时的强度逐渐增大。

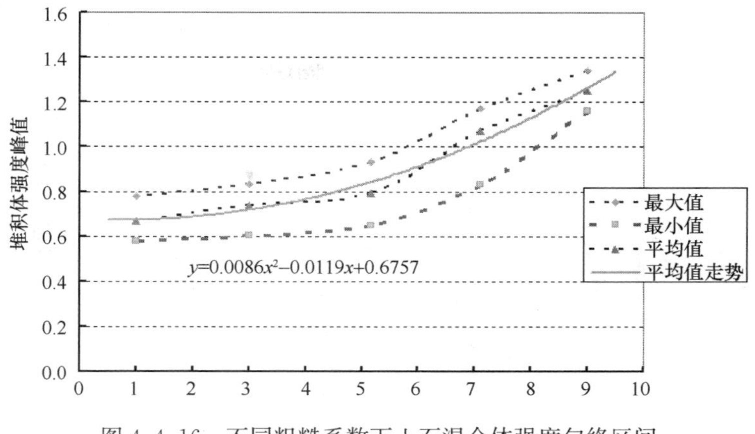

图 4.4.16　不同粗糙系数下土石混合体强度包络区间

5. 室内试验与数值模拟结果对比分析

目前，室内试验和数值试验是研究土石混合介质的两种常用方法，室内试验通常在现场选取试样，在室内进行试验，最终得到力学参数与特性。但试样的取样、运送、保存和制备等过程中经常受到扰动，同时由于室内试验尺寸的限制较大的块石必须被剔除；而数值试验则通常根据现场统计结果，采取相应的软件进行模拟，进而分析力学参数与特性。为了更清楚了解含石量、块石级配、块石位置以及粗糙度对细观力学参数的影响，本文采取室内试验和数值模拟两种方法分析土石混合体力学参数。如表 4.4.8 和表 4.4.9 所示分别为土石混合体室内试验与数值试验参数的对比。

室内试验与数值试验峰值强度对比　　表 4.4.8

含石量	围压 0.2MPa	峰值强度	围压 0.4MPa	峰值强度	围压 0.8MPa	峰值强度
	室内	数值	室内	数值	室内	数值
0	0.437	0.265	0.710	0.418	1.143	0.726
20%	0.402	0.502	0.730	0.612	1.263	0.985
30%	0.382	0.603	0.690	0.690	1.299	1.135
50%	0.450	0.941	0.850	1.290	1.708	1.956

土石混合体室内试验与数值试验峰参数对比　　表 4.4.9

含石量	室内 φ (°)	数值 φ (°)	室内 C (kPa)	数值 C (kPa)
0	22.1	23.53	72.6	65.22
20%	25.0	29.14	41.1	46.9
30%	27.7	30.33	24.2	42.2
50%	30.7	35.16	6.9	32.4
70%	34.0	42.66	41.0	29.74

通过对比室内试验与数值试验，得到土石混合体特性的一些共同点如下：

1）总体上，土石混合体应力-应变曲线均为硬化曲线，均有波动现象发生且没有明显的峰值，土石混合体体强度峰值强度均随着含石量的增加而增大，当含石量超过 40%时，土石混合体的强度增加较快。

2）室内和数值两种试验方法得到土石混合体的内摩擦角均随着含石量的增加而增大，对于土石混合体的黏聚力虽然有点相差，但走势相似（图 4.4.17 和图 4.4.18）。

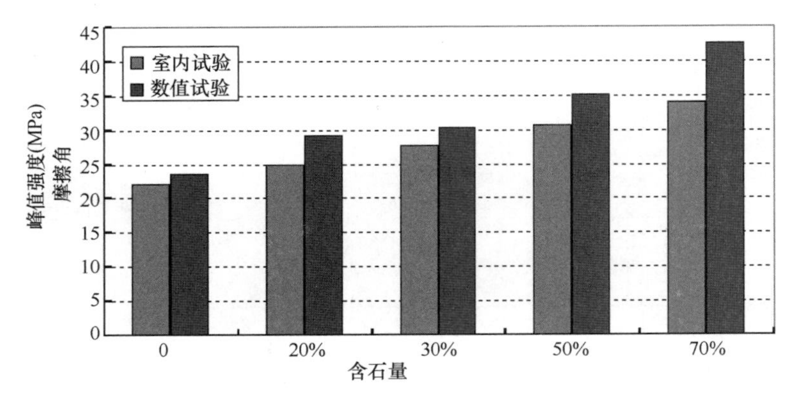

图 4.4.17　室内数值摩擦角对比图

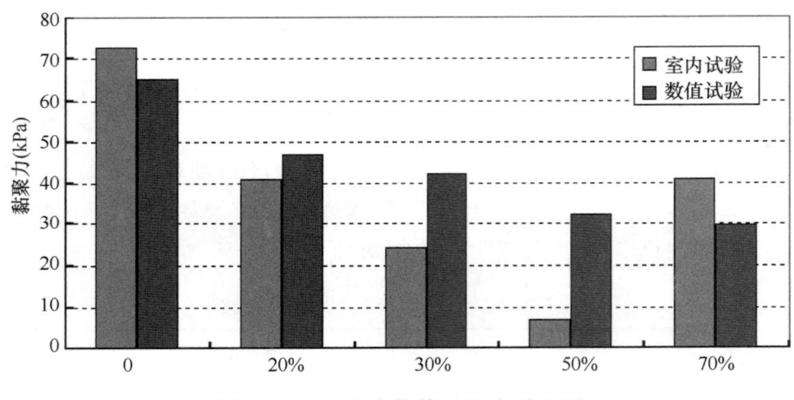

图 4.4.18　室内数值黏聚力对比图

3）土石混合体的加载破坏是由于土石混合体中土体承载力达到极限发生塑性区贯通所致，土石混合体中的碎石完好无损。土石混合体的破坏过程与形态较为复杂，由于碎块石的存在，首先破坏发生部位通常在碎块石的较尖端，随后剪切破裂面逐渐扩展并贯通，最终呈块状不规则破坏。

4）通过室内试验和数值试验，得到含石量、块石级配以及随机位置等对土石混合体力学参数与特性影响基本一致。

由于室内试验和数值试验两种方法存在着差异，导致结果也不完全相同，其不同点是：

① 土石混合体含石量小大于 30％时，室内试验较数值试验得到的强度高，最大偏差 39.5％，土石混合体含石量在 30％～50％时，室内室外两种方法得到土石混合体的峰值强度相当，当含石量超过 50％时，数值试验得到的强度较高。

② 对于土石混合体摩擦角，利用数值得到数值比室内试验平均大 14.5％，对于土石混合体黏聚力，室内试验得到的黏聚力随着含石量的增加先减小后增大，而数值试验得到黏聚力的随着含石量的增加逐渐减小，且减小速度越来越缓。在含石量为 50％时，数值

试验得到的黏聚力为32.4kPa，室内试验却为6.9kPa，相差竟达4.7倍。

室内试验与数值试验产生不同结果的主要原因分析如下：

① 试样尺寸的影响。在对土石混合体力学参数与变形特性研究时，两种试验方法所选取的尺寸不同，室内试验采用101mm×200mm的圆柱体试件，而数值模拟试样则为0.5m×0.5m×0.01m的长方体，两种试样形状不同，高宽比也不同。

② 块石尺寸不同。在进行室内试验时，剔除较大粒径（>2cm）的块石，数值试验则是依照现场拍摄图像，利用数字图像处理得到的统计结果，与实际尺寸相符。

③ 试验机理不同。室内试验采用的是固结排水三轴数值模拟试验，而数值试验模型则是土石混合体在二维投影面的真实反映，整个加载过程没有考虑水的作用。

4.5　基于裂隙网络分析的节理岩体参数研究

岩石工程受复杂地质环境影响，结构面的尺度与分布对宏观变形与强度特性有重要影响。岩体力学性质的改变，给岩体稳定分析中岩体力学参数的合理取值出了一道难题，带来了巨大挑战。本节根据节理岩体结构面的几何和力学参数统计值，建立由平面四边形描述的岩体三维裂隙网络，并实现裂隙网络的计算机模拟及裂隙网络图形的生成，进而可以利用这些细观特征综合得出岩体的宏观变形与强度参数。

1. 四边形平面描述结构面所需几何参数分析

利用四边形模拟岩体的结构面时，为了便于根据结构面几何参数的统计模型用计算机生成裂隙网络模型，作以下假定：(1) 所有结构面均为长方形；(2) 结构面的上、下两边界与水平面平行（即上边界两点Z坐标相等，下边界两点Z坐标也相等）；(3) 长方形两个边长相互独立，并服从相同的概率分布。

在引入上述假定后，确定一个裂隙面只需要长方形中心点P_{j0}的三个坐标x_{j0}、y_{j0}、z_{j0}，两个边长l_1和l_2及结构面的倾角α和倾向β共7个参数，进而由这7个参数得到长方形的4个顶点坐标。然后根据现场统计窗得到的原始统计数据随机生成以长方形表示的裂隙结构面网络，就可以近似表征出裂隙岩体中的结构组。

2. 结构面几何参数随机模型的数学描述

对各几何参数模型的描述中经常用到均匀分布、负指数分布、正态分布和对数正态分布等随机分布模型，现将各种随机模型的数学描述及其相应随机数的生成方法简介如下。

(1) 区间(0，1)上均匀分布模拟

生成(0，1)区间上的均匀分布就是生成(0，1)区间的随机数R_{i+1}，目前广泛采用乘同余法产生，其计算式为：

$$R_{i+1}=(ax_i+c-mk_i)/m \tag{4.5.1}$$

其中a、c、m为正整数，$k_i=\text{int}\left(\frac{ax_i+c}{m}\right)$，int(…)为取整函数，初始数$x_0$可以取为任意正整数。为了提高随机数的质量，应尽量对m取大值，对于十进位的字长为B的计算机，建议$m=2^B$。对a和c建议按下式取值：

$$a=8\times\text{int}\left(\frac{m\times\pi}{64}\right)+5 \tag{4.5.2}$$

$$c = 2 \times \text{int}\left(\frac{m \times 0.211324865}{2}\right) + 1 \tag{4.5.3}$$

（2）标准正态分布 N（0，1）模拟

设 R_i 和 R_{i+1} 为两个（0，1）均匀分布随机数，则利用以下变换可以得到两个相互独立的正态随机数 N_i 和 N_{i+1}：

$$\begin{cases} N_i = (-2\ln R_i)^{0.5}\cos(2\pi R_{i+1}) \\ N_{i+1} = (-2\ln R_i)^{0.5}\sin(2\pi R_{i+1}) \end{cases} \tag{4.5.4}$$

也可以利用独立同分布中心极限定理，由一系列（0，1）上的均匀随机数 R_i 来产生正态随机数 N_i：

$$N_i = \sqrt{\frac{12}{n}}\left(\sum_{i=1}^{n} R_i - \frac{n}{2}\right) \tag{4.5.5}$$

其中 n 越大随机数 N_i 质量越好。

（3）其他随机分布模拟

设 R_i 服从（0，1）区间的均匀分布，N_i 服从标准正态分布 N（0，1），可以按以下方法产生其他随机分布模型：

区间（A，B）上的均匀分布：

$$x_i = A + (B - A)R_i \tag{4.5.6}$$

指数为 λ 的负指数分布：

$$x_i = -[\ln(1 - R_i)]/\lambda \tag{4.5.7}$$

一般正态分布 N（μ，σ）：

$$x_i = \sigma N_i + \mu \tag{4.5.8}$$

对数正态分布：

$$x_i = \exp(N_i) \tag{4.5.9}$$

3. 裂隙网络几何参数取值研究

岩体结构面模拟中，裂隙网络是由几组结构面来模拟，所以首先要通过岩体露头面的产状量测，利用赤平面投影作图法，确定岩体中的结构面组数，并确定每组结构面的代表产状。分组后把所有现场量测的结构面按极点投影等密度所固定的范围进行归类，从而得到各组结构面几何参数的统计样本数据。最后按结构面所属的裂隙组，分别统计分析各组结构面的几何参数，确定其概率模型和参数特征值。

（1）结构面的产状参数取值

结构面的产状采用倾角 α 和倾向 β 表示。Fisher 模型和 Bingham 模型认为倾角 α 和倾向方位角 β 为两个相互独立的随机变量，而双变量正态分布模型则可以考虑两者之间的相关性。设有二维随机变量 α 和 β，其样本均值分别为 $\bar{\alpha}$ 和 $\bar{\beta}$，均方差为 σ_α 和 σ_β，两变量相关系数为 ρ，则其概率密度函数为：

$$f\left(\frac{\alpha - \bar{\alpha}}{\sigma_\alpha}, \frac{\beta - \bar{\beta}}{\sigma_\beta}, \rho\right) = \frac{1}{2\pi\sigma_\alpha\sigma_\beta\sqrt{1-\rho^2}} \exp \frac{\left(\frac{2\rho(\alpha - \bar{\alpha})(\beta - \bar{\beta})}{\sigma_\alpha\sigma_\beta}\right) - \left(\frac{\alpha - \bar{\alpha}}{\sigma_\alpha}\right)^2 - \left(\frac{\beta - \bar{\beta}}{\sigma_\beta}\right)^2}{2(1-\rho^2)} \tag{4.5.10}$$

两变量的联合概率分布为：

$$P(\alpha \leqslant u,\beta \leqslant v)=\int_{-\infty}^{\frac{v-\bar{\beta}}{\sigma_\beta}}\int_{-\infty}^{\frac{u-\bar{\alpha}}{\sigma_\alpha}} f\left(\frac{\alpha-\bar{\alpha}}{\sigma_\alpha},\frac{\beta-\bar{\beta}}{\sigma_\beta},\rho\right)d\left(\frac{\alpha-\bar{\alpha}}{\sigma_\alpha}\right)d\left(\frac{\beta-\bar{\beta}}{\sigma_\beta}\right) \tag{4.5.11}$$

式中：$\bar{\alpha}=\frac{\sum_{i=1}^{N}\alpha_i}{N}$，$\bar{\beta}=\frac{\sum_{i=1}^{N}\beta_i}{N}$，$\sigma_\alpha=\sqrt{\frac{\sum_{i=1}^{N}(\alpha_i-\bar{\alpha})^2}{N-1}}$，$\beta_\alpha=\sqrt{\frac{\sum_{i=1}^{N}(\beta_i-\bar{\beta})^2}{N-1}}$，$\rho=\frac{\sum_{i=1}^{N}[(\alpha_i-\bar{\alpha})(\beta_i-\bar{\beta})]}{N\sigma_\alpha\sigma_\beta}$，$N$ 为该组结构面的样本数量。

当倾角 α 和倾向 β 相互独立时，双变量正态分布成为普通的一维正态分布，此时将倾角 α 和倾向 β 的平均值 $\bar{\alpha}$、$\bar{\beta}$ 和均方差为 σ_α、σ_β 代入式（2.2.8）得到符合正态分布的结构面随机倾角 α_i 和随机倾向 β_i：

$$\begin{cases}\alpha_i=\sigma_\alpha N_i+\bar{\alpha}\\ \beta_i=\sigma_\beta N_i+\bar{\beta}\end{cases} \tag{4.5.12}$$

（2）矩形结构面的边长

矩形结构面的边长由其迹长来决定。迹长一般根据岩体开挖面上的裂隙统计资料得到。对于裂隙迹长的分布模型，主要有对数正态分布和指数分布两种形式。在对数正态分布中，当裂隙迹长趋近于0时其出现概率也趋近于0的现象，是由于现有的观测手段不能观测到细观和微观尺度下的裂隙而产生的一种假象。大量的岩体实验显示，实际岩体中存在大量微小裂隙，大野博之（1990）运用分维理论对结构面迹长分布研究结果表明，随着迹长减小，其数目显著增加。因此，在此认为负指数分布更符合结构面的实际迹长分布。根据岩体现场测量资料计算结构面迹长的主要方法有迹线测线统计法（Priest & Hudson，1981）和统计窗法（Kulatilake，1984）。

1）测线统计法

测线统计法是在岩体露头面上布置测线，并在距测线一定距离 d 处布置另一条平行的删除线，然后量测那些与测线相交的结构面迹线长度。由于受露头面尺寸的限制，测得的可能是全迹长 l（即两端点均在露头面内）；也可能是半迹长 l_{h}（只有一端点在露头面内，迹线与测线交点至端点的距离为半迹长）；还有可能是迹线的两个端点均不在露头面内，定义迹线在测线和删除线之间的迹线长度为删截半迹长 c，见图4.5.1。

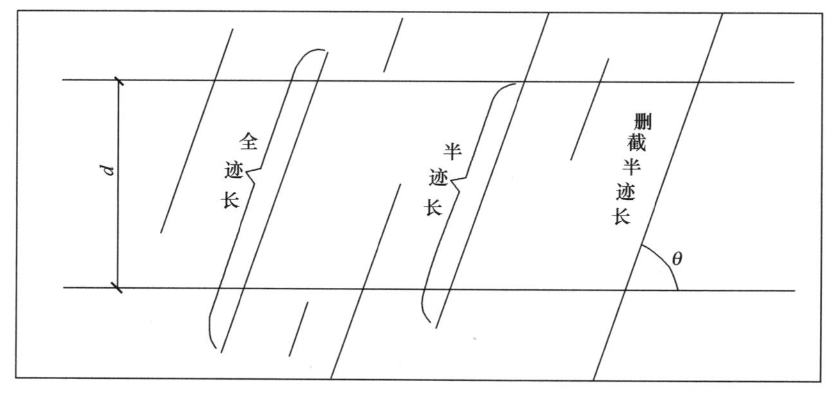

图4.5.1　测线统计法估计节理迹长

在此条件下，满足负指数分布的结构面的平均迹长 $\bar{l}$ 可以表示为：

$$\bar{l}=-\frac{c}{\ln(n-r)-\ln n} \tag{4.5.13}$$

式中：n 为统计区域内半迹长的样本数目，r 为删除半迹长的样本数目，半迹长 $c=d/\sin\theta$（θ 为迹线与测线所成夹角）。

2）统计窗法

统计窗法是在岩体露头面上确定一个长度为 a，宽度为 b 的矩形范围作为统计窗，统计该窗内的迹线数目及其与统计窗的关系。

设迹长两个端点均在窗口外（切割关系）的结构面数目为 N_0，一个端点在窗口内另一个在窗口外（相交关系）的结构面数目为 N_1，两个端点均在窗口内（包含关系）的结构面数目为 N_2，窗口内该组结构面的总数 $N=N_0+N_1+N_2$。设该组结构面的迹线与 a 轴的夹角为 θ，$f(\theta)$为 θ 的概率密度函数。如图 4.5.2 所示。经过一系列复杂推导，最后可以得到平均迹线长度 $\bar{l}$：

$$\bar{l}=\frac{ab(1+P_0-P_2)}{(1-P_0+P_2)(aA+bB)} \tag{4.5.14}$$

式中：$A=\int_{\theta_L}^{\theta_u} f(\theta)\sin\theta d\theta=E\sin\theta$, $B=\int_{\theta_L}^{\theta_u} f(\theta)\cos\theta d\theta=E\cos\theta$, $P_0=N_0/N$，$P_2=N_2/N$，θ_u 和 θ_L 分别为 θ 的上限和下限值。

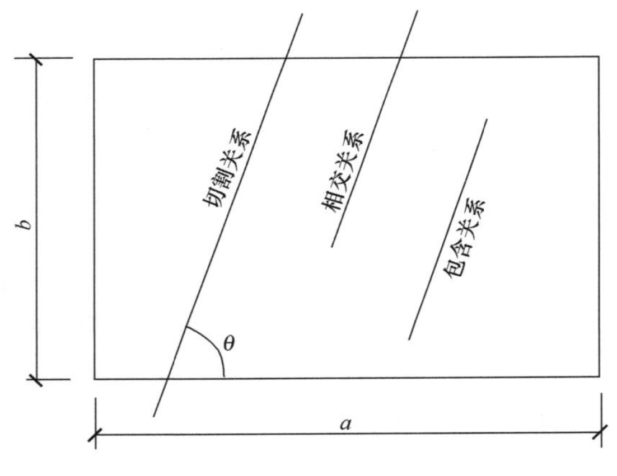

图 4.5.2 统计窗法示意图

3）迹长与结构面边长的关系

根据式（4.5.13）或（4.5.14）得到平均迹线长度 $\bar{l}$ 及迹长的均方差 σ_l，然后利用 Villaescusa 于 1992 年的实测结构面迹线与结构面直径的关系，就可以求得结构面直径均值 $\overline{D}$ 与方差 σ_D：

$$\overline{D}=\frac{3}{2}\left(\frac{3}{8}\right)^{6}\frac{(\pi\bar{l})^{5}}{(\bar{l}^{2}+\sigma_{l}^{2})^{2}} \tag{4.5.15}$$

$$\sigma_{D}^{2}=3\left(\frac{3}{8}\right)^{10}\frac{(\pi\bar{l})^{8}}{(\bar{l}^{2}+\sigma_{l}^{2})^{3}} \tag{4.5.16}$$

在此采用矩形结构面，其边长与圆形结构面半径的关系可以按矩形结构面与圆形结构面的面积期望值相等的关系来获得。假定矩形结构面的两个边长独立同分布，均满足参数为 $\overline{B}$ 的负指数分布，根据矩形结构面与圆形结构面面积期望值相等的条件，则有：

$$\overline{B}=\frac{\sqrt{\pi}}{2}\overline{D} \tag{4.5.17}$$

将 $1/\lambda=\overline{B}$ 代入式（4.5.17）则得到矩形边长的随机分布式，设 R_i 服从（0，1）区间上的均匀分布，则两次运用（4.5.17）式，即可以得到矩形结构面的两个边长 a_i 和 b_i：

$$\begin{cases} a_i = -\dfrac{\sqrt{\pi}}{2}\overline{D}\ln(1-R_i) \\ b_i = -\dfrac{\sqrt{\pi}}{2}\overline{D}\ln(1-R_i) \end{cases} \tag{4.5.18}$$

（3）结构面的密度计算

Kulatilake 和 Wu T. H.（1984）等根据样本窗口内迹线与窗口的相互关系，建立结构面体积密度计算公式：

$$E(\rho_v) = \frac{E(\rho_a)}{\overline{D}E \mid \sin\theta \mid} \tag{4.5.19}$$

式中，$E(\rho_v)$为结构面在单位体积内的中心点个数期望值（体积密度）；E（ρ_a）为单位面积内结构面迹线中心点平均个数的期望值（面密度）；$\overline{D}$ 为结构面平均直径，按式（4.5.15）计算；$E\mid\sin\theta\mid$ 为该组结构面与测窗平面夹角 θ 正弦值的期望值。

面密度 E（λ_a）按下式估算：

$$E(\rho_a) = \frac{\sum_{i=1}^{m}[p_0(W)]_i + \sum_{i=1}^{n}[\rho_1(W)]_i + \sum_{i=1}^{p}[p_2(W)]_i}{ab} \tag{4.5.20}$$

其中，m、n 和 p 分别为迹线在测窗内、迹线与窗口相交和迹线与窗口切割的结构面的数目；$P_0(W)$、$P_1(W)$和 $P_2(W)$分别为上述三种关系结构面迹线中点在测窗内的概率。当结构面迹线在测窗内时，其中点一定在测窗内，即有 $P_0(W)\equiv1$，所以有：

$$\sum_{i=1}^{m}[p_0(W)]_i = m \tag{4.5.21}$$

设结构面迹长的概率分布函数为 $f(x)$，l_i为结构面迹线在测窗内的长度，则：

$$[P_1(W)]_i = \frac{\int_{l_i}^{2l_i} f(x)\mathrm{d}x}{\int_{l_i}^{\infty} f(x)\mathrm{d}x} \tag{4.5.22}$$

$$[P_2(W)]_i = \frac{\int_{2l_i}^{\infty}\left(\dfrac{l_i}{x-l_i}\right)f(x)\mathrm{d}x}{\int_{l_i}^{\infty} f(x)\mathrm{d}x} + \frac{\int_{l_i}^{2l_i} f(x)\mathrm{d}x}{\int_{l_i}^{\infty} f(x)\mathrm{d}x} \tag{4.5.23}$$

当结构面的迹长服从参数为 λ 的负指数分布时，则有 $f(x)=\lambda\exp(-\lambda x)$，代入(4.5.22)和(4.5.23)中则有：

$$[P_1(W)]_i = 1-\exp(-\lambda l_i) \tag{4.5.24}$$

$$[P_2(W)]_i = \frac{\lambda\int_{2l_i}^{\infty}\left(\dfrac{l_i}{x-l_i}\right)\exp(-\lambda x)\mathrm{d}x}{\exp(-\lambda l_i)} + 1-\exp(-\lambda l_i) \tag{4.5.25}$$

在（4.5.25）中右侧第一项分母为无限不可积函数，没有确定积分值，为了得到其近似积分，考虑结构面迹长为其平均迹长的 20 倍时（即 $x=20$　$\overline{D}=20/\lambda$），其概率为 e^{-20}，为小概率事件，故舍去迹长 $x>20\overline{D}$ 的结构面对 P_2（W）的影响，即将（2.2-25）中右侧第一项分母上的无限积分变为上限为 $20/\lambda$，则可以得到：

$$[P_2(W)]_i \approx \lambda l_i[\ln(20-\lambda l_i)+80-\ln(\lambda l_i)-8\lambda l_i]+1-\exp(-\lambda l_i) \tag{4.5.26}$$

将式（4.5.21）、（4.5.24）和（4.5.26）代入（4.5.20）可以得到结构面中心点的面密度，再将 E（ρ_a）代入（4.5.19）即可求得结构面中心点的体积密度 E（ρ_v），当研究区域内岩体体积为 V 时，则在研究区域内所包含的该组结构面数量用下式计算：

$$N = VE(\rho_v) \tag{4.5.27}$$

重复利用以上过程，就可以求出各组结构面在研究区域内的结构面的数量。

（4）矩形结构面的中心点确定

矩形结构面中心点坐标确定了的结构面的位置。目前一般认为中心点在研究区域内服从三维泊松分布。在研究区域内泊松过程可以描述为：设 N（V）为体积 V 内结构面中心点个数，其中的 N（V）满足①｛N（V），$V>0$｝具有独立增量；②（V，$V+\Delta V$）中有一个结构面中心点的概率为 ΔVE（λ_v）$+o$（ΔV）；③（V，$V+\Delta V$）中有两个或两个以上结构面中心点的概率为 o（ΔV）。

泊松过程是一个均匀、各向同性的过程，其随机事件相互独立。为了在研究区域内确定结构面中心点位置，将区域 V 划分为 N（结构面数量）个体积相等且互不重叠的子区域 V_i（$i=1$，2，…，N），然后假定第 N_i 个结构面的中心点在 V_i 内随机均匀分布。设 V_i 子区域的坐标范围 $x_{i1}\leqslant x\leqslant x_{i2}$，$y_{i1}\leqslant y\leqslant y_{i2}$，$z_{i1}\leqslant z\leqslant z_{i2}$，结构面中心点三个坐标分别为 x_{ci}，y_{ci} 和 z_{ci}，变量 R_i 服从（0，1）区间上的均匀分布，则有：

$$\begin{cases} x_{ci} = x_{i1} + (x_{i2} - x_{i1})R_i \\ y_{ci} = y_{i1} + (y_{i2} - y_{i1})R_i \\ z_{ci} = z_{i1} + (z_{i2} - z_{i1})R_i \end{cases} \tag{4.5.28}$$

（5）结构面的张开度计算

结构面的张开度目前研究很少，主要是现场测量裂隙宽度还存在较大的困难，目前一般认为结构面张开度为对数正态分布（Snow，1970）或负指数分布（熊承仁，1987）。设某裂隙组结构面张开度的平均值为 $\overline{d}$，R_i 服从（0，1）区间上的均匀分布，在此假定结构面张开度服从负指数分布，则任一结构面 i 的张开度 d_i 可以表示为：

$$d_i = -\overline{d}\ln(1 - R_i) \tag{4.5.29}$$

（6）矩形结构面顶点的计算

在假定矩形结构面的上、下两边与水平面平行（即上边界两端点 Z 坐标相同，下边界两端点 Z 坐标相同），两边长为独立同分布的条件下，由式（4.5.12）得到第 i 个随机结构面的倾角 α_i 和倾向 β_i，由（4.5.18）得到矩形结构面两个边长 a_i 和 b_i，由（4.5.27）得到结构面中心点三个坐标分别为 x_{ci}、y_{ci} 和 z_{ci}，则矩形结构面的四个顶点可以按如下方法求得（图 4.5.3）。

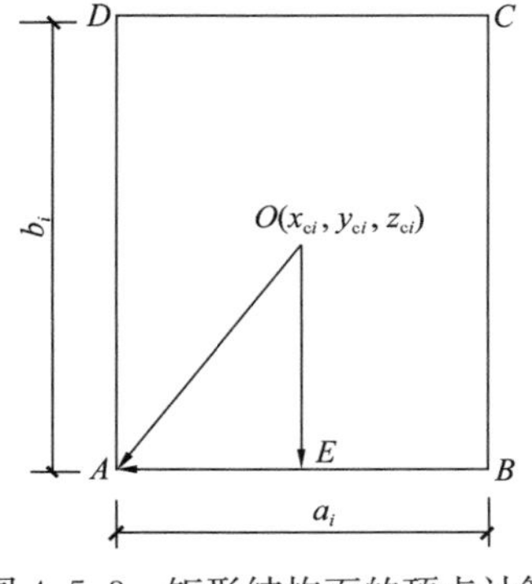

图 4.5.3 矩形结构面的顶点计算

设结构面的单位法向量为 $\vec{N_i}$，$\overrightarrow{AB}$ 边的单位向量为 $\vec{N_1}$，$\overrightarrow{BC}$ 边的单位向量为 $\vec{N_2}$，由法向量与倾角和倾向的关系，则有：$\vec{N_i}=$（$\sin\alpha_i\sin\beta_i$，$\sin\alpha_i\cos\beta_i$，$\cos\alpha_i$）

由 $\overrightarrow{AB}$ 与 $\vec{N_i}$ 及 Z 轴的单位向量（0，0，1）均垂直，所

以有：

$$\vec{N}_1 = \frac{(0,0,1) \times N_i}{|(0,0,1) \times N_i|} = (-\cos\beta_i, \sin\beta_i, 0) \tag{4.5.30}$$

由$\overrightarrow{BC}$与$\vec{N}_i$及$\vec{N}_1$均垂直，所以有：

$$\vec{N}_2 = \frac{\vec{N}_i \times \vec{N}_1}{|\vec{N}_i \times \vec{N}_1|} = (-\sin\beta_i\cos\alpha_i, -\cos\beta_i\cos\alpha_i, \sin\alpha_i) \tag{4.5.31}$$

设A点坐标为（x_a，y_a，z_a），则：

$$\overrightarrow{OA} = (x_a - x_{ci}, y_a - y_{ci}, z_a - z_{ci}) = \overrightarrow{OE} + \overrightarrow{EA} \tag{4.5.32}$$

$$\overrightarrow{OE} = \frac{-b_i\vec{N}_2}{2} \tag{4.5.33}$$

$$\overrightarrow{EA} = \frac{-a_i\vec{N}_1}{2} \tag{4.5.34}$$

由（4.5.30）～（4.5.34）可以得到A点坐标：

$$\begin{cases} x_a = x_{ci} + \dfrac{b_i\sin\beta_i\cos\alpha_i + a_i\cos\beta_i}{2} \\ y_a = y_{ci} + \dfrac{b_i\cos\beta_i\cos\alpha_i - a_i\sin\beta_i}{2} \\ z_a = z_{ci} - \dfrac{b_i\sin\alpha_i}{2} \end{cases} \tag{4.5.35}$$

同理可以得到$B(x_b, y_b, z_b)$、$C(x_c, y_c, z_c)$和$D(x_d, y_d, z_d)$点坐标：

B点坐标：

$$\begin{cases} x_b = x_{ci} + \dfrac{b_i\sin\beta_i\cos\alpha_i - a_i\cos\beta_i}{2} \\ y_b = y_{ci} + \dfrac{b_i\cos\beta_i\cos\alpha_i + a_i\sin\beta_i}{2} \\ z_b = z_{ci} - \dfrac{b_i\sin\alpha_i}{2} \end{cases} \tag{4.5.36}$$

C点坐标：

$$\begin{cases} x_c = x_{ci} - \dfrac{b_i\sin\beta_i\cos\alpha_i + a_i\cos\beta_i}{2} \\ y_c = y_{ci} - \dfrac{b_i\cos\beta_i\cos\alpha_i - a_i\sin\beta_i}{2} \\ z_c = z_{ci} + \dfrac{b_i\sin\alpha_i}{2} \end{cases} \tag{4.5.37}$$

D点坐标：

$$\begin{cases} x_d = x_{ci} - \dfrac{b_i\sin\beta_i\cos\alpha_i - a_i\cos\beta_i}{2} \\ y_d = y_{ci} - \dfrac{b_i\cos\beta_i\cos\alpha_i + a_i\sin\beta_i}{2} \\ z_d = z_{ci} + \dfrac{b_i\sin\alpha_i}{2} \end{cases} \tag{4.5.38}$$

4. 裂隙网络中结构面力学参数随机性研究

根据岩体等效变形参数和抗剪强度参数的研究成果，节理岩体的等效参数不仅与结构面的大小、产状、密度等几何参数有关，而且还与结构面的变形和抗剪强度参数有关。

在实际岩体中，由于受结构面的成因、赋存环境、所处应力状态等一系列复杂的不确定因素影响，各结构面的变形参数与抗剪强度参数具有很大的随机性和离散性，其变形和破坏的力学性状十分复杂。同时，受目前的试验设备、试验手段及试验费用等方面的限制，通过大型现场试验获得岩体结构面变形参数和抗剪强度参数还存在较大的困难。为了更好地考虑结构面变形与破坏对于岩体等效参数的影响，需考虑其变形和强度参数的随机性。

由于节理岩体结构面的厚度与岩体尺度相比很小，因此对于结构面的变形一般不用应力-应变关系描述其变形规律，而是用应力-变形（或位移）关系。结构面的变形计算可采用 Goodman 无厚度接触单元的计算本构关系，分别引入法向刚度 K_n 和切向刚度 K_s 来描述结构面的法向位移与剪切位移。

由于 K_{n} 和 K_{s} 的影响因素复杂，在此假定在同一组裂隙中，每个结构面 i 的 K_{n}^i 和 K_{s}^i 分别服从区间 $[K_{\mathrm{n}}^{\min}, K_{\mathrm{n}}^{\max}]$ 和 $[K_{\mathrm{s}}^{\min}, K_{\mathrm{s}}^{\max}]$ 上的均匀分布，即有：

$$\begin{cases} K_{\mathrm{n}}^i = K_{\mathrm{n}}^{\min} + (K_{\mathrm{n}}^{\max} - K_{\mathrm{n}}^{\min})R_i \\ K_{\mathrm{s}}^i = K_{\mathrm{s}}^{\min} + (K_{\mathrm{s}}^{\max} - K_{\mathrm{s}}^{\min})R_i \end{cases} \tag{4.5.39}$$

5. 裂隙网络生成实例及 REV 分析

某核电工程探洞岩体中的Ⅳ、Ⅴ级裂隙可以分为 NNW、NNE、NEE、NWW 四组，各组裂隙的几何参数统计特征值见表 4.5.1。

裂隙几何参数统计值 **表 4.5.1**

裂隙组	倾角（°）		倾角（°）		迹长（m）		结构面面密度（个/m²）	结构面间距（m）
	均值	方差	均值	方差	均值	方差		
NNW	332.5	7.50	67.50	7.50	5.63	0.45	0.35	0.35
NNE	17.50	6.50	62.50	3.50	4.35	0.35	0.17	0.84
NEE	57.50	13.00	75.00	8.50	3.82	0.28	0.11	0.93
NWW	285.00	13.50	70.00	9.00	4.54	0.22	0.08	1.34

通过输入裂隙统计资料及岩体尺度范围，即可生成当前尺度下的裂隙网络，并利用自编的图形生成程序，在 AUTOCAD 中生成裂隙网络图形。图 4.5.4 是岩体尺度为 15m 时所生成裂隙网络，共生成 833 个结构面，结构面的总面积为 10756m^2。

在生成裂隙网络以后，可以进行当前尺度岩体所对应的 REV 尺度指标分析。在保持岩体尺度不变的条件下，每一次生成裂隙网络和计算 REV 指标就相当于一次 Monte-Carlo 试验，多次生成裂隙网络和计算 REV 尺度分析指标，将多次试验得到的 REV 尺度指标取平均值作为当前尺度下对应的 REV 尺度指标。

分别取 5m、7m、10m、15m、20m、25m 和 30m 共 7 个岩体尺度，对于岩体的每一尺度，均进行 10 次 Monte-Carlo 模拟试验，然后得到各尺度下的 REV 尺度指标。

以 10m 尺度的岩体为例，其 10 次 Monte-Carlo 模拟试验的成果见表 4.5.2，7 种尺度下岩体的 REV 尺度指标见表 4.5.3 和图 4.5.5。

图 4.5.4　岩体尺度 15m 时的裂隙网络

根据表 4.5.2 和图 4.5.5 所得到的岩体 REV 尺度指标，可以看出：当立方岩体的边长小于 20m 时，随着岩体的边长不断增大，岩体的 REV 尺度指标 RMSI 也不断增大，这表明岩体中单位体积内所包含的结构面的面积不断增大，即结构面对岩体力学性质的影响不断增大；当岩体边长大于 20m 以后，岩体的 REV 尺度指标 RMSI 趋于稳定。因此，可以认为岩体的 REV 尺度为 20m。对比岩体的 REV 尺度与各组岩体结构面的最大平均迹长（5.63m），可以认为岩体模型的 REV 尺度应大于 3 倍岩体结构面最大平均迹长。

岩体 10m 尺度裂隙网络 Monte-Carlo 模拟试验成果　　　表 4.5.2

试验序号	结构面在 X 轴截面上投影		结构面在 Y 轴截面上投影		结构面在 Y 轴截面上投影		结构面个数	结构面总面积（m^2）	岩体总体积（m^3）
	总面积（m^2）	REV 指标（1/m）	总面积（m^2）	REV 指标（1/m）	总面积（m^2）	REV 指标（1/m）			
1	1196.6	1.197	1814.3	1.814	998.5	0.999	271	2690.5	1000
2	1016.6	1.017	1707.8	1.708	1060.4	1.060	263	2535.6	1000
3	1255.1	1.255	1963.1	1.963	1075.5	1.075	295	2832.7	1000
4	1508.9	1.509	2023.1	2.023	1150.9	1.151	288	3096.2	1000
5	1191.0	1.191	1582.1	1.582	976.4	0.976	279	2498.3	1000
6	1122.9	1.123	1691.6	1.692	1023.2	1.023	287	2512.3	1000
7	1157.5	1.157	1671.7	1.672	1061.6	1.062	282	2564.1	1000
8	1092.6	1.093	1672.7	1.673	1002.3	1.002	267	2467.8	1000
9	1295.4	1.295	1755.7	1.756	1027.6	1.028	308	2705.0	1000
10	1457.3	1.457	2091.5	2.091	1412.1	1.412	315	3268.2	1000
平均	1229.4	1.229	1797.4	1.797	1078.9	1.079	286	2717.1	1000

6. 基于裂隙网络确定岩体等效参数

通过以下步骤获得岩体等效力学参数：

① 将岩体变形视为完整岩块变形和结构面变形两部分变形之和，分别研究完整岩块和结构面变形的计算方法，确定不同受力状态时岩体在不同方向上的变形，然后利用“连续等效应变”理论得到岩体的等效变形参数（即其弹性模量和泊松比）。

REV 尺度指标计算成果 **表 4.5.3**

岩体尺度(m)	结构面在 X 轴截面上投影		结构面在 Y 轴截面上投影		结构面在 Z 轴截面上投影		结构面个数	结构面总面积(m^2)	岩体总体积(m^3)
	总面积(m^2)	REV 指标(1/m)	总面积(m^2)	REV 指标(1/m)	总面积(m^2)	REV 指标(1/m)			
5	74.7	0.597	103.2	0.826	84.8	0.679	48	175.2	125
7	373.8	1.090	540.5	1.576	340.0	0.991	113	819.6	343
10	1229.4	1.229	1797.4	1.797	1078.9	1.079	286	2717.1	1000
15	4781.2	1.417	7306.1	2.165	4384.4	1.299	830	10887.2	3375
20	12473.6	1.559	18320.3	2.290	11167.8	1.396	1764	27086.2	8000
25	25002.1	1.600	36515.6	2.337	22252.8	1.424	3283	54570.5	15625
30	42471.3	1.573	64530.8	2.390	39690.2	1.470	5381	103698.9	27000

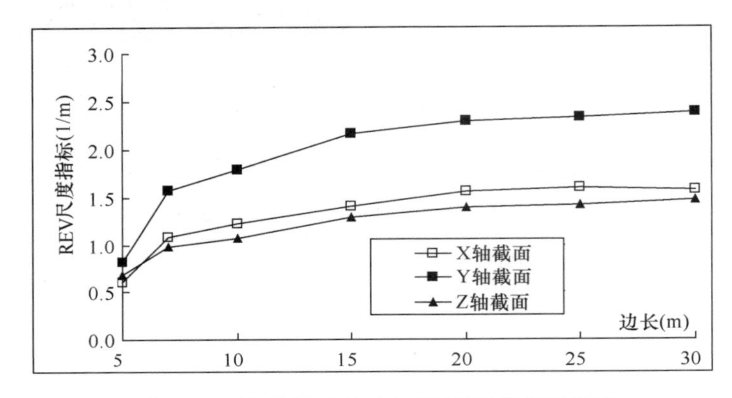

图 4.5.5 岩体模型边长与 REV 尺度指标关系

② 研究多组非正交裂隙网络在岩体不同截面上的损伤变量，根据损伤变量、结构面强度参数、完整岩石强度参数确定岩体等效抗剪强度参数（黏聚力和摩擦系数），从而得到不同方向上岩体的等效抗剪强度参数。

③ 计算不同方向上岩体等效变形参数和强度参数值，将多个方向上的离散点值等效为正交各向异性变形参数和强度参数。

④ 利用结构面面积矢量的概念研究确定岩体 REV 尺度的指标，通过改变岩体裂隙网络模型的尺度，确定岩体的 REV 尺度。

⑤ 根据上述研究成果编制相应的计算程序，并验证其合理性。

（1）节理岩体等效变形参数计算

编制程序如图 4.5.6 和图 4.5.7 所示，其中岩体正交各向异性等效变形参数的计算程序流程如下：

1）输入岩体等效变形参数计算所需的数据，主要包括：岩块的弹性模量和泊松比、结构面位移计算模式及其计算参数、结构面抗压极限强度、变形参数计算精度等。

2）根据岩体当前应力状态，计算 3 个主应力值。

3）在已生成的岩体裂隙网络模型中，计算岩体结构面在不同坐标系下的等效应变，并确定正交各向异性变形主轴。

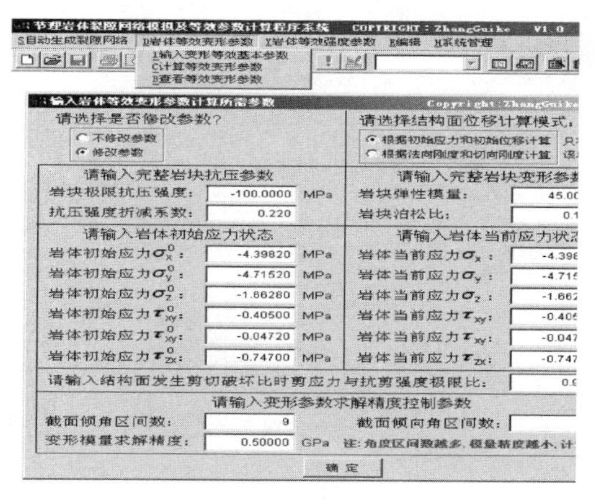

图 4.5.6　等效应变计算数据输入界面

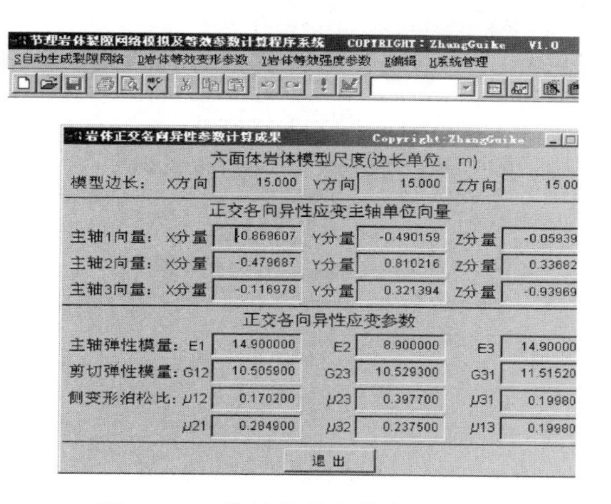

图 4.5.7　等效变形参数输出界面

4）建立变形参数的矛盾方程组，并用采“区间枚举法”求解矛盾方程组，得到结构面的正交各向异性变形参数。

5）计算岩体的正交各向异性变形参数，并输出计算成果。

在同一尺度岩体模型条件下，每次生成一次裂隙网络模型，并按上述的 1）～5）步得到一组岩体等效变形参数的过程，就相当于一次 Monte Carlo 模拟试验，多次重复该 Monte Carlo 模拟试验过程，取多次试验得到等效变形参数的平均值作为岩体在当前尺度条件下的岩体等效变形参数。

改变岩体尺度，计算不同尺度下岩体的等效变形参数就可以确定岩体的 REV 尺度，从而得到正交各向异性岩体的宏观等效变形参数。

根据以上程序流程分析，计算岩体正交各向异性变形参数的子程序共有以下 3 个功能模块。1）计算参数输入模块；2）岩体变形参数计算模块；3）成果输出模块。

（2）等效抗剪强度参数计算程序开发

节理岩体等效抗剪强度参数计算子程序流程如下：

1）利用已生成的裂隙网络，根据各组结构面的间距、结构面总面积及岩体模型体积计算各组结构面在其局部坐标系下的损伤变量，然后得到局部坐标系下的损伤张量。

2）从 0 开始，按一定的角度增量分别改变考察截面的倾角和倾向方位角，得到不同的考察截面，计算当前考察截面上的加权平均黏聚力和摩擦系数。

3）计算当前截面上损伤率，并计算对应的等效抗剪强度参数。

4）如果当前截面倾角等于 π 并且倾向方位角等于 2π，则转入步骤 5），否则，截面倾角和倾向方位角分别增加一个角度增量，进入步骤 2）循环。

5）将 1）～4）所得到的等效黏聚力和摩擦系数的不规则三维曲面分别拟合为相应的椭球面，从而分别得到等效黏聚力和摩擦系数的 3 个主轴向量和 3 个主值，并输出相应的计算成果及其图形。

根据程序流程分析，计算岩体等效抗剪强度参数的子程序主要由 3 个功能模块组成，主要用户界面有一个菜单和两个窗口界面组成，见图 4.5.8 和图 4.5.9。

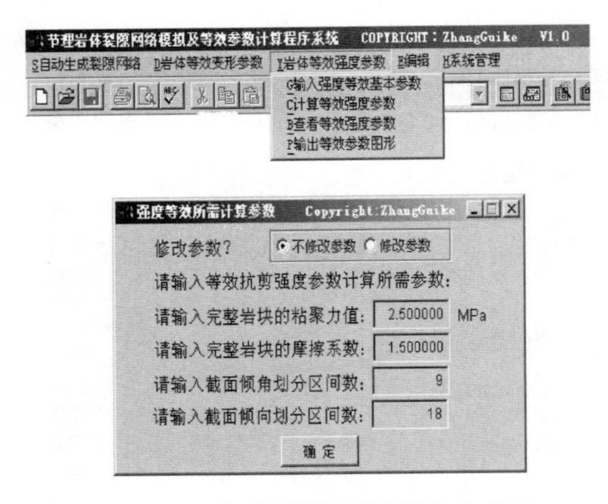

图 4.5.8　等效抗剪强度参数输入窗口

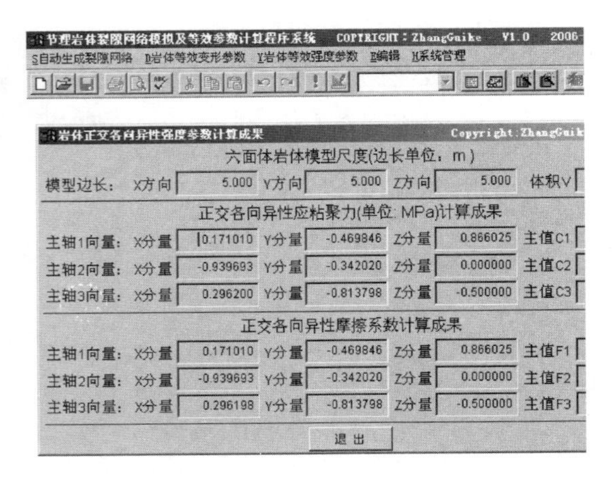

图 4.5.9　等效抗剪强度参数输出窗口

1）裂隙网络生成模块：此模块为各子程序共用。

2）等效抗剪强度参数计算模块：该模块根据裂隙网络及结构面和完整岩块的强度参数，计算出岩体在各截面上的等效抗剪强度参数，并将等效参数拟合为椭球面，从而得到正交各向异性抗剪强度参数的 3 个主轴单位向量和 3 个主值。

3）计算成果输出模块：输出等效抗剪强度参数的主轴向量及其主值，并自动生成 AutoCAD 软件的接口文件（scr 文件），将计算成果在 AutoCAD 中生成图形。

4.6　本 章 小 结

无论是土、还是岩体，其微观结构对岩土力学参数的获取都有重要影响。常规的试验往往忽略了这些细节，更依赖于工程经验与工程师的判断。本章针对岩土细观特征明显的土石混合体、节理岩体等细观特征明显的介质开展系统创新，探讨了相应细观特征描述与分析方法，并建立了相应的参数确定体系。

（1）针对土石混合介质，借助室内常规试验研究了根据抗剪强度与细粒含水量及碎块石含量的变化关系，可以以细粒的液性指数和碎石含量为指标，提出碎石土抗剪强度的实用计算公式。

（2）针对土石混合体，在数字图像分析基础上，建立了碎块石细观特征提取与分析方法，并建立了将其转化为数值计算模型的相应方法。

（3）利用 FLAC3D 数值模拟方法，探讨了细观特征分析的土石混合体力学参数变化规律。

（4）综合运用数学、力学理论及计算机编程技术，系统研究了岩体裂隙网络生成技术、岩体宏观等效变形参数和抗剪强度参数的计算方法。使岩体等效参数计算更接近于岩体的实际情况。

第5章　岩土工程强度极限分析理论方法

强度极限分析是岩土工程中应用最为广泛的基本理论，例如边坡工程中通常根据作用于岩土体中潜在破坏面上沿破坏面的抗剪力与该块体沿破坏面的剪切力之比，求该块体的稳定性系数，地下工程中常用点安全系数评价不同位置的应力重分布。

但在实际工程中，采用强度极限分析的方法有多种，其适应性与特点并不相同，本章基于强度极限理论，探讨了常用的强度极限分析理论方法。

5.1　点强度指标分析方法

Duncan（1996）指出安全系数可以定义为使岩土体刚好达到临界破坏状态时，对岩土的剪切强度进行折减的程度。这种强度折减技术应用到数值分析中可以表述为：保持岩土体的重力加速度为常数，通过逐步减小抗剪强度指标，将 C、φ 值同时除以折减系数 F_{sr}，得到一组新的强度指标 C'、φ'进行有限差分分析，反复计算直至岩土体达到临界破坏状态，此时采用的强度指标与岩土体原具有的强度指标之比即为该岩土体的安全系数 F_{sr}。公式如下：

$$C' = C/F_{sr} \tag{5.1.1}$$

$$\varphi' = \arctan(\tan\varphi/F_{sr}) \tag{5.1.2}$$

目前强度折减法中判断岩土体失稳破坏的标准通常有：迭代求解的不收敛性、广义剪应变贯通、塑性区的范围及其连通状态、岩土体内某点的位移与折减系数的关系曲线等。

基于强度折减的位移突变法是根据位移变化的情况来确认结构是否正常工作。这种方法认为结构极限状态同最大位移与折减系数关系曲线上的转折点（由位移缓慢增长到急剧增大的临界点）相对应。对于空间整体结构，位移突变可以表征整个结构的一种状态的变化，可以比较明确和方便的界定结构整体稳定性。

点安全系数或局部抗剪安全系数考虑滑动面上的实际应力分布和基岩与上部结构相对变形对抗滑稳定的影响。从理论上说，只要整个滑动面上每个点（或局部）$K_p \geqslant 1$，则整个滑动面是稳定的。但实际计算中往往出现个别点的破坏，由于工程的结构体多数为超静定结构，虽然其对应力有一定的调整作用，但这种局部效应通常忽略不计，如果出现整片破坏区时，此时就可以通过点的指标定义出破坏面。点安全系数公式一般形式为：

$$K_p = \frac{\sigma f' + C'}{\tau} \tag{5.1.3}$$

由于空间应力为二阶张量，因此点安全系数具有空间矢量性，对于工程来说，须找出不利剪切面上的抗剪安全系数。这里从空间线弹性力学公式及破坏屈服准则上推导点安全系数公式。

由空间线弹性力学公式可知：

$$\sigma_n = l^2\sigma_1 + m^2\sigma_2 + n^2\sigma_3 \tag{5.1.4}$$

$$\tau_n = \sqrt{l^2\sigma_1^2 + m^2\sigma_2^2 + n^2\sigma_3^2 - \sigma_n^2} \tag{5.1.5}$$

将式（5.1.4）和（5.1.5）带入（5.1.3），可得：

$$K_{\mathrm{p}} = \frac{(l_2\sigma_1 + m^2\sigma_2 + n^2\sigma_3)f' + C'}{\sqrt{l^2\sigma_1^2 + m^2\sigma_2^2 + n^2\sigma_3^2 - (l^2\sigma_1 + m^2\sigma_2 + n^2\sigma_3)^2}}$$

$$l^2 = 1 - m^2 - n^2 \tag{5.1.6}$$

式（5.1.6）中：σ_1和σ_3分别为单元的最大和最小主应力（以压为正）；c和ϕ分别为单元的黏聚力和内摩擦角；l、m、n为剪切面外法线对于应力主方向的方向余弦。

式（5.1.6）为二元函数，自变量为m、n，对其求极值，可得到最小安全系数：

$$(K_{\mathrm{p}})_{\min} = \frac{2\sqrt{(f'\sigma_1 + C')(f'\sigma_3 + C')}}{\sigma_1 - \sigma_3}$$

$$m = 0$$

$$n = \pm\sqrt{\frac{f'\sigma_1 + C'}{f'(\sigma_1 + \sigma_2) + 2C'}} \tag{5.1.7}$$

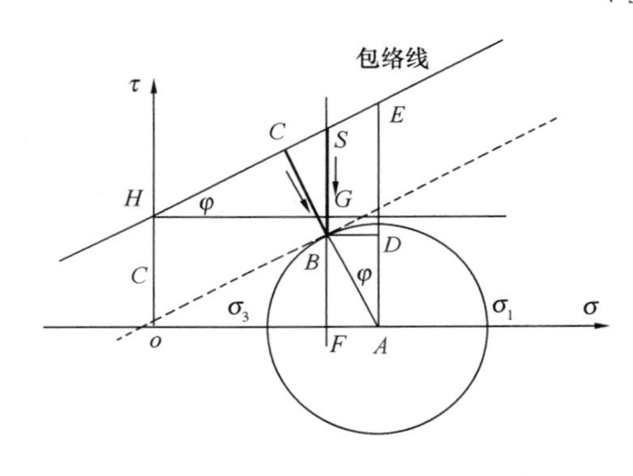

图 5.1.1　空间应力状态及摩尔库伦强度包络线

以上推导了线弹性空间应力状态下点安全度公式，但实际上岩体并不是完全都处于线弹性状态，因此需根据计算所采用的强度屈服准则来推导岩体的点安全系数。这里采用工程中普遍应用的带抗拉摩尔库伦本构关系，判定岩体中任意一点的应力状态与强度包络线的距离，可分为强度储备型（SB）和最小距离型（CB）。其中投影型更符合强度储备的思想，即将强度包络线向下平移（对应储备安全裕度）。对应点安全度公式推导如下：

强度储备型点安全度：

$$K_{\mathrm{p}} = \frac{|FS|}{BF|} = \frac{|FS|}{|AB|\cos\varphi} = \frac{[(\sigma_1 + \sigma_3) - (\sigma_1 - \sigma_3)\sin\varphi]\tan\varphi + 2C}{(\sigma_1 - \sigma_3)\cos\varphi} \tag{5.1.8}$$

最小距离型点安全度：

$$F_{\mathrm{S}} = \frac{|AC|}{|AB|} = \frac{|AE|\cos\varphi}{|AB|} = \frac{[2C + (\sigma_1 + \sigma_3)\tan\varphi]\cos\phi}{\sigma_1 - \sigma_3} \tag{5.1.9}$$

由于岩体中一点的应力状态不完全是受压，因此当一点受拉时，应改用抗拉屈服准则判定。

$$K_{\mathrm{t}} = \frac{\text{tension}}{\sigma_3}$$

$$(\sigma_3 \leqslant 0,\text{为拉应力}) \tag{5.1.10}$$

关于点安全系数的标准，规范上未指明具体的评判标准，只能在各工程中相互比较，但可以看出低安全系数的部位，采用基于带抗拉摩尔库伦屈服准则的点安全度，与计算采用的力学本构一致，可以从塑性区的分布及强度折减方法相互验证，具有较好的合理性。

岩体开挖很容易引起拉裂隙，它通常可采用格里菲斯准则定义点指标进行判定，格里菲斯破坏准则表达式为：

$$\begin{cases} R_t = \dfrac{-(\sigma_1 - \sigma_3)^2}{8(\sigma_1 + \sigma_3)}; \sigma_1 + 3\sigma_3 \geqslant 0 \\ R_t = \sigma_3; \sigma_1 + 3\sigma_3 < 0 \end{cases} \tag{5.1.11}$$

式中：σ_1、σ_3 为最大、最小主应力，以压应力为正号；R_t 为岩石单轴抗拉强度，本身带负号。

5.2　刚体极限平衡分析方法

1. 边坡极限平衡分析条分法

刚体极限平衡分析所使用的安全系数可按照定义分为两种，即静力平衡安全系数和力矩平衡安全系数，可用式（5.2.1）和式（5.2.2）表示：

$$F_{s(力平衡)} = \frac{\Sigma(各土条抗滑力)}{\Sigma(各土条下滑力)} \tag{5.2.1}$$

$$F_{s(力矩平衡)} = \frac{\Sigma(各土条抗滑力矩)}{\Sigma(各土条下滑力矩)} \tag{5.2.2}$$

对于均质边坡发生滑坡时，其滑动面形状常常为一曲面（图 5.2.1），其截面近似圆弧，并认为滑动面以上的滑动土体为刚性体，然后取该土体为脱离体，分析其在各种力作用下的稳定性。

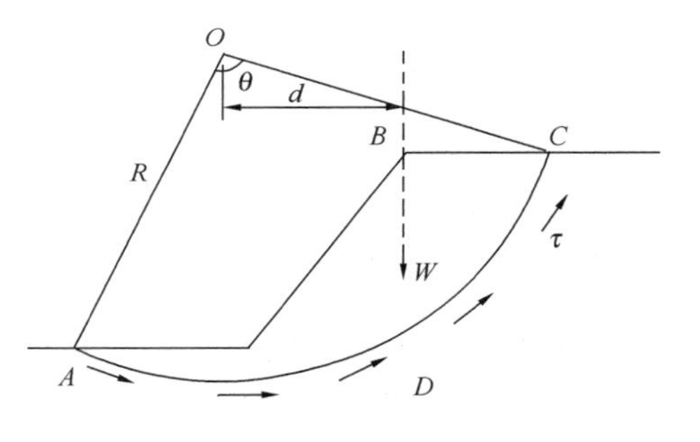

图 5.2.1　均质滑弧面

使土体绕圆心 O 下滑的滑动力矩为

$$M_s = Wd \tag{5.2.3}$$

阻止滑弧运动的抗滑力矩为

$$M_R = \tau_f \widehat{L} R \tag{5.2.4}$$

式中　$\widehat{L}$——滑弧 ADC 的长度。

故土坡的稳定系数为

$$F_s = \frac{M_R}{M_s} = \frac{\tau_f \widehat{L} R}{W\mathrm{d}} \tag{5.2.5}$$

ADC——假定圆弧；O——圆心；R——半径。

对于外形比较复杂，特别是土坡由多层土构成时，要确定滑动土体的重量及中心位置就比较复杂，且滑动面上的抗剪强度又分布不均，与各点的法向压力有关。故针对这种边坡的稳定分析，常常采用条分法，将滑动土体分成若干垂直土条，求各土条对滑弧圆心的抗滑力矩和滑动力矩，分别求其总和，然后按式（5.2.5）求该坡的稳定安全系数。

目前，常用的条分法中有些只满足力矩平衡，有些只满足静力平衡，更严格一些的解法需同时满足力和力矩的平衡条件。

（1）静力（力矩）平衡条件

将滑动土体分成若干土条，对每个土条和整个滑动土体引入力和力矩的平衡条件。在根据静力平衡条件建立起来的方程组中，未知数的个数超过了方程式的个数，解决这一超静定问题的办法是对多余未知数进行假定，使剩下的未知数的数目和方程数目相等，从而解出安全系数。目前，常用的边坡刚体极限平衡分析方法都是对土条的侧向作用力的大小或作用位置进行假设，从而达到减少未知数个数，求解安全系数的目的。

（2）假设条件

对多余未知数的假定并不是随意的，它必须使获得的解符合土和岩石的力学特性，目前采用的假设条件为土条之间的作用力大小假设和作用位置假设。

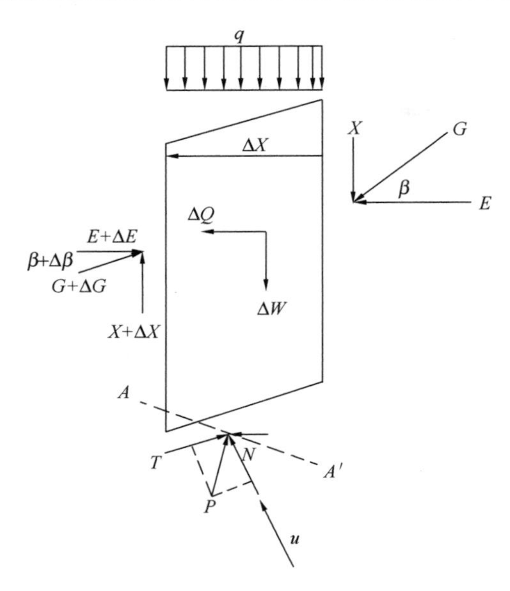

图 5.2.2　土条的几何条件及受力分析

（3）土条的几何条件及受力分析

从滑坡体中任取一个土条，土条的几何条件及受力分析见图 5.2.2。

ΔW—土条自重，ΔQ—水平作用力；E、ΔE—土条间法向作用力；x、Δx—土条间切向作用力；G、ΔG—条间作用力合力；T—土条底部抗剪力；N—土条底部法向作用力；U—土条底部孔隙水压力；P—土条底部作用力合力；q—外加荷载。

（4）边坡稳定分析极限平衡方法

在极限平衡法理论体系形成的过程中，出现了一系列简化方法，目前常用的方法主要有瑞典法（Fellenious 法，1936）、简化的简布法（Janbu's Simplified，1954）、简化的毕肖普法（Bishop's Simplified，1955）、Lower-Karafiath 法（1959）、美国陆军工程师团法（U. S. Army Corps of Engineers，1967）、摩根斯坦-普莱斯法（Morgenstern-Price，1965）、斯宾塞法（Spencer，1967）、萨尔玛法（Sarma，1973）、简布法（Janbu，1973）等。其中 Morgenstern-Price 是唯一在滑裂面的形状、静力平衡要求、假定多余未知数的选定方法均不做假定的严格方法，同时这一方法还可以回归到大部分稳定分析的简化计算方法。此处介绍这些简化方法的基本原理和计算公式，重点讨论各种简化方法的应用条件及各种方法之间的区别。

图 5.2.3 为从滑坡体中取出的任一土条受力分析示意图，各种计算方法的受力分析均可参见图 5.2.3 及图 5.2.4。

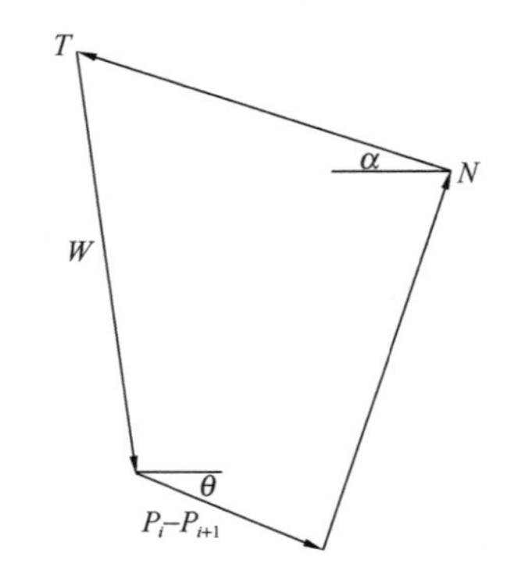

图 5.2.3　任一土条受力分析示意图

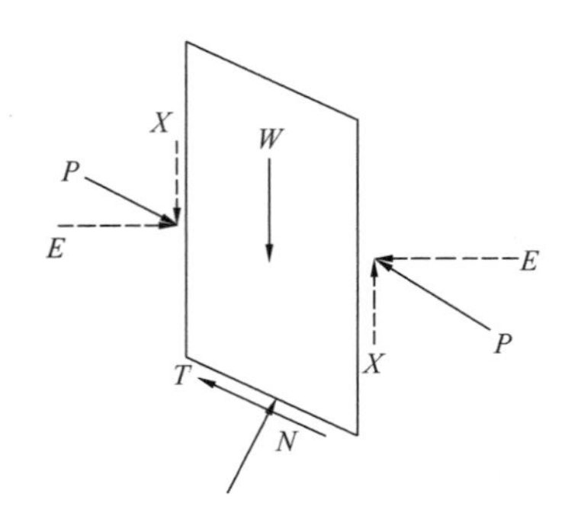

图 5.2.4　力矢多边形

以瑞典条分法为例，瑞典法是条分法中最古老而又最简单的方法，除假定滑裂面是圆弧面外，还假定不考虑土条两侧的作用力，安全系数定义为每一土条在滑裂面上所能提供的抗滑力矩之和与外荷载及滑动土体在滑裂面所产生的滑动力矩之比。由于不考虑条间力的作用，严格地说，对每一土条的平衡条件是不满足的，对土条自身的力矩平衡也不满足，仅能满足滑动土体的整体力矩平衡条件；由此产生的误差一般使求出的安全系数偏低10%～20%，这种误差随着滑裂面圆心角和孔隙压力的增大而增大。

（1）滑弧形状：圆弧滑裂面。

（2）基本假定：滑动体为整体刚性滑动，作用在土条侧向垂直面上的力 E 和力 X 的合力平行于土条底面，因而在进行土条底部法线方向力的平衡时，可以不予考虑。

（3）平衡条件：整体力矩平衡 $\Sigma W_i x_i - \Sigma T_i R = 0$。

（4）安全系数计算公式：$F_s = \dfrac{\Sigma[c'_i l_i + (W_i \cos\alpha_i - u_i l_i)\tan\varphi'_i]}{\Sigma W_i \sin\alpha_i}$。

各种方法之间的区别　　**表 5.2.1**

方　法	适用滑面	简　述
Petterson（1916）	圆弧	提出条分法的概念
Fellenious 法（1936）	圆弧	E 和 X 的合力平行于土条底边 条块重量向法向分解求解法向力 假设条件过多，是刚体极限平衡分析的雏形
Janbu's Simplified 法（1954）	任意	陆军工程师团法的特例，假设 $\beta=0$
Bishop's Simplified 法（1955）	圆弧	考虑条间作用力在法向的贡献，假设两侧作用力水平
Lower-Karafiath（1959）	任意	条间力倾角等于土条顶部和底部倾角的均值
U. S. Army Corps of Engineers（1967）	任意	条间作用力倾角等于平均坡倾角
传递系数法	任意	条间作用力倾角等于土条底面倾角
Morgenstern-Price（1965）	任意	对任意曲线形状的滑裂面进行分析，到处满足力的平衡及力矩平衡条件的微分方程，假定两相邻土条
Spencer（1967）	任意	法向条间力的切向条间力之间存在一个对水平方向坐标的函数关系，根据整个滑动土体的边界条件求出问题的解答
Sarma（1973）	任意	假定土条侧向力的倾角为一常数
Janbu（1973）	任意	可划分非垂直条块，允许条块底边和侧边具有不同的抗剪强度，地震和水的影响可自动计入条间作用力合力方向水平

各种方法之间的区别见表 5.2.1，各种方法的静力平衡关系见表 5.2.2，各种方法条间作用力特征及其相互关系见表 5.2.3。

各种方法的静力平衡关系　　**表 5.2.2**

方　法	力矩平衡	力平衡
Fellenious	Yes	No
Bishop's Simplified	Yes	No

续表

方　法	力矩平衡	力平衡
Janbu's Simplified	No	Yes
Spencer	Yes	Yes
Morgenstern-Price	Yes	Yes
U. S. Army Corps of Engineers-1	No	Yes
U. S. Army Corps of Engineers-2	No	Yes
Lower-Karafiath	No	Yes
Janbu-Generalized	Yes（by slices）	Yes
Sarma-Vertical Slices	Yes	Yes

各种方法条间作用力特征及其相互关系　　表 5.2.3

方　法	法向力	切向力	法向力和切向力的关系
Fellenious	No	No	不考虑条间力的作用
Bishop's Simplified	Yes	No	条间力水平
Janbu's Simplified	Yes	No	条间力水平
Spencer	Yes	Yes	常数
Morgenstern-Price	Yes	Yes	用函数定义的变量
U. S. Army Corps of Engineers-1	Yes	Yes	直线，平均坝坡
U. S. Army Corps of Engineers-2	Yes	Yes	边坡顶部条块的倾角
Lower-Karafiath	Yes	Yes	土条顶部和底部倾角的均值
Janbu-Generalized	Yes	Yes	使用推力线和条块的力矩平衡
Sarma-Vertical Slices	Yes	Yes	$X=C=E\tan\phi$

2. 边坡工程中的计算工况及控制标准

边坡稳定是岩土工程中常见的问题，是岩土工程各领域中的重要组成部分。其计算方法视边坡结构体的破坏形式不同而变化，如滑坡、倾倒、崩塌等。影响边坡稳定的因素有岩土性质、岩体结构、水的作用、风化、地貌、地震、地应力、人为因素等。

如在水利工程领域，根据主要建筑物级别然后确定边坡的稳定性控制标准。如属于1级建筑物、边坡失稳影响大，则可将边坡归属为A类Ⅰ级。则边坡设计安全系数可按照表5.2.4控制。

边坡设计安全系数　　表 5.2.4

类别及工况 / 级别	A类枢纽工程区边坡		
	持久状况	短暂状况	偶然状况
Ⅰ级	1.25	1.15	1.05
Ⅱ级	1.15	1.05	1.05

在表5.2.4中，共分为三类工况，而实际工程中的工况要远比这三类工况更为复杂，不同工况所考虑的荷载也不相同。但按照每种工况所持续的时间，均可转化为这三类情况控制。持久工况其持续时间较长、可能贯穿整个服务期，满足这一条件的情况有：

①自然斜坡稳定：需要考虑边坡自重、地表持久荷载等。

②人工边坡稳定：需要考虑边坡自重、地表持久荷载、锚固措施等。

短暂工况其持续时间较短，可能只有几小时、几天或者几个月，满足该类情况的条件有：

①开挖工况（开挖期）：需要考虑边坡自重、开挖坡型、活荷载等。

②水位变化工况：在持久荷载基础上，考虑水位上升或下降的影响。

③短暂蓄水期：在考虑持久荷载条件下，水位维持在某一高度如死水位、校核水位等或水位骤升、骤降等。

偶然工况（通常指地震工况）产生具有随机性。我国水电工程边坡多采用地震基本烈度下的超越概率法进行设计，如采用50年超越概率10%的地震烈度进行控制，50年超越概率5%进行复核。

注意：在边坡设计中，一般不将偶然工况作为控制工况来设计。即不能通过支护等措施使地震达到设计要求，而此时持久工况与偶然工况远超过控制标准，会极大增加工程费用。所以借助持久或者短暂工况，使之恰好满足设计要求后，验算地震工况的稳定性。

在进行具体工况分析时，需要仔细研究该工况下存在哪些载荷、水力效应等，然后选择合适的方法进行研究。在确定性分析的基础上，要考虑参数确定的误差，并进行敏感性分析、可靠性分析等。

5.3　边坡稳定滑移线理论与特征线方法

常见的岩土边坡物质组成复杂，应力状态既受强度特性控制也受变形特性影响，采用刚体极限平衡计算边坡稳定时须进行条间假设，不满足变形协调原理，造成计算结果差别较大。其原因在于滑坡土石混合体变形过程中局部已经处于塑性状态，此时应力向周围岩体传递以进入新的平衡态，而条分法假设不能考虑该因素的影响。

极限平衡有限元法以及极限平衡有限差分法是由于刚体极限平衡分析方法和有限差分法及有限元法存在一定的缺陷，通过取长补短的方法提出来适应于工程的计算方法。该方法能够给出直观的安全系数和危险滑动面，同时也可以反映边坡的特征、状态，并且给出相应的破坏机理。近年来极限平衡有限元法研究发展很快，邓俊晔采用Dijkstra最短路算法应用到边坡的潜在滑动面的搜索中。先采用有限元对边坡进行计算，根据应力场计算每一个节点的安全系数，将节点的安全系数作为图论中路的权，再根据最短路算法对整个边坡进行搜索。采用相似的方法，黄龙对Monte Carlo随机搜索法进行了研究应用。上述方法都综合考虑了边坡的应力场以及极限平衡方法，对极限平衡有限元方法的进展做出了重要贡献，且都能很好的应用于工程实践中。

两种方法的共同点都是从网格单元的节点出发，网格的大小限制了潜在滑动面的滑弧形状及精确度。本文采用滑移线理论，摆脱滑弧由节点控制的限制，通过单元的应力状态就可以直接得到单元的滑移线，同时滑移线的形状与应力场有关，且由于安全系数与滑移线存在一定的函数关系，从而可以采用数值的方法获取最小安全系数。

1. 滑移线的概念

滑移线理论是从经典塑性力学的基础上发展起来的。假定土体为理想刚塑性体，其强度包经为直线。滑移线理论是基于平面应变状态的土体内当达到“无限”塑性流动时，塑性区内的应力和应变速度的偏微分方程是双曲线这一事实，应用特征线理论求解平面应变问题极限解的一种方法，被称为特征线法。在 20 世纪 20 年代，人们在研究金属塑性变形过程时发现光滑试样表面出现“滑移带”现象，随之滑移线理论被提出，并逐步形成的一种图形绘制与数值计算相结合的求解平面塑性流动问题的理论方法，滑移线物理概念是：在塑性变形区内，剪切应力等于抗剪强度的屈服轨迹线，达到塑性流动的区域，滑移线处处密集，称为滑移线场。土力学中滑移线理论研究起始于 20 世纪 50 年代初，索柯洛夫斯基等人奠定了土体稳定理论基础并相继成功应用于各类工程问题，例如地基承载力、土坡稳定、土压力等。

2. 边坡潜在滑移线簇

边坡稳定性计算的关键是如何确定滑移面并计算滑移面上的法向与切向应力。取 xyz 直角坐标系，设 z 方向的位移 $\omega=0$，所有各点的唯一矢量都平行 xy 平面，这样的平面应变问题有 $\tau_{zx}=\tau_{xz}=0$、$\tau_{zy}=\tau_{yz}=0$。而不等于零的应力分量是 σ_x、σ_y、σ_z 和 $\tau_{xy}=\tau_{yx}$，由刚塑性流动理论得知，刚塑性材料是不可压缩的，再根据平面应变的条件 $d\varepsilon_z^p=0$，就得到：

$$\sigma_z=\sigma_m=\frac{1}{2}(\sigma_x+\sigma_y)=\sigma \tag{5.3.1}$$

即应力分量 σ_z 总是等于平均正应力 σ。未知的应力分量是 σ_x、σ_y 和 τ_{xy}。

塑性区内任意一点的应力分量应该满足屈服条件。把应力分量代入后，屈雷斯卡屈服条件和米赛斯屈服条件都成为：

$$\frac{1}{4}(\sigma_y-\sigma_x)^2+\tau_{xy}^2=\tau_s^2=k^2 \tag{5.3.2}$$

平面问题的平衡方程（不计体力）是：

$$\left.\begin{aligned}\frac{\partial \sigma_x}{\partial x}+\frac{\partial \tau_{xy}}{\partial y}=0\\ \frac{\partial \tau_{xy}}{\partial x}+\frac{\partial \sigma_y}{\partial y}=0\end{aligned}\right\} \tag{5.3.3}$$

平衡方程式（5.3.2）和屈服条件式（5.3.3）一起共有三个方程，其中包含三个未知函数：σ_x、σ_y 和 τ_{xy}。如果给定应力比边界条件，就能根据边界条件从这三个方程解出其中三个未知函数。这样，塑性应力场是静定问题，方程式（5.3.2）和式（5.3.3）就是用直角坐标解这问题的基本方程。屈服条件式（5.3.2）可以表示为半径等于 k 的应力圆，从应力圆可得：

$$\left.\begin{aligned}\sigma_x&=\sigma-k\sin2\theta\\ \sigma_y&=\sigma+k\sin2\theta\\ \tau_{xy}&=k\cos2\theta\end{aligned}\right\} \tag{5.3.4}$$

式中 θ 的意义见。以式（5.3.4）代入平衡方程（5.3.3），则原来关于 σ_x、σ_y 和 τ_{xy} 的三个基本方程成为未知函数 σ 和 θ 的两个方程：

$$\left.\begin{aligned}\frac{\partial \sigma}{\partial x}-2k\left(\cos2\theta\frac{\partial \theta}{\partial x}+\sin2\theta\frac{\partial \theta}{\partial y}\right)=0\\ \frac{\partial \sigma}{\partial y}-2k\left(\sin2\theta\frac{\partial \theta}{\partial x}-\cos2\theta\frac{\partial \theta}{\partial y}\right)=0\end{aligned}\right\} \tag{5.3.5}$$

式（5.3.5）可用“滑移线解法”求解。

图5.3.1中的应力圆表示塑性区内任意一点的应力状态。应力圆圆周上的α、β两点对应两个互相正交的最大剪应力面。规定从x轴逆时针转θ角是法线α的方向。应力圆上表明，α面上的剪应力是负值，即为逆时针向。从法线α再逆时针转90°是法线β的方向。应力圆上表明，β面上的剪应力是正值，即为顺时针向。α、β的方向符合右手坐标规律，见图5.3.2（a）。连接塑性区内各点的α、β方向线，绘成连续的曲线，就得到α、β两族相互正交的滑移线网络，又称滑移线场。滑移线网络把塑性区分割成无数滑移线单元。滑移线单元上作用有最大剪应力k和正应力σ，处于纯剪切和静水应力状态，见图5.3.2（b）。静水应力中有$\sigma_z=\sigma$，垂直作用于xy平面。

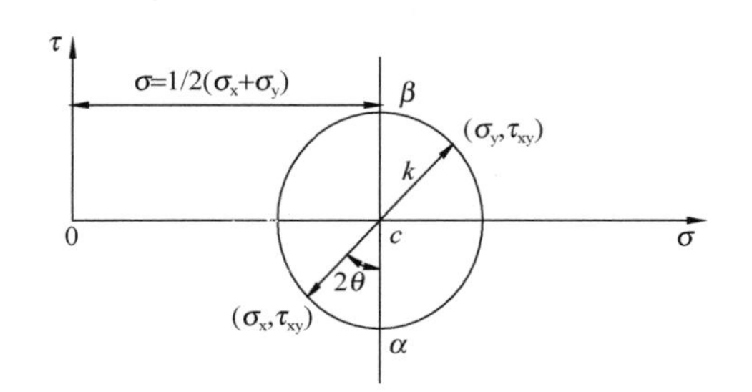

图5.3.1　任意一点的应力状态

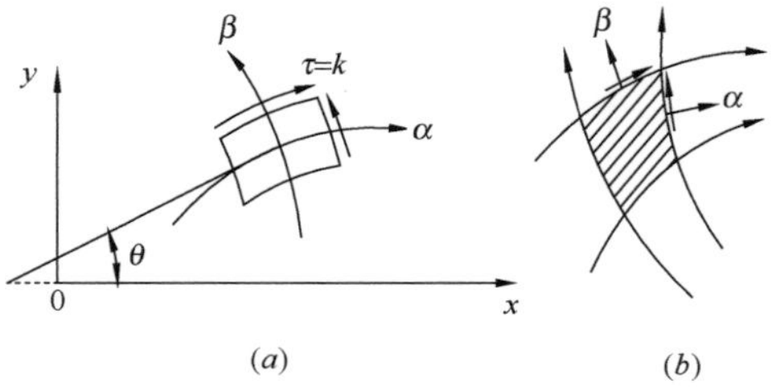

图5.3.2　滑移线图

由图5.3.2（a）可知，α族和β族滑移线的微分方程分别是：

$$\left.\begin{aligned}\frac{\mathrm{d}y}{\mathrm{d}x}&=\mathrm{tg}\theta \qquad (\alpha\text{族})\\ \frac{\mathrm{d}y}{\mathrm{d}x}&=-\mathrm{ctg}\theta \qquad (\beta\text{族})\end{aligned}\right\} \tag{5.3.6}$$

利用滑移线就可以解出微分方程式（5.3.6）。为了求解式（5.3.6），将坐标轴x、y转到滑移线α、β的方向，即xy坐标系成为S_α、S_β活动曲线坐标系，其中S_α沿α滑移线的切线方向，S_β沿β滑移线的切线方向。坐标转换后θ角要从S_α算起，所以$\theta=0$，而方程式（5.3.6）成为：

$$\left.\begin{aligned}\frac{\partial}{\partial S_\alpha}(\sigma-2k\theta)&=0(\text{沿}\,\alpha\,\text{族})\\ \frac{\partial}{\partial S_\beta}(\sigma+2k\theta)&=0(\text{沿}\,\beta\,\text{族})\end{aligned}\right\} \tag{5.3.7}$$

式中$\dfrac{\partial\theta}{\partial S_\alpha}$表示$\theta$沿$S_\alpha$方向的变化，因此对$\theta$按哪个轴算起都是一样，于是仍规定$\theta$从$x$轴算起。积分式（5.3.7）得：

$$\left.\begin{aligned}\frac{\sigma}{2k}-\theta&=\xi=\mathrm{const}(\text{沿}\,\alpha\,\text{线})\\ \frac{\sigma}{2k}+\theta&=\eta=\mathrm{const}(\text{沿}\,\beta\,\text{线})\end{aligned}\right\} \tag{5.3.8a}$$

或者写成改变两种形式：

$$\left.\begin{aligned}\Delta\sigma&=2k\Delta\theta(\text{沿}\,\alpha\,\text{线})\\ \Delta\sigma&=-2k\Delta\theta(\text{沿}\,\beta\,\text{线})\end{aligned}\right\} \tag{5.3.8b}$$

式（5.3.8）就是滑移线单元的平衡方程，其积分或者差分式（5.3.8b）表示σ、θ沿滑移线变化的关系。因此根据给定的应力边界条件，联立求解式（5.3.6）和式（5.3.8b)，便可以得出滑移线网络，并且计算出σ、θ的值，从而由式（5.3.4）得出相应的应力分量。

对于摩尔库仑材料，两簇滑移线相互夹角为$2\mu=\pi/2-\varphi$；与主应力迹线的夹角为$\mu=\pi/2-\varphi/2$。其中，φ为材料的内摩擦角。由此公式就可以计算得到每一个单元上的滑移线方向，或者说数值上的斜率。

当给定滑入点与滑出点时，某一土体单元，如图5.3.3以及图5.3.4所示，若该单元的大主应力σ_1（σ_{max}）和小主应力σ_3（σ_{min}）的大小和方向都为已知时，与大主应力面成θ角的任一平面上的法向应力σ和剪应力τ可直接应用材料力学公式（5.3.9)、(5.3.10）计算得到。

$$\sigma=\frac{\sigma_1+\sigma_3}{2}+\frac{\sigma_1-\sigma_3}{2}\cos2\theta \tag{5.3.9}$$

$$\tau=\frac{\sigma_1-\sigma_3}{2}\sin2\theta \tag{5.3.10}$$

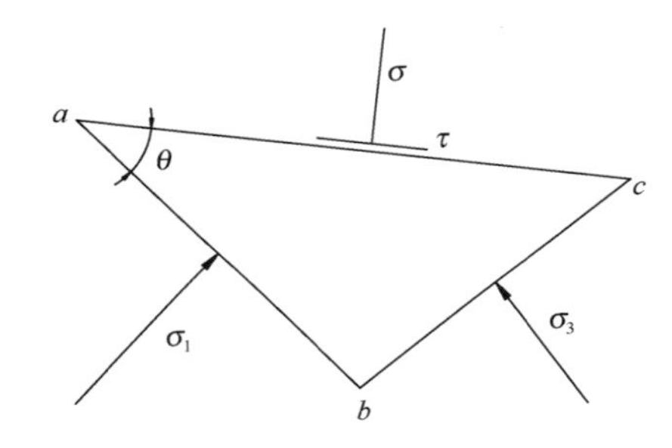

图5.3.3　单元的应力状态

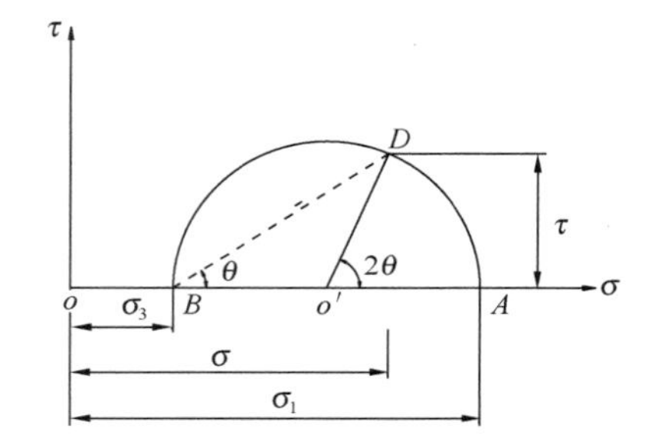

图5.3.4　某应力下对应的摩尔圆

通过前面第一步有限差分的处理得到了每一个单元的应力状态后，再根据插值计算得到相应计算点的应力状态，对于M-C材料，滑移线与主应力的夹角为$\mu=\frac{\pi}{4}-\frac{\varphi}{2}$，其中$\varphi$为材料的内摩擦角；当单元处于弹性区时，滑移线与主应力夹角采用$\mu=\frac{\pi}{4}-\frac{\theta_m}{2}$计算，其中：$\theta_m=\arcsin\frac{(\sigma_1-\sigma_3)/2}{-(\sigma_1+\sigma_3)/2+c\cot\varphi}$。

由上两式得到统一的滑移线的斜率公式：

$$\left.\begin{aligned}\frac{dy}{dx}&=\tan(\theta-\mu)\quad(\alpha\text{族})\\\frac{dy}{dx}&=\tan(\theta+\mu)\quad(\beta\text{族})\end{aligned}\right\} \tag{5.3.11}$$

其中θ为第一主应力矢量与x轴的夹角。经过数值计算试验表明：在采用左倾边坡中，采用β族曲线计算得不到最后的结果，而采用α族曲线可以获得最小安全系数对应的滑弧。通过计算可以得到的滑弧段的位置，程序中主要是得到滑弧段的两个端点。计算的滑弧使用原始边坡的应力场来计算安全系数。由于已经计算得到了每一小段滑弧的线段方程，通过式（5.3.9）、（5.3.10）得到单元的 σ、τ，再根据安全系数的公式计算得到结果。安全系数采用了两种定义方法：第一种为边坡的平均抗剪强度与平均剪应力之比，第二种为各段抗滑力矩 M_f 与其下滑力矩 M 之比，如式（5.3.12）所示。

$$\left.\begin{aligned} F_s &= \frac{\vec{\tau}_f}{\vec{\tau}} = \frac{\Sigma(c+\sigma\tan\varphi)\Delta l}{\Sigma\tau\Delta l} \\ F_s &= \frac{M_f}{M} = \frac{\Sigma(c+\sigma\tan\varphi)\Delta l\times R}{\Sigma\tau\Delta l\times R} \end{aligned}\right\} \tag{5.3.12}$$

其中 R 为相对于某个中心点的力矩。为了方便程序的实现，采用原点作为中心点。在计算安全系数时，采用向量进行计算，在全球坐标中向量的使用可以避免一些方向上规定带来的判断问题，采用分量相加来解决向量的叠加，再由叠加结果求模或者叉乘（力矩）得到最后的结果。

3. 弹性区中的潜在滑移线

滑移线理论是建立在塑性力学基础上的，它只适合于塑性区。弹塑性有限差分计算的结果中同时存在弹性区以及塑性区。为了方便利用弹塑性有限差分的计算结果得到最危险滑移面，有必要把滑移线的概念拓展到弹性区，即引入一个潜在滑移线的概念。

相应于滑移线的定义，潜在滑移线可定义为：在平面应变问题中，平面上每一点都有两个相交的最危险滑面（抗剪能力最弱），把每个点的最危险滑面连接起来，就可以得到两簇曲线，称为潜在滑移线。

同时为了得到抗剪能力最弱的滑面（线），类似于安全系数的定义，需要定义点安全系数：平面应变中，某点的抗剪强度与该点的剪应力的比值的最小值。

点安全系数可以表示为：

$$f_p = \min(f) = \min\left(\frac{c+\sigma\tan\varphi}{\tau}\right) \tag{5.3.13}$$

根据单元体的应力条件：

$$\sigma = \frac{\sigma_1+\sigma_3}{2} + \frac{\sigma_1-\sigma_3}{2}\cos 2\theta \tag{5.3.14}$$

$$\tau = \frac{\sigma_1-\sigma_3}{2}\sin 2\theta \tag{5.3.15}$$

将式（5.3.14）及式（5.3.15）带入式（5.3.13）得到：

$$f = \frac{c+\left(\dfrac{\sigma_1+\sigma_3}{2}+\dfrac{\sigma_1-\sigma_3}{2}\cos 2\theta\right)\tan\varphi}{\dfrac{\sigma_1-\sigma_3}{2}\sin 2\theta} \tag{5.3.16}$$

对于给定的任意点的应力状态，σ_1 以及 σ_3 都是已知的，对 f 求导，并且令：

$$\frac{\mathrm{d}f}{\mathrm{d}\theta} = 0 \tag{5.3.17}$$

上式就可以变换为：

$$\frac{\sigma_1-\sigma_3}{2}\sin^2 2\theta(\sigma_1-\sigma_3) + (\sigma_1-\sigma_3)\cos 2\theta\left(\frac{\sigma_1+\sigma_3}{2}+\frac{\sigma_1+\sigma_3}{2}\cos 2\theta\right) = 0 \tag{5.3.18}$$

满足 $\frac{\mathrm{d}^2 f}{\mathrm{d}\theta^2} > 0$ 对上式求解可以得到：

$$\theta_{\mathrm{m}}=\arcsin\frac{(\sigma_1-\sigma_3)/2}{-(\sigma_1+\sigma_3)/2+c\cot\varphi} \tag{5.3.19}$$

（5.3.19）式可以作为潜在滑移线的倾角，即弹性区中的最危险滑动方向，由于反正弦计算得到的角度，必然存在两个解，类似于滑移线的定义也对应称为 α 族（或者 β 族）潜在滑移线。

4. 滑入点与滑出点的确定

把边坡滑动面边界第一个滑动点，称之为启滑点。基于滑移线理论的计算，在搜索最小安全系数的过程中，对启滑点与安全系数的关系进行了研究。由于每条滑移线都不相交，则可以得到任意一个启滑点对应的滑移线的安全系数。为了实现所获取安全系数是最小的数值，即对应的滑弧为最危险的滑弧，此处通过建立一个函数，将两者联系起来，然后采用二分法进行搜索。

建立滑弧的第一个滑动点与安全系数 F_{s} 的函数关系：

$$F_{\mathrm{s}}=F_{\mathrm{s}}(p) \tag{5.3.20}$$

式中：p 为第一个滑动点坐标。

给定一系列启滑点，然后在给定的范围内进行计算，由此得到一系列的安全系数 F_{s} 和第一个滑动点的对应关系，缩小搜索范围，在最后确定的范围内采用二分法进行搜索。具体实现如下：

第一步先对给定区域进行计算，对每一个边界单元的中点作为启滑点进行滑移线计算，由此可以得到一系列的安全系数值 $F_{\mathrm{s}}(p_1)$、$F_{\mathrm{s}}(p_2)$、$F_{\mathrm{s}}(p_3)$……

第二步从 p_1 开始计算其与下一个启滑点安全系数 F_{s}（p_2）的变化关系，称为斜率 k_1。

$$k_1=\frac{\partial F_{\mathrm{s}}}{\partial p}=\frac{F_{\mathrm{s}}(p_2)-F_{\mathrm{s}}(p_1)}{p_2-p_1} \tag{5.3.21}$$

同样计算 p_2 与 p_3 的斜率 k_2，以此类推计算得到每个间断点之间的斜率，由此得到边坡安全系数随启滑点位置的不同的变化趋势，整个 k 值分为三种情况处理：第一种就是所有的 k 值都是正值，包括零，也就是 p_1 点的安全系数是小值，这样就只需要搜索 p_1 这段区间的极小值，取 p_1 点所在的单元以及其接触到的边界单元，在前一个边界单元的中点 p_0 到下一个边界单元的中点 p_2 的区间中搜索极小值，获得的最小值就是整个边坡的最小值；第二种，所有的 k 值都为负值，包括零，也就可以判断最后一个点 p_{n} 为较小值，同样采用前面的处理方法就可以得到 p_{n} 的小范围内的极小值；第三种，k 值存在正负值，也就是 F_{s}（p）在计算区域的中间存在极小值，找到正负变号的区域，假设为 p_{x-1}，p_x，p_{x+1}三个点形成的，同样先确定区间然后再使用二分法搜索，如果存在几个变号区就可以单独处理再比较，取最小。

上述计算中都采用了二分法进行搜索，具体步骤如下：

（1）假设 F_j 为最小值，按照上面的方法，以每个点的 x 坐标顺序分别求 $F_i=F_{\mathrm{s}}(p_i)$，$F_j=F_{\mathrm{s}}(p_j)$，$F_{\mathrm{k}}=F_{\mathrm{s}}(p_{\mathrm{k}})$，以 F_j 为基点进行比较。

（2）如果 $|p_i\cdot x-p_j\cdot x|>0.01$，则取 $p_{ij}=\dfrac{p_i+p_j}{2}$，$F_{ij}=F_{\mathrm{s}}(p_{ij})$，否则跳出到（6）。

（3）与 F_j 比较，如果 $F_j > F_{ij}$，则令 $p_j = p_{ij}$，p_i 不变；如果 $F_j < F_{ij}$，则令 $p_i = p_{ij}$，p_j 不变，重复（2）。

（4）如果 $|p_k \cdot x - p_j \cdot x| > 0.01$，则取 $p_{jk} = \dfrac{p_j + p_k}{2}$，$F_{jk} = F_s(p_{jk})$，否则跳出到（6）。

（5）与 F_j 比较，如果 $F_j > F_{jk}$，则令 $p_j = p_{ij}$，p_k 不变；如果 $F_j < F_{jk}$，则令 $p_k = p_{jk}$，p_j 不变，重复（4）。

（6）$F_j = F_s$（p_j）为极小值。

到此就实现了边坡最小安全系数的获得。

5. 考题验证与案例分析

采用单一材料的简单边坡对岩体参数进行敏感性分析，包括内凝聚力 c、内摩擦角 φ、弹性模量 E、泊松比 μ 等对边坡安全系数的影响，并再对内凝聚力 c、内摩擦角 φ 进行对滑弧的影响以及相应的塑性区的变化，总结参数的变化对边坡稳定影响的规律。

本节所采用的模型仍为上节的边坡考核题，参数如表 5.3.1 所示。

考核算例力学参数　　　　表 5.3.1

c/(kPa)	ϕ/(°)	γ(kN/m³)	E/(MPa)	ν
3.0	19.6	20.0	10	0.25

坡高 H=10m，坡角 p=27°。采用平面 4 节点矩形单元，整个模型划分 830 个单元，1772 个节点，其网格图如图 5.3.5 所示。采用有限差分法计算应力场，导出数据后，采用基于滑移线理论的极限平衡有限差分法计算边坡的安全系数和滑动面。

（1）黏聚力及内摩擦角对边坡的影响

采用有限差分法 FLAC3D 计算模型的应力场，在内摩擦角、泊松比、弹性模量不变的情况下，运用极限平衡有限差分法计算不同的 c 以及 φ 对边坡安全系数的影响。边坡材料参数取值范围分别为：内摩擦角 φ 为 19.6°、21°、22°、23°、25°、27°、30°，同时改变 c 值取值为 3.0kPa、4.0kPa、5.0kPa、6.0kPa、7.0kPa、8.0kPa 的情况下，对边坡安全系数的影响。

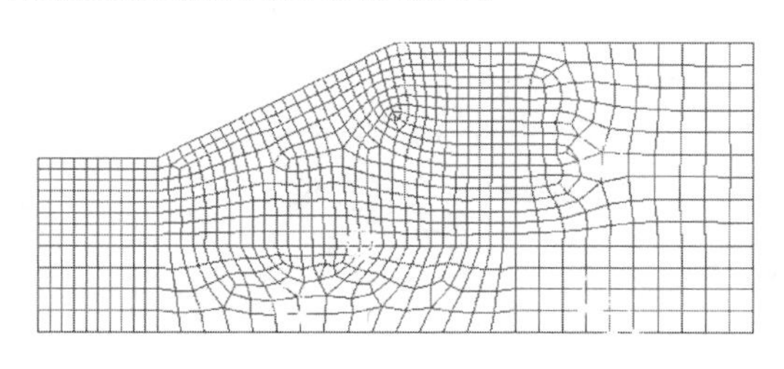

图 5.3.5　边坡模型示意图

可知：采用基于滑移线理论的极限平衡有限差分法计算结果与极限平衡法计算得到结果相差 0.2%～2%。

由极限平衡有限差分法计算得到的安全系数随 c 以及 φ 的变化曲线如图 5.3.6 和图 5.3.7 所示，安全系数 F 随黏聚力 c 的增长成线性增长：当 φ=19.6°时安全系数变化范围为 0.9840～1.2542，当 φ=30°时安全系数变化范围为 1.4955～1.8118。安全系数 F 随黏聚力 φ 的增大成近似二次增长的关系：当 C=3.0kPa 时安全系数变化范围为 0.9840～1.4955，当 C=8.0kPa 时安全系数变化范围为 1.2542～1.8118。因此黏聚力与内摩擦角的变化对边坡稳定的影响很大。

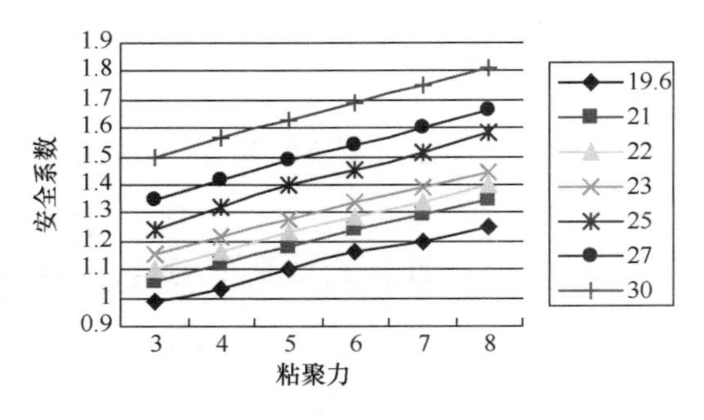

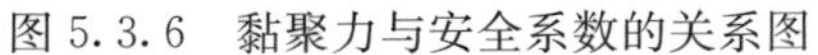
图 5.3.6　黏聚力与安全系数的关系图

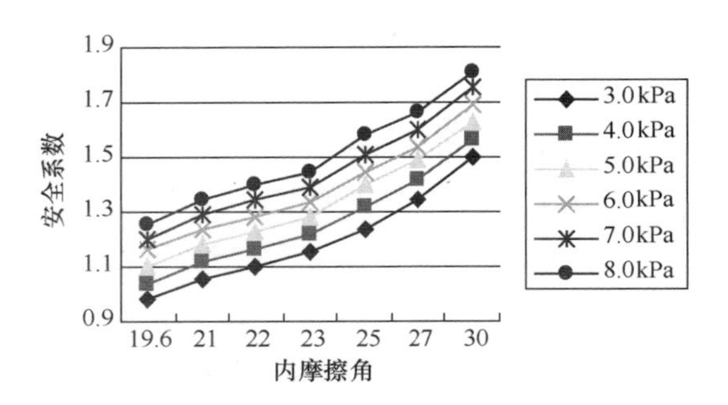

图 5.3.7　内摩擦角与安全系数的关系

（2）泊松比及弹性模量在边坡中的影响

考虑到不同的 E、μ 在对边坡变形有影响，因此本文也对其做了分析。现在考虑 c=5.0kPa、φ=25.0°不变的情况下，运用极限平衡有限差分法计算不同的 E、μ 情况下，边坡安全系数的变化情况。分别考虑 μ 在 0.25、0.3、0.35、0.4、0.45 的情况下，同时 E 的取值范围为 10MPa、20MPa、30MPa、40MPa、50MPa 对安全系数的影响。

由极限平衡有限差分法计算得到的安全系数随边坡参数 E、μ 的变化关系曲线见图 5.3.8 和图 5.3.9。由于初始应力场有变化，使得安全系数 F_s 随 E 的增加其大小略有变化，而变化幅度不大，但是安全系数 F_s 随 μ 的增加安全系数成线性减少。

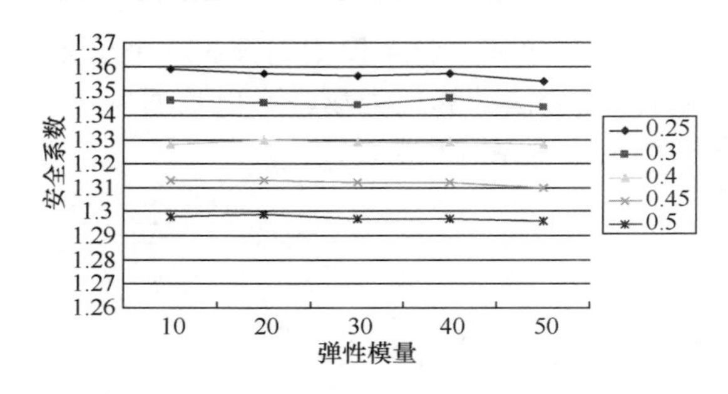

图 5.3.8　弹性模量与安全系数关系图

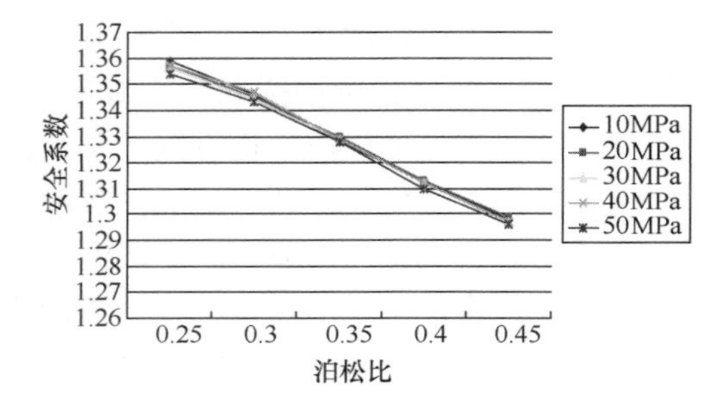

图 5.3.9　泊松比与安全系数关系图

（3）黏聚力对滑动面位置的影响

边坡强度参数取 φ=19.6°，考虑 c=3.0～8.0kPa 时，图 5.3.10 给出了边坡中的滑动面与塑性区的位置。

由图 5.3.10 中的 A1～C1 可以看出，随着 c 值的增大，最危险滑动面往边坡坡内移动，滑动体的体积增大，在坡体坡角处，滑动面的位置穿过塑性区的中心。

由图 5.3.11 中的 A2～C2 可以看出，随着 c 值的增大，边坡的塑性区逐渐缩小，都是从边坡坡体内向坡脚移动，当 c 到 8.0kPa 时，塑性区都集中在坡脚处。

（4）内摩擦角对滑动面位置的影响

边坡强度参数取黏聚力 c=5.0kPa，φ=19.6°～30°时，图 5.3.11 为给出了边坡中的滑动面与塑性区的位置。

由图 5.3.11 中的 A1～C1 可以看出，随着 c 不断增大，滑动面的位置向坡外移动，

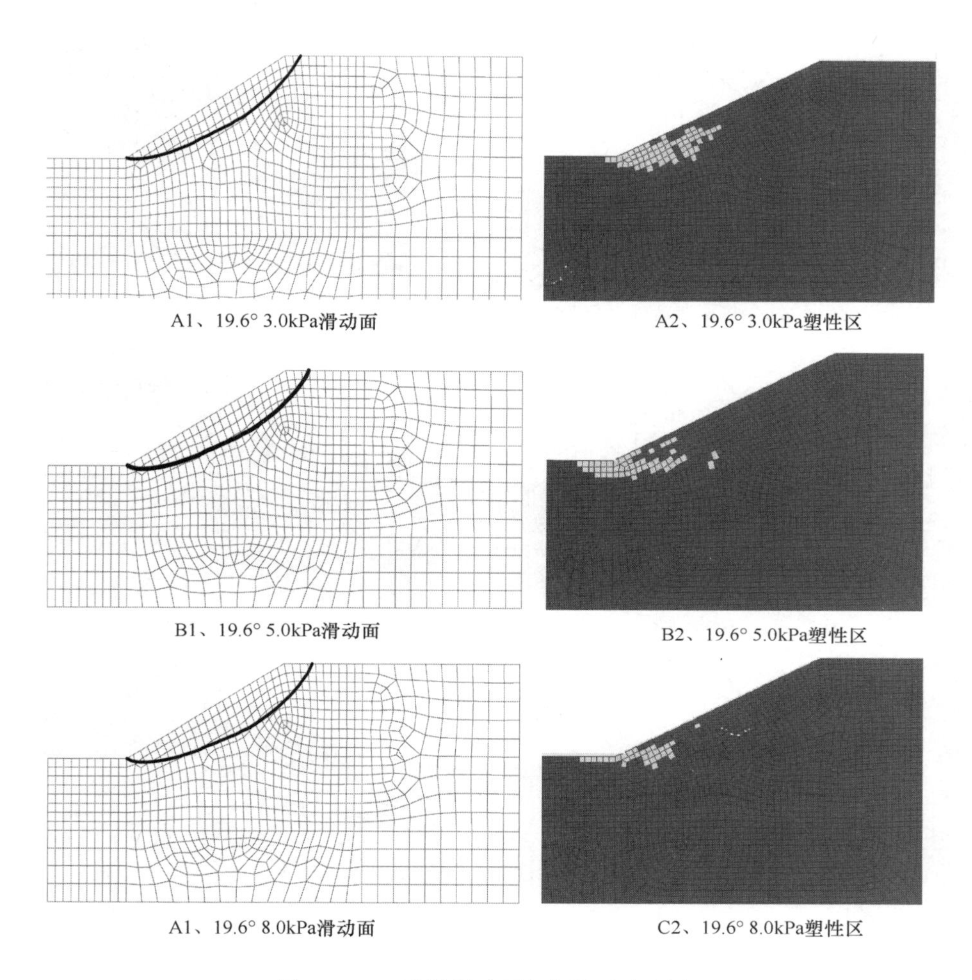

图 5.3.10　边坡滑动面与塑性区对比图

滑动体体积也在缩小，与安全系数急速增加相对应。由图 5.3.11 中的 A2～C2 可以看出，随着 φ 的增大，边坡中的塑性区范围逐渐缩小，当 $\varphi=30°$时塑性区接近消失。

从上面的分析可以看出，边坡的破坏都是从坡角开始，因此要防止边坡破坏，最主要的是进行坡角的加固处理。

6. 方法总结

采用滑移线理论，实现了边坡最危险滑弧的搜索，并基于极限平衡有限差分法数值计算提出了极限平衡有限差分法。具得到结论如下：

（1）根据滑移线理论，引入潜在滑移线，可建立安全系数与边坡表面第一个滑点位置关系的函数，同时采用二分法可实现边坡最小安全系数搜索。

（2）在极限平衡有限差分法中，除了强度参数对安全系数和滑面位置有影响外，变形参数通过影响应力场也对边坡稳定有影响。

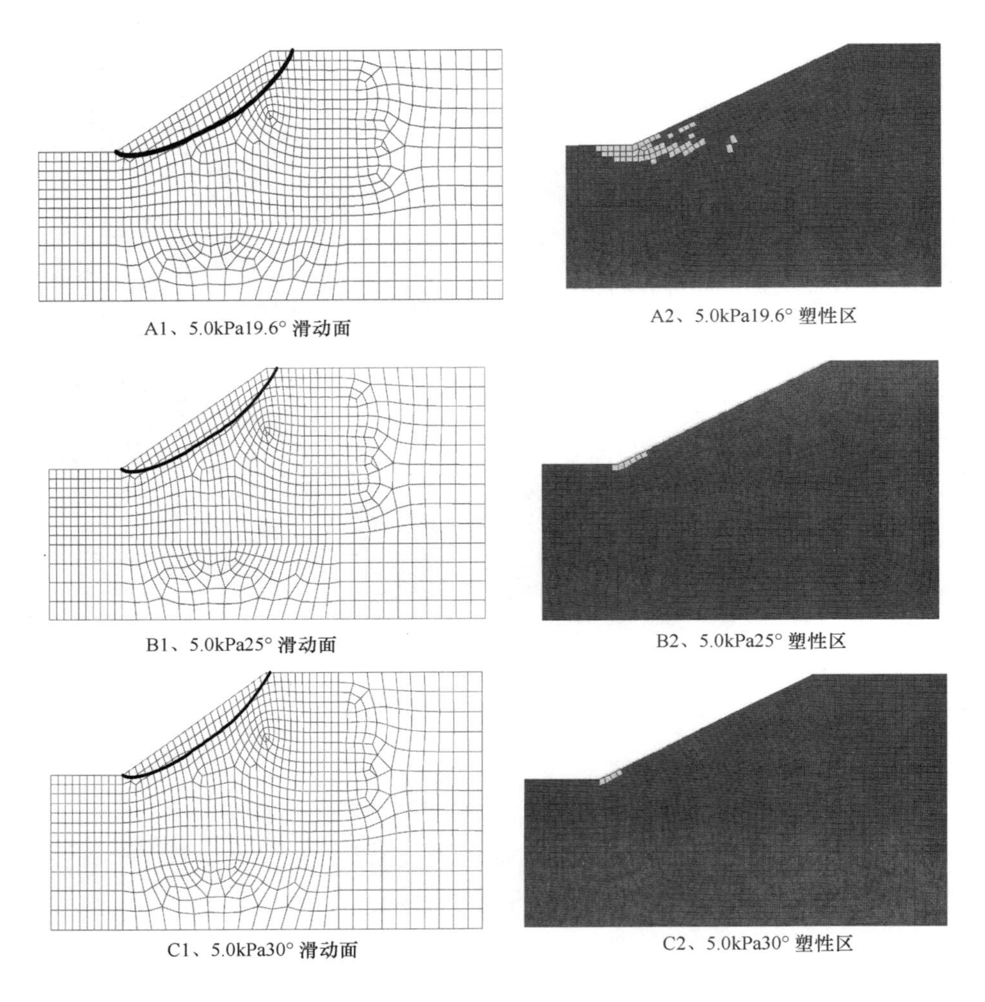

图 5.3.11 边坡滑动面与塑性区对比图

5.4 基于 PSO 算法的边坡临界滑动面搜索方法

理论上，如何搜索最危险滑移面位置是进行数值极限平衡稳定性分析的关键。而搜索最危险滑移面问题在本质上是可以转化为函数优化问题进行求解，对于函数优化已经有一些成熟的解决方法如遗传算法、进化规划、群智能算法等。但这些方法带有局限性，比如对于多局部极值的函数而言，遗传算法往往在优化的收敛速度和精度上难以达到期望的要求，基于数值计算结果分析的极限平衡有限元方法，可以给出沿着节点的最危险滑面，但滑面必须沿节点的办法容易导致安全系数计算偏高。Angeline 经过大量的实验研究发现，粒子群优化算法在解决一些典型的函数优化问题时，不仅可以避免选择、交叉、变异等进化操作，而且可以大大简化问题解的编码和适应性函数的选择的过程。但即便如此，由于边坡几何形状、地层材料性质、地质条件等因素影响，边坡稳定性常表现出复杂多样性特征，符合实际工程情况的最危险滑面位置的确定依然是边坡稳定性分析的难点。

本节采用粒子群算法控制滑面的滑出点与滑入点，以均分逼近法控制滑面半径，提出了一种边坡最危险滑移面搜索及最小安全系数计算的新方法，可以减小滑动面搜索时对节点的依赖性，并通过案例分析与对比验证了该方法的正确性。

1. 粒子群优化算法理论

粒子群优化算法是一种基于群体智能通过以粒子对解空间中最优粒子的追随进行解空间的迭代搜索，从而寻找出优化问题的可能极值点的随机搜索计算方法（图5.4.1）。

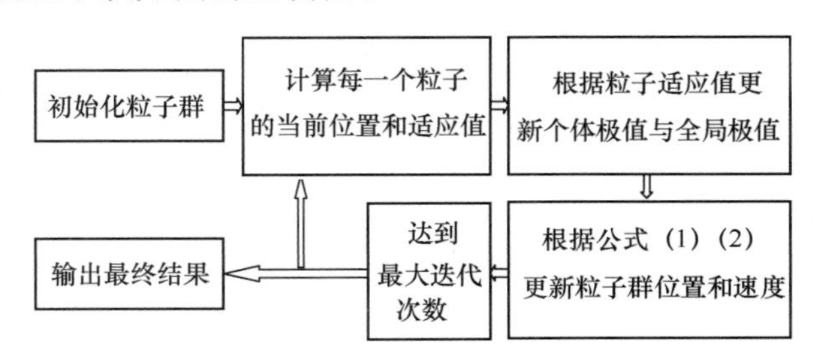

图5.4.1　粒子群优化算法流程

在粒子群优化算法中，假设在一个n维的目标搜索空间中，有m个粒子组成一个群落，其中第i个粒子在n维搜索空间中的位置表示为一个n维向量，每个粒子的位置代表一个潜在的解。设在k时刻，以x_{ij}^{k}表示粒子i在第j维方向的当前位置；v_{ij}^{k}表示粒子i在第j维方向的当前飞行速度；p_{ij}^{k}表示粒子i在第j维方向所经历过的被优化函数决定的具有最好适应值的个体最优位置；p_{gj}^{k}表示整个粒子群迄今为止在第j维方向搜索到的全局最优位置。将x_{ij}^{k}带入目标函数即可通过相应适应值大小衡量的优劣。

对于PSO优化问题$f(x)$，搜寻个体最优位置和种群最优位置对应的适应值，即最优解，每个粒子的位置和速度可按式（5.4.1）～（5.4.2）进行迭代更新。

$$v_{ij}^{k+1}=c_0v_{ij}^{k}+c_1r_{1j}^{k}(p_{ij}^{k}-x_{ij}^{k})+c_2r_{2j}^{k}(p_{gj}^{k}-x_{ij}^{k}) \tag{5.4.1}$$

$$x_{ij}^{k+1}=x_{ij}^{k}+v_{ij}^{k+1} \tag{5.4.2}$$

式中：c_0为惯性权重，一般取（0，1）之间的随机数；c_1、c_2为加速常数，一般取（0，2）之间的随机数。

粒子i在第j维方向的历史最好位置由式（5.4.3）确定。

$$pbest_{ij}^{k}=\begin{cases}x_{ij}^{k},f(x_{ij}^{k})<f(p_{ij}^{k-1})\\p_{ij}^{k-1},f(x_{ij}^{k})\geqslant f(p_{ij}^{k-1})\end{cases} \tag{5.4.3}$$

则种群迄今为止的最好位置粒子下标即为：

$$G=\arg\min_{1\leqslant i\leqslant m\ \&\ 1\leqslant j\leqslant n}(f(pbest_{ij}^{k})) \tag{5.4.4}$$

此外，每一维粒子的速度都会被限制在一个用户设定的允许最大速度$v_{\max}$（$v_{\max}>0$）之内，若某一维更新后，$v_{ij}>v_{\max}$则$v_{ij}=v_{\max}$，$v_{ij}<v_{\max}$则$v_{ij}=-v_{\max}$。

2. 边坡稳定性安全系数计算

为克服极限平衡分析不满足应力变形协调原理的缺陷，本文拟采用数值计算结果进行边坡极限平衡分析，即先计算获得边坡自重应力场，然后根据滑移面应力状况确定边坡最危险潜在滑移面及最小安全系数。

（1）滑移面上一点应力张量计算

若滑移面上一点坐标为（x，y），则该点应力张量可通自重应力场中该点所在单元应力张量插值计算获得。若滑移面上单元内一点（x，y）的应力张量表示为：

$$\overset{\mathrm{r}}{\sigma}=\sum_{i=1}^{n}N_i(\xi,\eta)\overset{\mathrm{r}}{\sigma_i} \tag{5.4.5}$$

式中：ξ，η 为含（x，y）一点单元映射母元的局部坐标；$\overset{\mathrm{r}}{\sigma_i}$ 为第 i 个节点应力张量。根据有限元映射原理，则可通过式（5.4.6）～（5.4.7）将任意四边形单元映射为矩形母元。

$$x = \sum_{i=1}^{n} N_i(\xi, \eta) x_i \tag{5.4.6}$$

$$y = \sum_{i=1}^{n} N_i(\xi, \eta) y_i \tag{5.4.7}$$

而对于四节点四边形单元

$$N_i = \frac{1}{4}(1 + \xi_i \xi)(1 + \eta_i \eta) \tag{5.4.8}$$

联立式（5.4.6）～（5.4.8）则可得到关于 ξ 的一个一元二次方程

$$A\xi^2 + B\xi + C = 0 \tag{5.4.9}$$

其中：A、B、C 均是关于 x、y、ξ、η 的函数。

由于 ξ 的取值范围为［−1，1］，故可确定一个满足取值范围的 ξ，进而求得 η，将其代入式（5.4.5）则可求得滑移面上单元内任一点的应力张量。

（2）安全系数的定义

对于边坡内假定滑移面上任意点的微元体，则通过应力分析可知，该点主应力 $\sigma_{1,2}$ 与应力 σ_{x}、σ_{y}、τ_{xy} 之间的关系可表示为：

$$\sigma_{1,2} = \frac{\sigma_{\mathrm{x}} + \sigma_{\mathrm{y}}}{2} \pm \sqrt{\left(\frac{\sigma_{\mathrm{x}} - \sigma_{\mathrm{y}}}{2}\right)^2 + \tau_{\mathrm{xy}}^2} \tag{5.4.10}$$

相应地，该单元任意斜截面（其法线方向与 σ_1 方向的夹角为 α）上的正应力（拉为正）、剪应力可表示为：

$$\begin{cases} \sigma_{\mathrm{n}} = \dfrac{\sigma_{\mathrm{x}} + \sigma_{\mathrm{y}}}{2} + \dfrac{\sigma_{\mathrm{x}} - \sigma_{\mathrm{y}}}{2}\cos 2\alpha \\ \tau_{\mathrm{n}} = \dfrac{\sigma_x + \sigma_{\mathrm{y}}}{2}\sin 2\alpha \end{cases} \tag{5.4.11}$$

而根据摩尔-库伦强度理论准，边坡滑面剪应力可表示为：

$$\tau = c + \sigma_{\mathrm{n}} \tan\phi \tag{5.4.12}$$

式中：$c + \sigma_{\mathrm{n}} \tan\phi$ 是滑面上的抗滑力；τ 是滑移力。

故当滑面抗滑力小于下滑力时，边坡的最小安全系数可定义为：

$$F_{\min} = \min\left(\frac{c + \sigma_{\mathrm{n}} \tan\phi}{\tau_{\mathrm{n}}}\right) \tag{5.4.13}$$

若将滑移面视为由一系列连续线段组成，每条线段由处在 2 个相邻线段上的状态点连接而成，则可将滑移面离散化，于是边坡安全系数亦可定义为：

$$F_{\min} = \min\left[\frac{\sum_{i=1}^{n}\int_{s_i}(c_i + \sigma_{\mathrm{n}} \tan\phi_i)\,\mathrm{d}s}{\sum_{i=1}^{n}\int_{s_i}\tau\,\mathrm{d}s}\right] \tag{5.4.14}$$

3. 最危险滑移面寻踪

以粒子群优化理论控制位于滑移面后缘滑移范围和前缘剪出区域的滑出点与滑入点，

均分逼近法控制滑面半径，实现边坡内潜在滑移面位置搜索及安全系数计算，进而确定出了边坡最小安全系数及最危险潜在滑移面位置，如图 5.4.2 所示。其具体计算步骤如下：

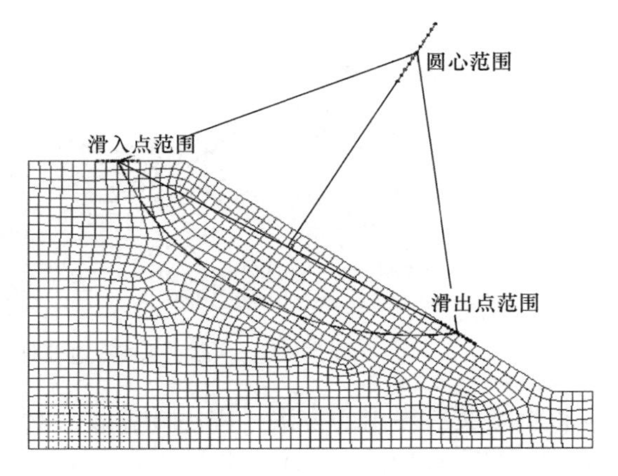

图 5.4.2　滑面搜索示意图

（1）根据边坡地层分布情况及边坡剖面界限进行合理的有限元网格划分，并计算边坡自重应力场。

（2）确定边坡后缘开裂和前缘剪出范围，并在后缘开裂和前缘剪出范围随机生成一定数量的滑面滑入点和滑出点，建立数值极限平衡分析模型。

（3）以滑入点和滑出点连线中垂线垂足为起点、至少 5 倍连线距离作为最危险滑面圆心位置范围。

（4）在滑面圆心位置范围内均匀布置一定数量的内点，依次以这些内点（作为滑面圆心）、滑入点或滑出点为控制点建立滑面方程，通过插值计算获取处于滑面上的网格单元应力，将其投影换算为垂直于滑面的法向应力和沿滑面切线方向的切向应力，并根据式（5.4.14）计算当前安全系数。

（5）以当前滑入点或滑出点控制下的最小安全系数所在位置周围 20%范围作为新的滑面圆心范围，重复步骤（4），直至最小安全系数对应滑面圆心所在位置与上一最小安全系数对应滑面圆心所在位置间的距离小于容差。

（6）以粒子群优化理论控制更新滑面后缘范围和前缘剪出区域的滑出点与滑入点组合，搜索不同组合下的最小安全系数所对应的滑面位置。

（7）更新滑入点与滑出点粒子的位置。重复步骤（3）～步骤（6）直至边坡后缘开裂和前缘剪出各自范围内的相邻粒子之间的最大距离分别小于容差。

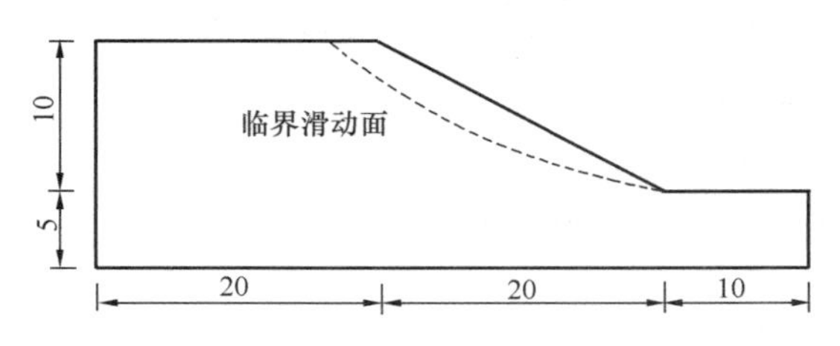

图 5.4.3　边坡形状及临界滑动面位置（单位：m）

4. 算例验证

采用澳大利亚计算机协会 1987 年委托 BDonald 和 PGiam 设计 ACADS 边坡稳定性分析程序的一道考核题。一个二维均质土坡，基本形状及临界滑动面见图 5.4.3，岩土体力学参数见表 5.4.1。共有 28 家单位参与了计算，推荐安全系数为 1.00。采用本文方法进行稳定性评价，网格单元数为 2174，得到边坡最小安全系数及临界滑动面位置如图 5.4.4 所示。

算例的岩土体物理力学参数　　**表 5.4.1**

天然容重 γ（$kN\cdot m^{-3}$）	变形模量 E（MPa）	泊松比 μ	抗剪强度	
			C（kPa）	φ（°）
20.0	10.0	0.25	3.0	19.6

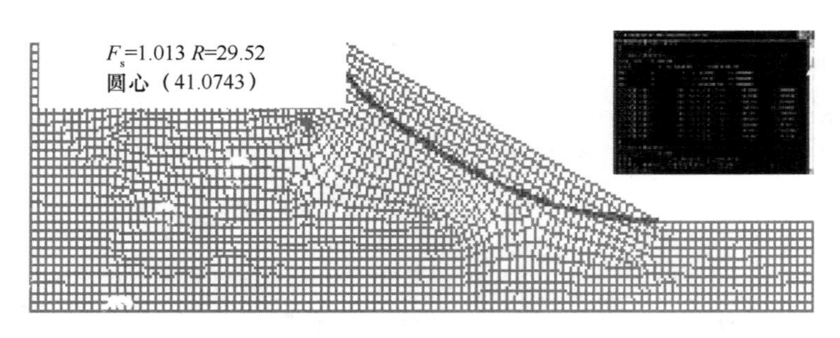

图 5.4.4　边坡计算结果示意图

根据本文所提出的方法，程序计算收敛时，滑入点和滑出点相邻粒子的最大距离分别为 4.91e-2 和 4.12e-2（m），搜索出最小安全系数为 1.013。结果表明，计算所得安全系数与推荐值比较接近，临界滑动面位置也基本一致，其原因在于两种方法均以极限平衡理论为基础，且所选算例为不考虑开挖卸载等施工活动的均质土坡，从而验证了方法的可行性。

5. 工程应用研究

某滑坡位于沟谷顶部斜坡地带，坡度 25°～45°之间。该滑坡整体形态在平面上呈不规则的椭圆形，如图 5.4.5 所示。滑坡沿路线长约 80～120m，沿路线方向宽约 200～300m，后缘海拔 2700.00～2783.29m，前缘海拔为 2630～2635m，相对高差为 70～150m，主要以崩坡积的（混砾）黏土、土夹石、块石等分布为主，滑坡体平均厚度约 15m，滑坡体的总方量约 38 万 m^3。

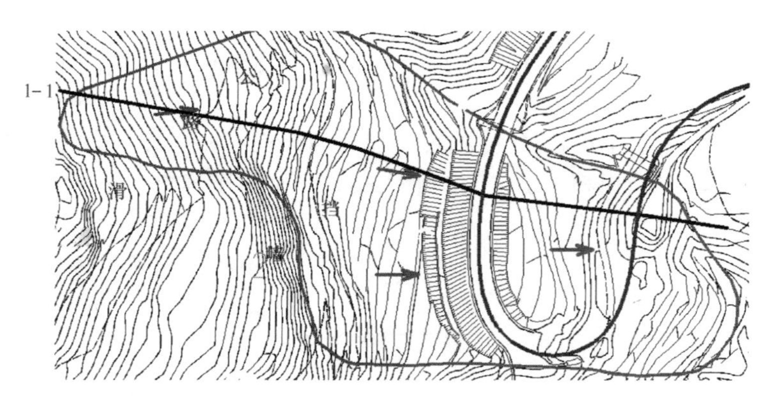

图 5.4.5　滑坡体分布

滑坡体所处地方的地形较陡，而且在道路开挖形成的临空面，导致斜坡在重力作用下形成剪切破坏危害；由于雨季连续几天的强降雨，挡墙开裂滑塌，随后的挡墙重建与基坑开挖，进一步加剧了边坡滑塌。如果该滑坡出现进一步失稳，将会严重影响滑坡下方小村庄人民的安危。至 2011 年 6 月底，滑坡体的后缘主要沿土石界面，即崩坡积堆积层与后缘基岩分界面已经形成拉裂变形迹象，后缘沿基岩陡坎形成贯通，局部沿陡坡面形成拉裂变形破坏，滑坡前缘沿路面段发生塌陷、拉张变形破坏，局部存在高差约 0.5m 的台坎，拉张裂缝宽约 10～50cm。前缘紧邻路基开挖段存在坍塌变形破坏，滑坡体中部无明显拉裂变形破坏。

取滑坡体后缘有裂缝及错动台坎、前缘剪出特征明显的典型边坡剖面 1-1（图 5.4.6），建立相应的地质模型。模型范围确定为：X 方向取 0－300.9m，Y 方向取 0－180.8m，底高程取为 0m。模型采用四结点单元划分，单元数 3061 个，节点数 6412 个，各单元的平均尺寸 5m，模型见图 5.4.6。模型底部边界条件的设置为竖直约束，竖直方向施加重力荷载，两侧边界采用水平向约束。

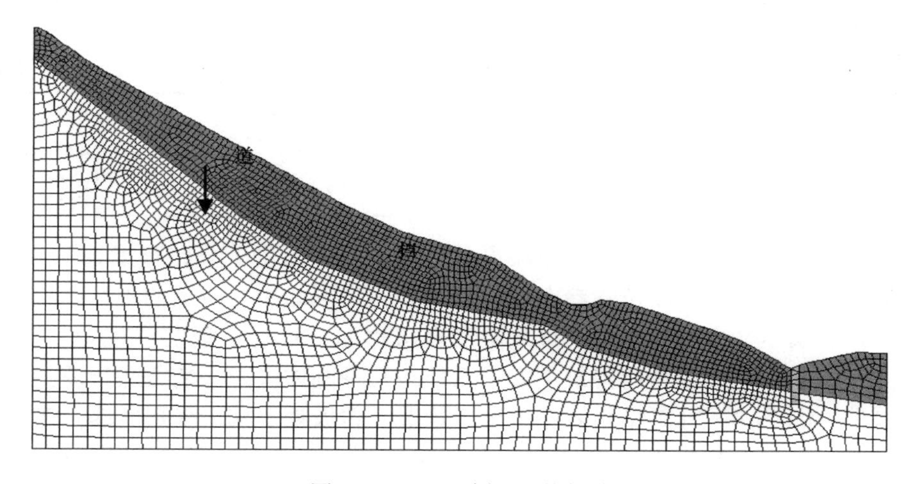

图 5.4.6　1-1 剖面网格划分

滑坡区根据勘察报告结果以及钻孔资料显示，滑动面全部处于土层最上层第四系崩坡积层。第四系崩坡积层主要以黏土、块石、土夹石、含砾黏土等分布为主。黏土呈可塑状，土质松散，分布不均匀，局部夹碎块石，块石、滚石等呈不均匀分布，厚度变化较大，黏土及碎石充填，稳定性差异变化大，岩性差异变化较大，分布不均匀，强度变化较大，局部夹黏土层，压缩性大，稳定性差。根据实地勘察报告的数据结果，确定崩坡堆积层物理力学参数，其值见表 5.4.2。

物理力学参数取值　　　　表 5.4.2

天然容重 (kN/m³)	饱和容重 (kN/m³)	天然		饱和	
		C（kPa）	φ/（°）	C（kPa）	φ/（°）
19.1	22.5	26.9	25.0	25.8	23.9

根据公路施工阶段以及滑坡体裂缝情况将计算工况分为三种情况：

工况Ⅰ：道路开挖施工至 2011 年 6 月初，现场勘察发现滑坡后缘出现小型拉张裂缝，滑坡处于蠕滑阶段。计算上层岩土体取天然土体参数。

工况Ⅱ：2011 年 6 月初至 2011 年 6 月底，现场天气降雨频繁，滑坡体土体湿润，计算上层岩土体参数取饱和土体参数。

工况Ⅲ：2011 年 6 月底至挡墙开挖结束，现场勘察发现路床表面及挡墙左侧原地表开裂现象加剧。考虑施工阶段气候湿润，上层岩土体参数选取饱和土体参数；挡土墙部分网格考虑挡土墙开挖至堆积土层下方的坚硬岩石，因此赋其为空单元计算。

根据本文所提出的方法，对该典型边坡进行自重应力计算获得应力场后，采用粒子群优化理论控制位于滑移面后缘滑移范围和前缘剪出区域的滑出点与滑入点，以均分逼近法控制滑面半径，进行最危险滑移面位置搜索。其中，PSO 算法中相关参数设置为：粒子个数 20；ω=0.5、$c_1=c_2$=2；算法停止条件为最大迭代次数 200。图 5.4.7 是 1-1 剖面全局搜索得出的最危险滑面搜索图，图 5.4.8 是控制滑出点范围在道路和挡墙之间的次危险滑面搜索图。表 5.4.3 为 1-1 剖面天然工况下上部剪出口一不同计算方法分析所得的最小安全系数。

不同方法计算的安全系数 **表 5.4.3**

计算方法	Bishop	Janbu	Spencer	M-P	本文方法
最小安全系数	1.072	1.014	1.066	1.066	1.032

从图 5.4.7 可知，三种工况下，边坡最危险潜在滑移面位于公路施工处。从图 5.4.8 可知，边坡次危险潜在滑移面位置趋向于挡土墙处。与图 5.4.9 所示的现场踏勘发现的滑坡迹象吻合，表明本文方法搜索出的最危险潜在滑移面位置与工程实际较为吻合。此外，从表 5.4.3 亦可知，本文计算所得最小安全系数与几种刚体极限平衡方法计算最小安全系数具有一致性。图 5.4.7 计算结果表明工况Ⅰ情况下边坡处于蠕滑变形状态，工况Ⅲ情况下边坡前缘路床表面及挡墙左侧原地表开裂现象加剧，这亦与实际工程状态相一致。因此，此处所提出的搜寻方法可准确的确定出最危险滑移面和最小安全系数。

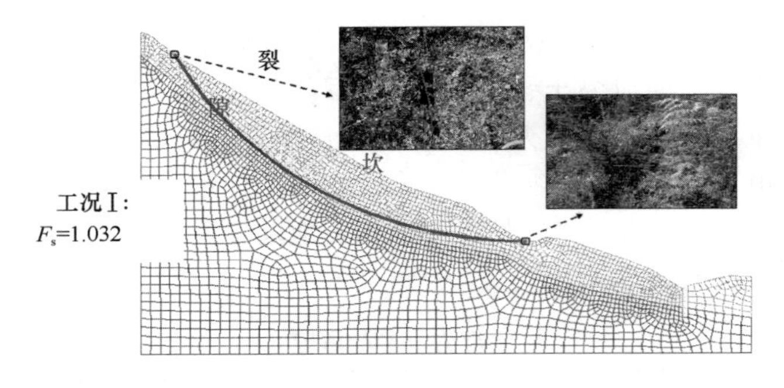

图 5.4.7　最危险滑面搜索图

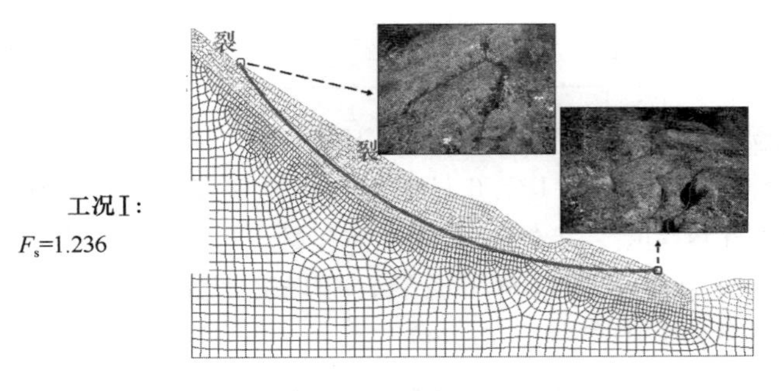

图 5.4.8　次危险滑面搜索图

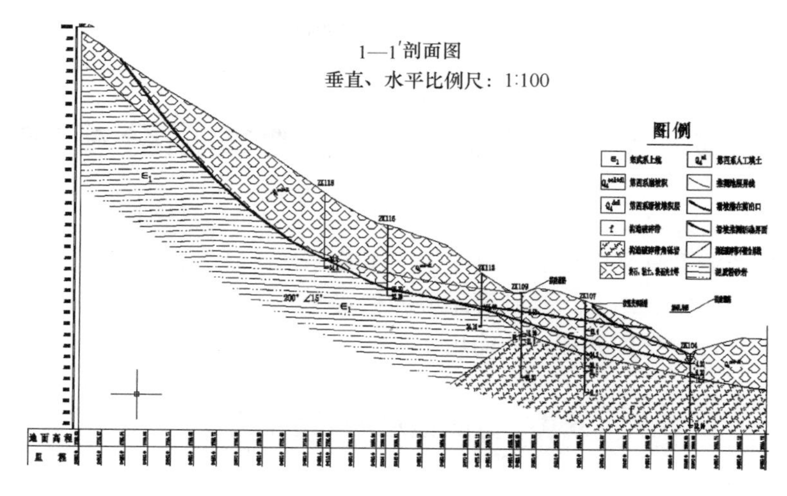

图 5.4.9　现场勘察剖面图

6. 方法小结

本文以数值计算结果为基础，采用粒子群优化理论进行边坡数值极限平衡分析，得到结论如下：

（1）基于数值计算所得应力场，采用粒子群优化理论控制滑移面后缘范围和前缘剪出区域的滑出点与滑入点，以均分逼近法控制滑面半径，分析边坡内潜在危险滑移面位置及安全系数的方法，克服了刚体极限平衡分析不满足应力变形协调条件的缺陷，摆脱了传统滑入点和滑出点需要处在网格节点的限制。相较于传统的中心圆弧搜索滑面的方法，其收敛速度快。

（2）对典型边坡剖面进行边坡稳定性分析，其搜索结果表明所得最危险滑移面与工程实际踏勘所得结果较为吻合，最小安全系数亦与边坡工程实际状态相符，证明了所提方法的正确性。

（3）提出的最危险滑移面搜索和最小安全系数计算方法可扩充应用到土钉、锚杆、锚索等支护边坡稳定性计算及优化设计中，从而更好地解决复杂应力状态下的边坡稳定性分析与评价。

5.5 本 章 总 结

极限平衡法是岩土工程最经典的理论方法，具有使用方便、简单可靠的特点，但是刚体极限平衡假定整体处于极限平衡状态是不符合事实的，因此针对不同的工程，需要针对极限平衡法进行一定的修正。

而考虑变形协调的极限平衡有限元法就要合理得多，但同时也带来了计算不方便的困难。如果能把各种方法综合对比，无疑对判断工程稳定更有意义。

第6章　岩土工程变形监测数据分析方法

岩土工程的监测数据来源广泛，反映岩土工程在某一阶段、某一因素影响下的变形趋势，从中可以判断边坡、洞室、基础等工程的稳定性。但监测的变形不代表实际工程产生的变形，因此必须进行数据处理，才能用于工程判断分析。

6.1　监测信息的异常识别

变形监测得到的数据，需要进行一些预处理，其中一项很重要的工作就是异常测值的识别。边坡变形监测中出现的异常值有时往往蕴含着潜在的、新颖的、有价值的信息，甚至关乎边坡的安全。如何识别变形监测时序中异常的测值，并进行真伪鉴别，对其产生的原因进行分析，从而判断边坡变形状况，以保证边坡安全。下面先介绍异常值的基本概念和对其进行判别的一些基本原则。

1. 异常值及其识别原则

变形监测过程中出现的异常数据大致可分为两类情况：一类是测量原因产生的粗差；如观测（如观测者不仔细、仪器不稳定等）而引起的误差、系统误差、偶然误差（也称随机误差），这类误差主要由于仪器使用不当、人为疏失、误读误记等原因造成。另一类则是被观测的对象本身发生的显著变形体现出的观测数据的异常，可称为异常值。在边坡变形监测中，对异常值的准确识别尤为重要。对第一类情况，应尽量避免并及时的识别并从观测数据中剔除；针对第二种情况，需要结合边坡施工或者外界环境的变化等实际情况，判别产生的原因，专门加以研究。

（1）对于边坡变形观测，异常值进行识别有以下几条原则：

1）非单点原则。边坡岩体的破坏不会是孤立的一个点，而是有一定范围和边界，在此范围内的测点的变形规律会表现出一定的相关关系。在诊断某个点的异常测值时，要联系相邻测点的变形规律。仅仅表现为某个测点的异常，往往并非被观测体的自身变形异常所致。

2）一致性原则。变形破坏的相应量的变化通常遵循一定的规律；若是矢量，还应保持一定的方向性。对于忽大、忽小，方向零乱的异常值，常常是不稳定的先兆，需要加以重视，分析其成因。

3）累进性原则，即结构和岩土体的变形破坏通常有一个发生、发展的过程，其响应多表现为渐进性和递进性。若单独、偶然的异常，则由差错引起的可能性较大。

4）合理性原则。每一边坡都有一定的物质组成和赋存环境，在一定的外界条件，有其特定的响应特征，并在变形上会表现出来，如变形的方向、形式呈现出特有的规律性，并且这些规律人们已经有了定性的认识。如出现的异常测值与这些规律不一致时，应注意排除差错异常的可能。

一般来说，异常测值对边坡变形趋势的分析、稳定性态的评价等都有着直接的影响。因此，采集监测资料的同时，应对其中的异常测值进行判别和处理，去伪存真，确保变形分析和处理的工作建立在可靠数据之上。异常测值的错判或是漏判，都会对边坡变形趋势的分析和稳定安全评价带来严重的影响。对边坡安全监测资料中异常测值进行判断和处理，有利于使分析工作建立在可靠的数据基础上，为准确、客观地评价边坡安全状态提供了保障。异常测值产生的具体原因复杂，正确而及时的判别和处理显得更为重要，并构成边坡安全监控一个重要的研究内容。

（2）在实际应用中可根据上述原则采用相应的方法对监测数据进行预处理。通常处理异常值的方法有：

1）经验判断和逻辑分析，即根据常识和专家经验，绘制监测效应量的过程线，看是否存在明显的尖点。如存在，则看该测值是否超出了物理意义允许的范围。比如变形是否过大，超出了一般规律。对超出物理意义范围的测值，判其为异常测值并予以剔除。如该测值在物理意义范围内，则根据经验并结合原始记录，判断其是否属于疏失误差。如能确定，则判其为异常测值予以剔除。如不能确定该测值属于疏失误差，则标记为可疑测值，结合相邻点的测值情况和环境量变化情况及地质结构等进行综合分析。这种方法主要适用于对相对明显的异常测值的辨识。

2）数学模型方法，即基于观测资料，考虑影响因素的作用，建立数学模型。这种方法既可以对测值是实际的异常测值还是特殊的正常测值进行判断。

3）统计分析，即对监测效应量测值系列中的数据进行统计处理，采用统计法检验出观测数据中的粗差。通常是假定观测数据服从某种概率分布，然后进行顺序排序，根据排序后的数据构成各种统计量（如 Grubbs 统计量、ESD 统计量、Dixon 统计量等）来辨识异常信息。监测数据中的异常值往往使统计分布难以确定甚至超出一般统计规律，而且不同阶段的监测数据的差别也较大。统计分析方法主要适用于对异常测值的检验。

（3）目前，边坡变形监测资料的预处理中的异常测值的处理还主要是依据经验进行初步分析和判断，根据监测数据进行统计模型建立来进行异常值的检验。常用的统计方法在应用上有其特有的优势，也有着一些应用上的一些局限：

1）数据序列要服从某种特定分布，异常值的识别准则多只适用于正态分布的情况。

2）其处理方法都基于统计理论，不涉及具体量测过程，不能对实际工程测量中存在的大量不具有统计规律的数据进行及时的处理。

3）对于现代复杂变形观测数据的误差分析，有时也会出现“弃真”或“存伪”的情况。所处理的观测数据，没考虑动态、多分布的误差处理和描述。

4）没有变形的数据的时序性，仅仅把观测数据作为静态数据来处理。

因此，对边坡变形监测数据进行异常识别，要考虑到边坡变形监测数据的时序性，采用时间序列分析的异常识别方法来加以研究。

2. 监测数据时间序列的“异常”识别方法

变形监测数据是一个时间性很强的数据序列。它的一个重要特点是具有时间属性，序列值之间存在严格的顺序，是一种有序的数据。目前关于时间序列的异常，并没有一个严格的公认的定义，许多研究者提出了不同的时间序列异常定义。从其表现形式来分，时间序列的异常大致可分为三种：序列异常、模式异常、点异常。

序列异常是指在时间序列数据集中与其他时间序列显著不同的、来源于不同产生机制的时间序列。模式异常是在一条时间序列上与其他模式存在显著差异的、具有异常行为的模式。点异常是指在一条时间序列上与其他序列点存在显著差异的、具有异常特征的序列点。

变形监测中出现的异常往往是点的异常，是测值的突变，反映在变形的数值，主要是由于施工过程中外界环境和条件发生改变，从而引起的数据点的突然变大（小）的变形趋势。

从统计学的角度来看，变形监测时间序列的异常突变，其表现形式为变形数据从一个统计特性到另一个统计特性的变化。而异常的出现往往预示着边坡变形外界因素触发先于内在性质的改变。所以，在安全监测分析中，变形时间序列的异常值的识别是一项很有价值的工作。

此处采用几种时间序列“异常”即突变值进行识别的方法（滑动 t-检验法、Yamamoto 法、Mann-Kendall 法），就典型外观变形和深部位移的变形时间序列加以研究，对变形观测数据中的有无异常突变进行识别，并对产生的原因进行初步的分析。

（1）滑动 t-检验法

滑动 t-检验法是通过考察子序列的样本均值有无显著差异来检验异常。对于总样本量为 n 的序列 $\{x_n\}$，设置某一时刻为基准点，取前后长度分别为 n_1、n_2 的两子序列 $\{x_{n1}\}$，$\{x_{n2}\}$（一般取 $n_1=n_2$），进行连续的滑动计算，得到 t 的统计量序列。给定显著性水平 α、确定临界值 t_α，若 $|t|<t_\alpha$，则认为基准点前后的两子序列均值无显著差异，反之则认为在基准点时刻出现异常。t 的统计量计算公式为：

$$t=\frac{\overline{x}_{n1}-\overline{x}_{n2}}{S\cdot\sqrt{\frac{1}{n_1}+\frac{1}{n_2}}} \tag{6.1.1}$$

$$S=\sqrt{\frac{n_1s_1^2+n_2s_2^2}{n_1+n_2-2}} \tag{6.1.2}$$

其中，$\overline{x}_{n1}$、$\overline{x}_{n2}$分别为两子序列 $\{x_{n1}\}$、$\{x_{n2}\}$ 的序列样本均值，而 s_1、s_2 分别为两子序列 $\{x_{n1}\}$、$\{x_{n2}\}$ 的标准差。

（2）Yamamoto 法

Yamamoto 法是气象、水文等序列突变分析中常用方法之一。考虑时间序列是信息与噪声两部分组成的。通过信息和噪声的比值变化来分析和识别异常。设置某一时刻为基准点，取前后长度分别为 n_1、n_2 的 $\{x_{n1}\}$，$\{x_{n2}\}$（一般取 $n_1=n_2$），连续设置基准点，滑动计算各区域的信噪比，得到信噪比（SNR）序列。当 $SNR>1.0$，则认为有异常发生；当 $SNR>2.0$ 时，则认为有强异常发生。

$$SNR=\frac{|\overline{x}_{n1}-\overline{x}_{n2}|}{s_1+s_2} \tag{6.1.3}$$

其中，$\overline{x}_{n1}$、$\overline{x}_{n2}$分别为两子序列 $\{x_{n1}\}$、$\{x_{n2}\}$ 的序列样本均值，而 s_1、s_2 分别为两子序列 $\{x_{n1}\}$、$\{x_{n2}\}$ 的标准差。

（3）Mann-Kendall 法（M-K 法）

Mann-Kendall 方法是趋势检验的一种有效方法。Mann-Kendall 法则是一种非参数统计检验方法，其特点是不需要样本遵从一定的分布，也不受少数异常值的干扰，计算比较方便。

对于具有 n 个样本量的时间序列 $\{x_n\}$，构造一秩序列 $\{s_k\}$：

$$s_k = \sum_{i=1}^{k} r_i, k = 2,3,\cdots n \tag{6.1.4}$$

式中，$r_i = \begin{cases} 1, x_i > x_j \\ 0, \text{其他} \end{cases} \quad j = 1,2,\cdots n$

秩序列 $\{s_k\}$ 的均值和方差可由下式求得：

$$E(s_k) = \frac{k(k-1)}{4}, Var(s_k) = \frac{k(k-1)(2k+5)}{72}, k = 2,3,\cdots n \tag{6.1.5}$$

假设时间序列随机独立，定义统计量：

$$Uf_k = \frac{(s_k - E(s_k))}{\sqrt{Var(s_k)}} (k = 1,2,\cdots,n) \tag{6.1.6}$$

其中，$Uf_1=0$

Uf_k 为标准正态分布，它是按时间序列计算出的统计量序列，给定显著性水平 α，若 $|Uf_k|>U_\alpha$，则表明序列存在明显的趋势变化。按时间序列逆序，再重复上述过程，同时使 $k=n$，$n-1$，…，2，1，统计量记为 Ub_k、$Ub_1=0$。分别绘出的 Uf_k，Ub_k 曲线中，若 Uf_k、Ub_k 的值大于0，表明序列呈上升趋势；小于0则表明呈下降趋势。当它们超过临界线时，表明上升或下降趋势显著。超过临界线的范围确定为出现异常的时间区域。若 Uf_k、Ub_k 的曲线出现交点，且交点在临界线之间，那么交点对应的时刻便是发生异常的时间。

位移观测数据的异常分析实例：

某工程边坡采用多点式位移计观测深部变形，得到边坡内部变形的性状和发展趋势，对多点位移计的观测数据的异常识别显得尤为重要。选取某边坡Ⅰ区（缆机平台基础上）的四点式位移计 2006－8－12～2008－3－20 之间的观测数据，多点位移计按照监测要求，观测周期为1周1次，共83个（具体见表6.1.1）。M_3^4-1，M_3^4-2，M_3^4-3，M_3^4-4 测点距离孔口的距离分别为 8.0、18、31.2、48.7m，反映了边坡坡体内不同水平深度的变形值。应用滑动 t-检验法、Yamamoto 法、Mann-Kendall 法对边坡内观测数据进行异常识别和分析，并综合分析各种方法的结果，判断有无异常的变形。

多点位移计观测数据　　**表6.1.1**

<table>
<tr><td rowspan="5">周次</td><td>四点式位移计
测点自编号</td><td>测点距孔口
(m)</td><td colspan="3" rowspan="5">仪器埋设部位：Ⅰ区</td></tr>
<tr><td>M_3^4-1</td><td>8.0</td></tr>
<tr><td>M_3^4-2</td><td>18.0</td></tr>
<tr><td>M_3^4-3</td><td>31.2</td></tr>
<tr><td>M_3^4-4</td><td>48.7</td></tr>
<tr><td></td><td>观测日期</td><td>1号锚点位移
(mm)</td><td>2号锚点位移
(mm)</td><td>3号锚点位移
(mm)</td><td>4号锚点位移
(mm)</td></tr>
<tr><td>1</td><td>2006-08-12</td><td>3.54</td><td>7.76</td><td>7.55</td><td>−3.43</td></tr>
<tr><td>2</td><td>2006-08-18</td><td>6.72</td><td>9.68</td><td>9.67</td><td>−1.24</td></tr>
</table>

续表

	观测日期	1 号锚点位移 (mm)	2 号锚点位移 (mm)	3 号锚点位移 (mm)	4 号锚点位移 (mm)
3	2006-08-23	7.65	11.02	10.64	−0.08
4	2006-09-01	8.30	12.21	11.67	1.16
5	2006-09-09	9.10	13.25	12.68	2.24
6	2006-09-16	10.16	14.63	14.18	3.56
7	2006-09-23	10.12	14.56	14.09	3.47
8	2006-10-01	9.97	14.49	13.96	3.39
9	2006-10-08	9.92	14.75	14.34	3.69
10	2006-10-15	10.17	15.03	14.70	4.01
11	2006-10-23	10.23	15.06	14.76	4.09
12	2006-10-30	10.31	15.40	15.09	4.35
13	2006-11-08	10.39	15.53	15.19	4.51
14	2006-11-15	10.51	15.67	15.30	4.62
15	2006-11-23	10.63	15.78	15.40	4.74
16	2006-11-30	10.66	15.90	15.43	4.75
17	2006-12-07	10.69	15.97	15.56	4.83
18	2006-12-14	10.95	16.26	15.96	4.94
19	2006-12-21	10.98	16.32	16.06	5.02
20	2006-12-28	10.76	16.19	15.84	5.12
21	2007-01-04	10.54	15.96	15.65	4.88
22	2007-01-11	10.83	16.09	15.72	5.25
23	2007-01-19	10.72	16.08	16.22	5.38
24	2007-01-25	11.04	16.35	16.52	5.56
25	2007-02-01	11.07	16.76	16.58	5.73
26	2007-02-08	11.10	16.60	16.49	5.56
27	2007-02-15	10.93	16.53	16.42	5.63
28	2007-02-22	10.92	16.59	16.53	5.60
29	2007-03-01	10.81	16.67	16.52	5.65
30	2007-03-08	11.11	16.90	16.65	5.75

续表

	观测日期	1号锚点位移(mm)	2号锚点位移(mm)	3号锚点位移(mm)	4号锚点位移(mm)
31	2007-03-15	11.12	16.91	16.67	5.77
32	2007-03-22	10.48	16.70	16.54	5.63
33	2007-03-29	10.46	16.47	16.50	5.60
34	2007-04-05	10.40	16.42	16.46	5.58
35	2007-04-12	10.61	16.55	16.79	5.64
36	2007-04-19	10.69	16.77	16.94	5.77
37	2007-04-26	10.61	16.59	16.80	5.71
38	2007-05-03	10.70	16.89	16.87	5.81
39	2007-05-10	10.53	16.88	16.72	5.68
40	2007-05-17	10.44	16.55	16.65	5.66
41	2007-05-25	10.48	16.59	16.68	5.73
42	2007-05-31	10.54	16.93	16.71	5.71
43	2007-06-07	10.21	16.69	16.65	5.78
44	2007-06-14	10.44	16.85	17.01	5.75
45	2007-06-21	10.20	16.66	16.78	5.76
46	2007-06-28	10.39	16.94	17.08	5.84
47	2007-07-05	10.32	17.02	17.08	5.74
48	2007-07-12	10.36	16.51	17.14	5.89
49	2007-07-19	10.51	16.46	17.07	5.81
50	2007-07-23	9.63	16.51	16.94	5.94
51	2007-07-30	10.10	16.91	17.19	5.86
52	2007-08-06	10.31	16.77	17.17	5.91
53	2007-08-13	10.18	16.78	17.24	5.95
54	2007-08-20	10.13	16.76	17.31	5.92
55	2007-08-30	10.15	16.84	17.37	6.04
56	2007-09-06	10.18	16.80	17.24	5.99
57	2007-09-13	10.20	16.89	17.28	6.11
58	2007-09-20	10.02	16.76	17.33	6.17

续表

	观测日期	1号锚点位移（mm）	2号锚点位移（mm）	3号锚点位移（mm）	4号锚点位移（mm）
59	2007-09-27	10.21	17.04	17.79	6.12
60	2007-10-04	10.09	17.07	17.78	6.32
61	2007-10-11	9.94	17.02	17.65	6.30
62	2007-10-18	10.02	17.03	18.07	6.24
63	2007-10-25	10.25	17.30	18.30	6.42
64	2007-11-01	10.11	17.40	18.12	5.47
65	2007-11-08	10.02	17.41	18.44	6.45
66	2007-11-15	10.29	17.61	18.63	6.68
67	2007-11-22	10.23	17.68	18.51	6.58
68	2007-11-29	10.36	17.76	18.80	6.67
69	2007-12-06	10.19	17.95	18.67	6.64
70	2007-12-13	10.24	18.01	18.69	6.68
71	2007-12-20	10.49	18.31	18.90	7.25
72	2007-12-27	10.62	18.46	19.30	7.43
73	2008-01-03	10.35	18.17	19.06	7.23
74	2008-01-10	10.53	18.30	19.28	7.27
75	2008-01-17	10.53	18.31	19.27	7.30
76	2008-01-24	10.52	18.31	19.25	7.33
77	2008-01-31	10.52	18.33	19.24	7.35
78	2008-02-07	10.39	18.24	19.28	7.31
79	2008-02-14	11.31	18.19	19.24	7.15
80	2008-02-21	10.58	18.45	19.60	7.53
81	2008-03-06	10.74	19.06	19.73	8.52
82	2008-03-13	10.80	19.29	19.84	8.87
83	2008-03-20	10.24	18.50	19.19	8.19

利用滑动t-检验法，$n=83$，考虑到边坡变形的时效特性，不宜取过大的子序列长度，取$n_1=n_2=4$。显著性水平设定为$\alpha=0.01$，查相应表格数据得自由度$v=n_1+n_2-2=6$，t值为±4.604，图6.1.1虚线表示的M_3^4-1、2、3、4四个测点的是t-检验法随时间的t值变化图，虚线为$\alpha=0.01$显著性水平临界值，实线表示的是不同时间段的t值。

Yamamoto法（图6.1.2），同样取子序列$n_1=n_2=4$，显著性水平设定为$\alpha=0.01$，对应的信噪比值（SNR）分别为2.302、4.305。

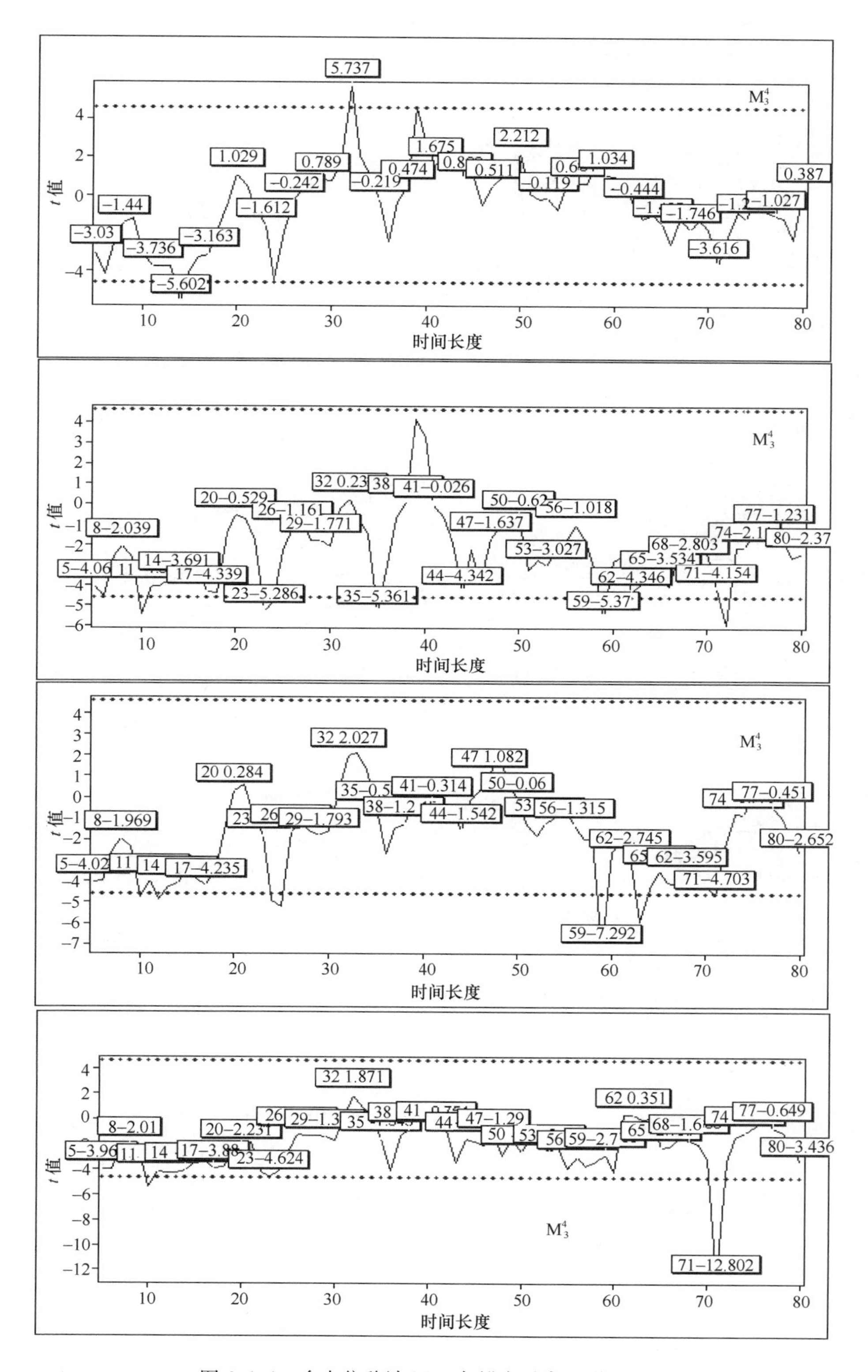

图 6.1.1　多点位移计 M43 各锚点异常识别曲线图

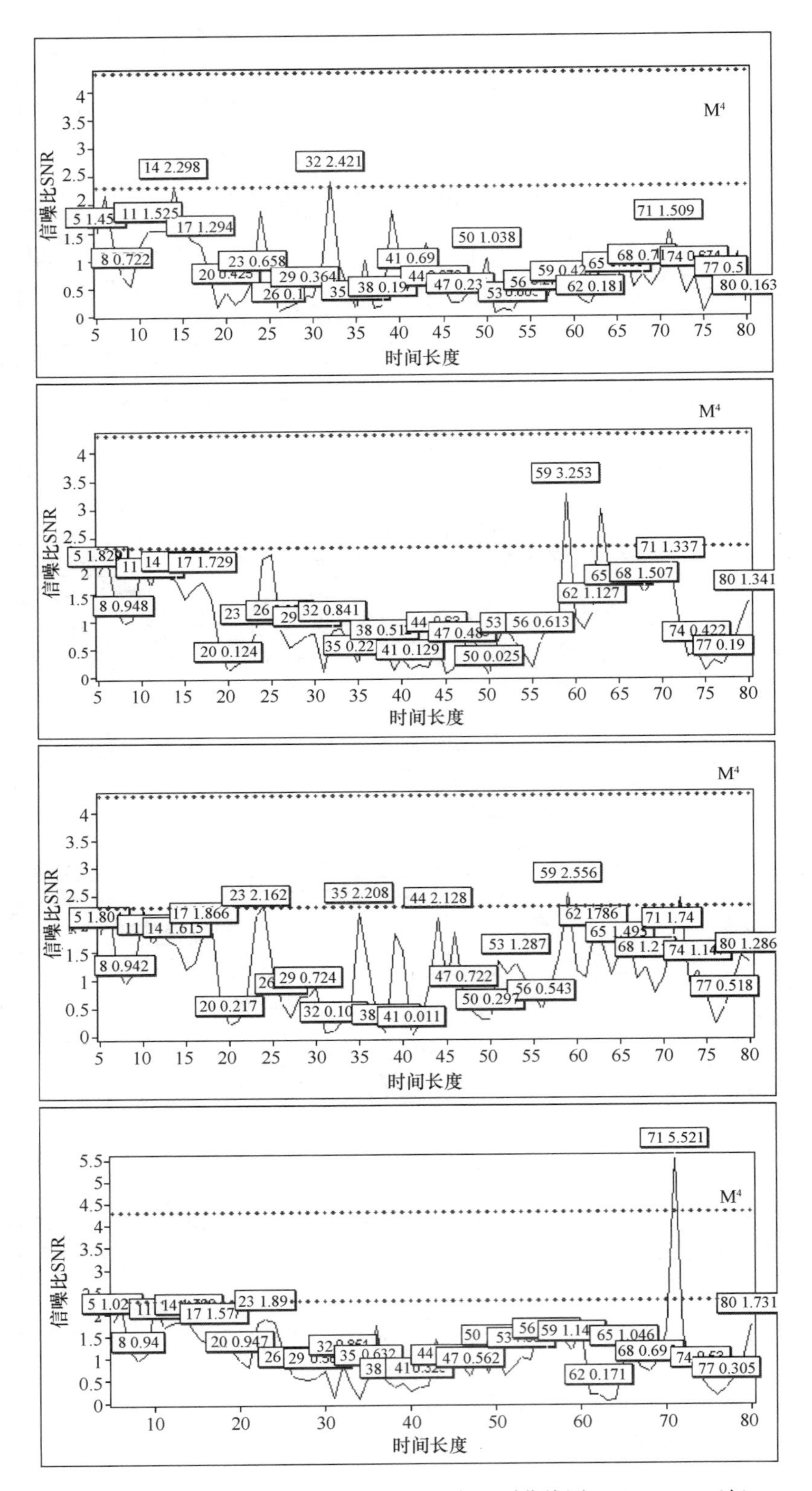

图 6.1.2　多点位移计 M43 各锚点异常识别曲线图（Yamamoto 法）

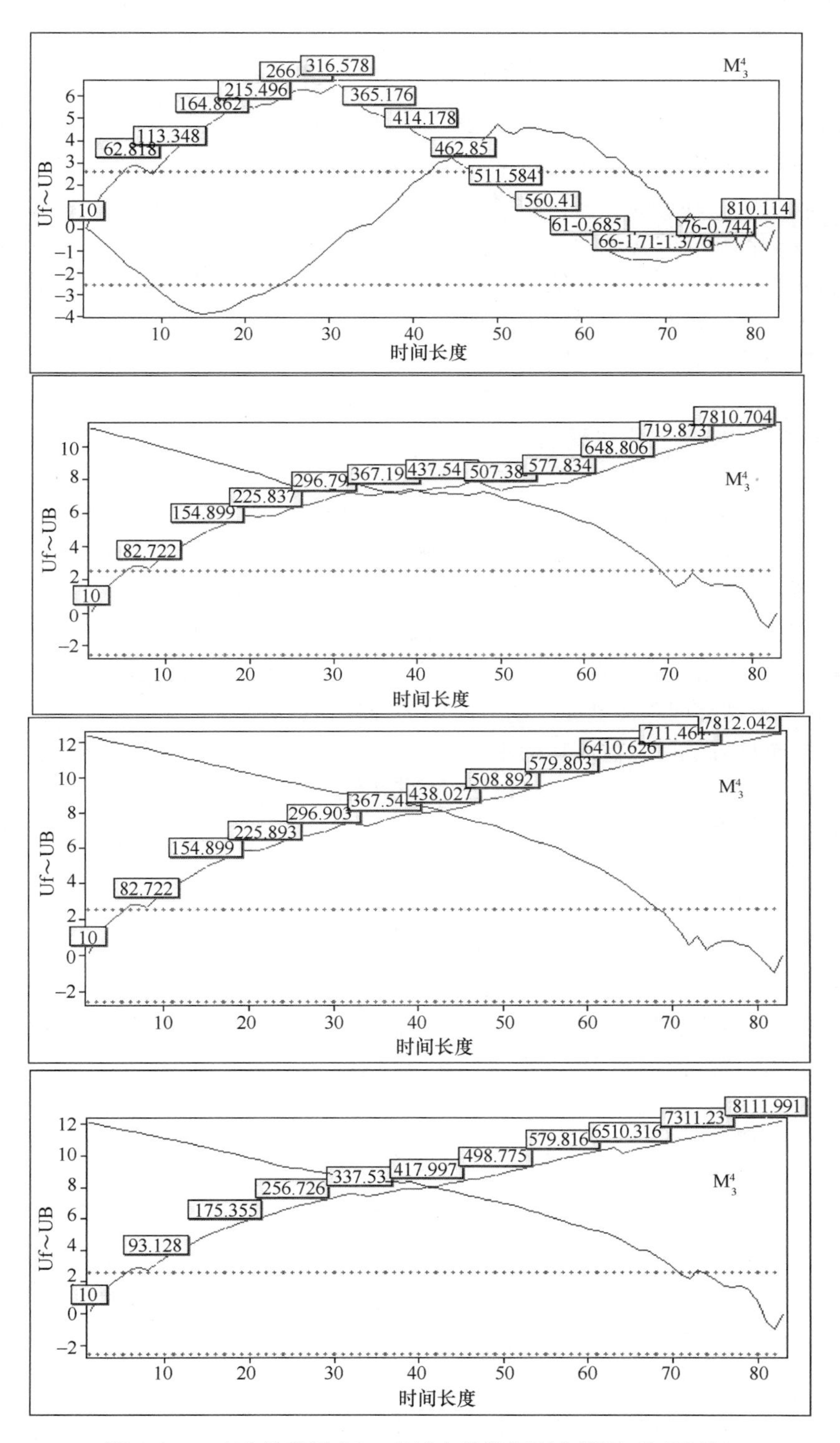

图 6.1.3　多点位移计 M43 各锚点异常识别曲线图（M-K 法）

M-K 法（图 6.1.3）的子序列 $n_1=n_2=4$，显著性水平设定为 $\alpha=0.01$，对应的 UF= 2.576，UB=－2.576。

从滑动 t-检验法、Yamamoto 法的曲线图看；M_3^4-1 在第 32 周次有个略大于临界线的异常点，M_3^4-2 在第 59，72 周次有临界线的异常点，M_3^4-3 在第 59 周次有大于临界线的异常点，M_3^4-4 在第 71 周次有临界线的异常点。从 M-K 法的异常识别曲线图看，除 M_3^4-1 上升趋势有所波动外，其余锚点的位移值是一个逐步上升的趋势，从趋势看，比较平缓。

综合来看，各锚点的变形异常点的发生时间并不具备一致性。从锚点的变形值的绝对大小看，相邻时间的位移变形差值较小。对此异常点，在排除错误测值的情况下，并不需要作剔除处理。视为正常态的异常值处理。

从方法应用角度看，在上述时间点上，位移变形确实发生了差异变化。也说明了方法的可行性。

3. 异常测值的支持向量机识别方法

统计分析方法来识别异常，常需要的是时间序列的本身是一个遵循某种分布，而且统计方法往往需要较大的样本量。对于小样本容量的数据，统计分析方法往往并不适用。一个可行的方法就是数学模型方法，即基于观测资料，考虑影响因素的作用，建立数学模型，给定一个置信区间，通过分析模型计算值和实测值的差别来进行异常的判断。

（1）通常来说，基于训练模型的异常检测算法则必须满足以下两个条件：

1）通过对时间序列的所有正常行为进行学习，建立正确的训练模型；

2）能够区分异常训练模型能够随着时间的推移动态更新。

（2）支持向量机最近已被成功的用来函数估计问题，它是一种依据统计学习理论和结构风险最小化原理的新型学习机，可以以任意精度逼近一类函数，且不存在局部极小值和维数灾问题，泛化能力强。

1）算法描述

由 Takens 定理，假设已有的位移时间序列 $\{x_t \mid = 1,2,\cdots,q\}$，重构相空间后，用相点来描述：

$X_t = (x_t, x_{t-\tau}, \cdots, x_{t-(d-1)\tau})$，$d$ 为嵌入维数，τ 为延迟时间。

相点 X_t 之间的连线就是原系统在相空间中的演化轨迹，或者说 X_t 是原系统相应轨迹到 R^d 中的嵌入。由此得到 R^d 上系统的一个映射：

$$\phi: X_t \rightarrow X_{t+p} \quad (6.1.7)$$

$$R^d \rightarrow R^d$$

改写上式：

$$x_{t+p} = \varphi(x_t, x_{t-\tau}, \cdots, x_{t-(d-1)\tau}) \quad (6.1.8)$$

$$\varphi: R^d \rightarrow R \quad (6.1.9)$$

ϕ、φ 为重构相空间的预测函数，p 为向前预测步长。

高边坡变形非线性时间序列分析的问题即是，根据给定的位移序列 $\{x_t \mid t = 1, 2,\cdots q\}$，确定 ϕ、φ 的具体形式，从而来达到预测的目的。

将支持向量机用于高边坡变形非线性时间序列分析问题的求解，其本质就是一个函数估计的问题。

用于函数估计的支持向量机的一般提法：给定训练集 $\{X_i, Y_i\}$，式中 $X_i \in R^n$ 为输入，$R_i \in R^n$ 为输出，找出一个函数 φ，使之通过训练后，对于训练集以外的 X_i，通过 φ 找出对应的 Y_i。

2）训练集构造

$$x_{\mathrm{t+p}} = \varphi(x_{\mathrm{t}},\ x_{\mathrm{t-\tau}}, \cdots, x_{\mathrm{t-(d-1)\tau}}) \tag{6.1.10}$$

$$\varphi: R^d \rightarrow R$$

φ 为重构相空间的预测函数，d 为嵌入维数，p 为向前预测步长。

对 n 个位移时间序列 $\{x_{\mathrm{t}} \mid t = 1, 2, \cdots, q\}$ 构建训练集，将位移监测数据进行相空间重构，τ 延迟时间设为 1，然后将数据分成两部分，其中前 η 个数据用来训练数据，称之为训练数据集，其余 n-η 的数据用来验证预测有效性，称之为验证数据集。

依据上述思路，训练集可以表示为：

$$\text{输入值}\begin{bmatrix} x_1 & x_2 & \cdots & x_{\mathrm{d}} \\ x_2 & x_3 & \cdots & x_{\mathrm{d+1}} \\ \cdots & \cdots & \cdots & \cdots \\ x_{n-\mathrm{d}} & x_{n-\mathrm{d+1}} & \cdots & x_{n-1} \end{bmatrix}, \text{对应的输出值}[x_{\mathrm{d+1}}\, x_{\mathrm{d+2}} \cdots x_n]^{\mathrm{T}}$$

3）位移非线性序列的支持向量机预测

利用非线性映射将训练集非线性地映射到一个高维特征空间（H 空间），使得在输入空间中的非线性问题转化为高维特征空间中的线性问题。设函数具有如下形式：

$$f(x) = \omega^T \varphi(X_{\mathrm{k}}) + b,\ \omega \in R_{\mathrm{nh}},\ b \in R \tag{6.1.11}$$

式中 $\varphi(.): \mathrm{R_n} \in \mathrm{R_{nh}}$ 非线性函数将输入空间映射到一个高维特征空间，b 为偏置量。根据统计学习理论，函数估计问题就是寻找使下面函数最小的 $f(x)$。采用 ε 不灵敏损失函数，寻找使下面函数最小的 $f(x)$ 等价求解最优化问题：

$$\min_{\omega \in R^n, \xi^{(*)} \in R^{2t}, b \in R} \frac{1}{2} \| \omega \|^2 + C \cdot \frac{1}{l} \sum_{i=I}^{l} (\xi_i + \xi_i^*) \tag{6.1.12}$$

$$s.t.\ \omega^T \varphi(X_i) + b - Y_i \leqslant \varepsilon + \xi_i, i = 1, 2, \cdots, l$$

$$Y_i - \omega^T \varphi(X_i) - b \leqslant \varepsilon + \xi_i^*, i = 1, 2, \cdots, l$$

$$\xi_i, \xi_i^* \geqslant 0, i = 1, 2, \cdots, l$$

式中 $\| \omega \|^2$—描述函数 f 复杂度的项；ε—回归允许最大误差，用于控制回归逼近误差管道的大小，从而控制支持向量的个数和泛化能力，其值越大，则支持向量越少，但精度不高；常数 $C>0$—函数 f 的复杂度和样本拟合精度之间的折中，用于控制模型复杂度和逼近误差的折中，C 越大则对数据的拟合程度越高。

利用对偶原理、拉格朗日乘子法并引入核函数方法，上述优化问题的对偶形式如下：

目标函数

$$\min_{\alpha, \alpha^* \in R^l} \frac{1}{2} \sum_{i,j=1}^{l} (\alpha_i^* - \alpha_i)(\alpha_j^* - \alpha_j) k(x_i \cdot x_j) + \varepsilon \sum_{i=1}^{l} (\alpha_i^* + \alpha_i) - \sum_{i=1}^{l} y_i (\alpha_i^* - \alpha_i) \tag{6.1.13}$$

约束条件

$$\sum_{i=1}^{l} (\alpha_i - \alpha_i^*) = 0 \tag{6.1.14}$$

$$0 \leqslant \alpha_i, \alpha_i^* \leqslant \frac{C}{l}, i = 1, 2, \cdots, l \tag{6.1.15}$$

选择合适的 ε 和 C，以及适当的核函数。

求得最优解 $\bar{\alpha} = (\bar{\alpha}_1, \bar{\alpha}_l^*, \cdots, \cdots, \bar{\alpha}_l, \bar{\alpha}_l^*)^{\mathrm{T}}$。

偏置 b 可以通过 KTT 条件计算：

$$b = y_i - \sum_{i=1}^{l} (\bar{\alpha}_i^* - \bar{\alpha}_i)(x_i - x_j) \pm \varepsilon \tag{6.1.16}$$

最后构造决策函数，即拟合样本集的估计函数 $f(x)$ 的解析表达式

$$f(x) = \sum_{i=1}^{l} (\bar{\alpha}_i^* - \bar{\alpha}_i) k(X_{\mathrm{t}} - X_{\mathrm{lt}}) + \bar{b} \tag{6.1.17}$$

采用上式作为位移时间序列预测函数，t 时刻向前一步预测的表达式为：

$$\bar{x}_{\mathrm{t+1}} = \sum_{i=1}^{l} (\bar{\alpha}_i^* - \bar{\alpha}_i) k(X_{\mathrm{l}} - X_{\mathrm{lt}}) + \bar{b} \tag{6.1.18}$$

$t+1$ 时刻的相空间为：

$$X_{\mathrm{t+1}} = (\bar{x}_{\mathrm{t+1}}, x_{\mathrm{t}}, x_{\mathrm{t-\tau}}, \cdots, x_{\mathrm{t+1-(d-1)\tau}}) \tag{6.1.19}$$

向前 p 步的预测表达式为：

$$\bar{x}_{\mathrm{t+p}} = \sum_{i=1}^{l} (\bar{\alpha}_i^* - \bar{\alpha}_i) k(X_{\mathrm{l}} - X_{\mathrm{l(t+p-1)}}) + \bar{b} \tag{6.1.20}$$

其中，$X_{\mathrm{l(t+p-1)}} = (\bar{x}_{\mathrm{t+p-1}}, \bar{x}_{\mathrm{t+p-2}}, \ldots, \bar{x}_{\mathrm{t+1}}, \cdots, x_{\mathrm{(t+p-1)-(d-1)\tau}})$

4）异常点判别

对一个无异常数据的时间序列 $\{x_1, x_2, \cdots, x_n\}$ 进行支持向量机回归模型构建，进行下 l 个时间步的位移计算，得到下 l 步估计值 $\hat{x}_{n+1}, \hat{x}_{n+2}, \cdots, \hat{x}_{n+l}$。判定时间序列中是否有异常数据，可以通过下式进行比较，也即需满足的条件为：

$|\delta_i| = |x_{n+i} - \hat{x}_{n+i}| > 2S$，轻度异常；$|\delta_i| = |x_{n+i} - \hat{x}_{n+i}| > 3S$，异常。其中，$S = \sqrt{\frac{1}{l}\sum_{i=n+1}^{n+l}(x_i - \bar{x})^2}, \bar{x} = \frac{1}{l}(x_{n+1} + x_{d+2} + \cdots + x_{n+l})$，则判定是异常值。

若发现异常则判定其原因，如果不是错误测值，不予以删除，重新构建训练样本集，再对下一个数据进行分析。如此，则可以实现在线实时发现新颖事件。

5）实例分析

以上节中 TP6 测点为例。选 1～11 个测次的数据用来构建训练的样本，在 Matlab 平台上编写 SVM 程序来计算后 5 个时刻的估计值。结果如表 6.1.2 所示。

SVM 模型估计值和误差结果 **表 6.1.2**

测次	日期	位移值（mm）	估计值（mm）	绝对误差（mm）
12	2006-11	16.5	13.6	2.9
13	2006-12	14.1	14.8	−0.7
14	2007-1	15.9	16.0	−0.1
15	2007-2	18.3	16.3	2.0
16	2007-3	26.4	16.5	9.9

计算得到 $S=4.7$，可以看出，第16个测次的预测误差大于 $2S=9.42$，小于 $3S=14.13$，认为第16个数据值有轻度异常。这一结果和上节统计分析方法的结果一致。

6.2 基于变形监测的统计回归建模研究

1. 变形监控模型中各因素的描述

(1) 时效因素

变形时效因素用 $\ln t$，t 的组合来表示：

$$y_{\varepsilon}(t)=c_0+c_1\ln t+c_2 t \tag{6.2.1}$$

式中：t 为自初始监测开始的累计天数除以100；c_0、c_1、c_2 为时效因子系数。

(2) 降雨因素

$$y_{P}(t)=c_3 P \tag{6.2.2}$$

降雨因素对变形的影响复杂，一个简便的处理方法就是选取观测之日前一段时间降雨量的均值作为影响因子，设定降雨影响在15天以内，本文以月降雨量均值来计算，即将观测之日前1个月的降雨量的均值作为降雨因子 P 的值。

2. 考虑时效和降雨的变形监控模型

考虑时效和降雨为主要影响因素，得到高边坡变形监测资料的统计模型为

$$\hat{y}=y_{\varepsilon}(t)+y_{P}(t)=c_0+c_1\ln t+c_2 t+c_3 P \tag{6.2.3}$$

式中，c_0、c_1、c_2、c_3 为常数，$\hat{y}$ 为拟合值。

6.3 残差时序的ARMA模型

在影响工程变形的因素中，有些影响因素难以用确定表达式去描述。变形时间序列常呈现出非平稳的性质。按照时间序列分析理论，可将非平稳时序分解为确定项（表示趋势性或周期性规律）和随机项两个部分。确定项用与时间有关的确定性函数（如多项式、指数或正弦函数）拟合，表示时序的非平稳趋向；而随机项表示平稳的随机成分，可用ARMA模型加以拟合，将两者预测的结果叠加则可提高预测精度。根据这一思路，将回归模型的残差用ARMA模型加以拟合。对残差进行ARMA模型建立，得到残差的拟合值，并与回归模型进行叠加，得到更高的预测精度。

1. 基本模型

令 D 表示单位均匀间隔的离散时间的可列散合，即

$$D=\{0,\pm 1,\pm 2,\cdots\} \tag{6.3.1}$$

设 x_t，$t\in D$ 为平稳序列，且 $E[x_t]=0$，又设 a_t，$t\in D$ 为零均值不相关平稳序列，即

$$E[a_t]=0,E[a_t a_t-k]=\begin{cases}a_a^2 & k=0\\ 0 & k\neq 0\end{cases} \tag{6.3.2}$$

具有式（6.3.2）所示性质的平稳序列 a_t 又称白噪声序列（white noise series）。

若平衡、零均值序列 $\{x_t\}$，$t\in D$ 可由如下形式的随机差分方程描述：

$$x_t=\varphi_1 x_{t-1}+\varphi_2 x_{t-2}+\cdots+\varphi_n x_{t-n}+\alpha_t-\theta_1 a_{t-1}-\theta_2 a_{t-2}-\cdots\theta_m a_{t-m} \tag{6.3.3}$$

则称此方程为x_t的自回归滑动平均模型，记为 ARMA（n，m）模型，式中 $\varphi_t=(i=1,2,\cdots,n)$ 称为自回归参数，$\theta_j(j=1,2\cdots,m)$ 称为滑动平均参数。当式（6.3.3）正确地揭示了时序的结构和规律时，$\{a_t\}$ 这一序列应为白噪声序列。

特殊地，当 $\theta_i=0$ 时，模型（6.3.3）变为：

$$x_i=\varphi_1 x_{t-1}+\varphi_2 x_{t-2}+\cdots+\varphi_n x_{t-n}+\alpha_1 \tag{6.3.4}$$

上式称为 n 阶自回归模型，记为 AR（n）。

当 $\varphi_i=0$ 时，模型（6.3.3）变为：

$$x_i=\alpha_1-\theta_1 a_{t-1}-\cdots\theta_m a_{t-m} \tag{6.3.5}$$

上式称为 m 阶滑动平均模型，记为 MA（m）。

ARMA（n，m）模型是时间序列分析中最具代表性的一类线性模型。它与回归模型的根本区别就在于：回归模型可以描述随机变量与其他变量之间的相关关系。但是，对于一组随机观测数据 x_1，$x_2\cdots$，即一个时间序列 $\{x_t\}$，它却不能描述其内部的相关关系。另一方面，实际上某些随机过程与另一些变量取值之间的随机关系往往根本无法用任何函数式来描述。这时，需要采用这个随机过程本身的观测数据之间的依赖关系来揭示这个随机过程的规律性。x_t 和 $x_{t-1}, x_{t-2}\cdots$ 同属于时间序列$\{x_t\}$，是序列中不同时刻的随机变量，彼此相互关联，带有记忆性和继续性，是一种动态数据模型。

理论上已证明，平稳时序 $\{V_t\}$ 可拟合成线性的随机差分方程：

$$V_t-\varphi_1 V_{t-1}-\varphi_2 V_{t-2}-\cdots-\varphi_p V_{t-p}=a_t-\theta_1 a_{t-1}-\theta_2 a_{t-2}-\cdots-\theta_q a_{t-q} \tag{6.3.6}$$

式中，$\varphi_i(i=1,2,\cdots,p)$ 为滑动平均参数；$\theta_i(i=1,2,\cdots,q)$ 为动平均参数；a_t 为残差，当式（6.3.6）能够正确地揭示时序的结构和规律时，则 $\{a_t\}$ 为白噪声。式（6.3.6）成为具有 p 阶自回归部分、q 阶滑动平均部分的 ARMA(p,q) 模型。

令残差时序 $\{X_t\}$ 为实测时序 $\{Y_t\}$ 与多因素统计回归模型预测的时序 $\{\dot{Y}_t\}$（确定项）之差，即

$$X_t=Y_t-\dot{Y}_t,\ t=l+1,l+2,\cdots,l+n \tag{6.3.7}$$

残差时序为非平稳时序的随机项，表示平稳的随机成分。可用平稳性检验的方法验证残差时序是平稳的。实际中，由于拟合确定项之后会存在一定的误差，故实际残差时序的均值可能接近于 0，需要零均值处理。

$$V_t=X_t-\overline{X}_t,\ t=l+1,l+2,\cdots,l+n \tag{6.3.8}$$

式中，

$$\overline{X}_t=\frac{1}{n}\sum_{t=l+1}^{l+n}X_t \tag{6.3.9}$$

模型识别与模型定阶

模型识别是建模的关键。以自相关分析为基础来识别模型与确定模型阶数。先给出自相关函数和偏相关函数有关概念。

1）自相关函数

一个平稳、正态、零均值的随机过程 $\{x_1\}$ 的自协方差函数为：

$$R_k=E(x_1 x_1-k)(k=1,2,3,\cdots) \tag{6.3.10}$$

当 $k=0$ 时得到 $\{x_1\}$ 的方差函数 σ_r^2

$$\sigma_{\mathrm{r}}^{2}=R_{0}=E(x_{1}^{2}) \tag{6.3.11}$$

则自相关函数定义为：

$$\rho_{\mathrm{k}}=R_{\mathrm{k}}/R_{0} \tag{6.3.12}$$

自相关函数提供了时间序列及其构成的重要信息，即自相关函数对MA模型具有截尾性，而对AR模型则不具备截尾性。

2）偏自相关函数

若 $\{x_1\}$ 为一平稳时间序列，若能选择适当的 k 个系数，定义一个线性组合。

$$x_{\mathrm{t}}=\sum_{t=1}^{k}\varphi_{\mathrm{kt}} \tag{6.3.13}$$

则误差方差

$$J=E\left[(x_{\mathrm{t}}-\sum_{t=1}^{k}\varphi_{\mathrm{kt}})^{2}\right] \tag{6.3.14}$$

为极小时，则定义最后一个系数 φ_{kt} 为偏自相关函数（系数）。φ_{kt} 的第一个下标 k 表示能满足定义的系数为 k 个，第二个下标 i 表示是 k 系数中的第 i 个。

偏相关函数对AR模型具有截尾性，对MA模型则具有拖尾性。依据表6.3.1数据可对平稳时间序列模型类型进行识别。

模型识别　　**表6.3.1**

模型类别	AR(n)	MA(m)	ARMA(n,m)
模型方程	$\varphi(B)x_i=a_i$	$x_i=\theta(B)a_i$	$\varphi(B)x_i=\theta(B)a_i$
自相关函数	拖尾	截尾	拖尾
偏相关函数	截尾	拖尾	拖尾

为确定残差时序的RAMA(p,q)模型，先计算残差样本的自协方差函数 R_{k}、自相关函数 ρ_{k} 和偏相关函数，并作图。若 ρ_{k} 拖尾、φ_{kt} 截尾，识别为AR(p)模型；若 φ_{kt} 拖尾、ρ_{k} 截尾，识别为MA(q)模型；若 ρ_{k}、φ_{kt} 都拖尾，识别为ARMA(p,q)模型。

在实际中，观测数据往往只是一个有限长度 N 的样本值，只可以计算出样本自相关函数 $\hat{R}_{\mathrm{k}}$ 和样本偏相关函数 φ_{kk}，可以由下面的计算公式求出。

$$\hat{R}_{\mathrm{k}}=\frac{1}{N-k}\sum_{t=k+1}^{n}x_{\mathrm{t}}x_{\mathrm{t-k}}(k=0,1,2,\cdots,N-1) \tag{6.3.15}$$

$$\sigma_{\mathrm{k}}^{2}=\hat{R}_{\mathrm{k}}=\frac{1}{N}\sum_{t=1}^{n}x_{\mathrm{t}}^{2} \tag{6.3.16}$$

则

$$\hat{\rho}_{\mathrm{k}}=\hat{R}_{\mathrm{k}}/\hat{R}_{0}\quad(k=0,1,2,\cdots,N-1) \tag{6.3.17}$$

将式（6.3.14）分别对 $\varphi_{\mathrm{kk}}(i=1,2,\cdots,k)$ 求偏导数，并令其等于0，可得到

$$p_{i}-\sum_{j-1}^{k}\varphi_{\mathrm{kj}}p_{j-1}=0 \tag{6.3.18}$$

分别取 $i=1$，2，…，k，共可得到 k 个关于 φ_{ki} 的线性方程，将这些方程整理并写成矩阵形式为：

$$\begin{bmatrix} \rho_0 & \rho_1 & \cdots & \rho_{k-1} \\ \rho_1 & \rho_0 & \cdots & \rho_{k-2} \\ \vdots & \vdots & & \vdots \\ \rho_{k-1} & \rho_{k-2} & \cdots & \rho_0 \end{bmatrix} \begin{bmatrix} \varphi_{k1} \\ \varphi_{k2} \\ \vdots \\ \rho_0 \end{bmatrix} = \begin{bmatrix} \rho_1 \\ \rho_2 \\ \vdots \\ \rho_k \end{bmatrix} \tag{6.3.19}$$

通过式（6.3.19）可解得所有系数 φ_{k1}，φ_{k2}，$\cdots,\varphi_{kk-1}$ 和偏自相关函数 φ_{kk}。偏自相关函数AR型的截尾特性用来判断是否可对给定时序 $\{x_i\}$ 拟合AR模型，并确定AR模型的阶数。可按式（6.3.19）从 $k=1$ 开始 φ_{11}，然后再令 $k=2$ 求 φ_{21}，φ_{22}；令 $k=3$ 求 φ_{31}，$\varphi_{32},\varphi_{33},\cdots$；当出现 $\varphi_{kk}\approx 0$ 时，就认为 $\{x_i\}$ 为AR序列，AR模型的阶数为 $k-1$。和 R_k 对MA模型的截尾特性一样，通过 $\hat{R}_k$ 来计算估值 $\hat{\varphi}_{kk}$，然后用 φ_{kk} 来判断阶数也不一定准确。

样本自相关函数 $\hat{\rho}_k$ 和样本偏相关函数 $\hat{\varphi}_{kk}$ 是 ρ_k 和 φ_{kk} 的估算值，因此根据 $\{\hat{\rho}_k\}$ 的 $\hat{\varphi}_{kk}$ 渐近分布来进行模型阶数的判断。

若设 $\{x_i\}$ 中正态的平稳零均值MA（m）序列，则对于充分大的 N，$\hat{\rho}_k$ 的分布为 $N(0,(I\sqrt{N})^2)$，则有：

$$P\left\{|\hat{\rho}_k|\leqslant\frac{1}{\sqrt{N}}\right\}\approx 68.3\% \quad 或 \quad P\left\{|\hat{\rho}_k|\leqslant\frac{2}{\sqrt{N}}\right\}\approx 95.5\% \tag{6.3.20}$$

$\hat{\rho}_k$ 的截尾性可进行如下步骤进行判断。

首先计算 $\hat{\rho}_1$，…，$\hat{\rho}_M$（一般 $M=N/10$ 左右），m 值未知，令 m 取值从小到大，分别检验 $\hat{\rho}_{m+1}$，$\hat{\rho}_{m+2}$，$\cdots\rho_M$ 满足

$$|\hat{\rho}_k|\leqslant\frac{1}{\sqrt{N}} \quad 或 \quad |\hat{\rho}_k|\leqslant\frac{2}{\sqrt{N}} \tag{6.3.21}$$

的比例是否占到 M 的68.3%或95.5%。满足上述条件的 m 就是 $\hat{\rho}_k$ 的截尾处，即MA（m）模型的阶数。

若 $\{x_t\}$ 是正态的零均值平稳AR(n)序列，则对于充分大的 N，φ_{kk} 的分布也渐近于正态分布 $N(0,(I\sqrt{N})^2)$，所以，可用类似的方法对 $\hat{\varphi}_{kk}$ 的截尾性进行判断。

当 $\{\hat{\rho}_k\}$ 和 $\{\hat{\varphi}_{kk}\}$ 均不截尾，但收敛于零的速度较快，则 $\{x_i\}$ 可能是ARMA(n,m)为(1,1)(1,2)(2,1)等，直到经检验认为模型合适为止。

由相关分析识别出模型后，若是AR(n)或MA(m)模型，此时模型阶数 n 或 m 已经确定，故我们可以直接运用时间序列分析中的参数估计求出模型参数；但若是ARMA(n，m)模型，此时 n，m 模型阶数未定，只能从 $n=1$，$m=1$ 开始采用某一参数估计方法对 $\{x_t\}$ 拟合ARMA（n，m）模型适用性检验，如果检验通过，则确定ARMA（n，m）为适用模型；否则令 $n=n+1$ 或 $m=m+1$ 继续拟合直至搜索到适用模型为止。

2. 模型确定与残差预测

根据估计参数和最佳模型阶数，可确定残差时序 $\{X_t\}$ 的ARMA(p_0,q_0)模型

$$X_t-\varphi_1 X_{t-1}-\varphi_2 X_{t-2}-\cdots-\varphi_{p0}X_{t-p0}=\theta_0+a_t-\theta_1 a_{t-1}-\theta_2 a_{t-2}-\cdots-\theta_{q_0}a_{t=q_0} \tag{6.3.22}$$

则根据已知的残差时序的 n 个残差值，得到 m 步预测值（非平稳时序的随机项）为

$$\hat{X}_{n}(m) = \theta_0 + \varphi_1 \hat{X}_{n+m-1} - \varphi_2 \hat{X}_{n+m-2} - \cdots - \varphi_{p0} \hat{X}_{n+m-p_0} - \theta_1 \hat{a}_{n+m-1} - \theta_2 \hat{a}_{n+m-2} - \cdots - \theta_{q_0} \hat{a}_{n+m-q_0} \tag{6.3.23}$$

3. 考虑残差的边坡变形统计模型

边坡变形时序 $\{S_t\}$ 的预测可以由非线性拟合时序 $\{Y_t\}$ 的预测值与残差时序 $\{X_t\}$ 的预测值叠加。未来时刻的边坡变形预测值为

$$S_t = \hat{Y}_t + \hat{X}_t,\ t = l+n+1, l+n+2, \cdots, l+n+m \tag{6.3.24}$$

6.4 工 程 实 例 分 析

1. 外观变形监测实例分析

某电站枢纽区为典型的深切“V”形峡谷，相对高差 1500～1700m。左岸地质条件较差，1820～1900m 高程以下为大理岩，以上为砂板岩。上部砂板岩卸荷深度大、卸荷强，表层岩体松弛、破碎。坡体内存在的深部卸荷裂隙、f8、f5、f42-9 断层等主要不良地质结构面及多组不利裂隙结构面的影响，使得拱肩槽开挖以及所形成上游边坡、槽坡、下游边坡的稳定性处于不利状态。在左岸坝肩、导流洞出水口等边坡上除布置了大量的内观监测仪器，也在重点区域布置了大量的外观监测点。具体的监测设计如图 6.4.1 所示。

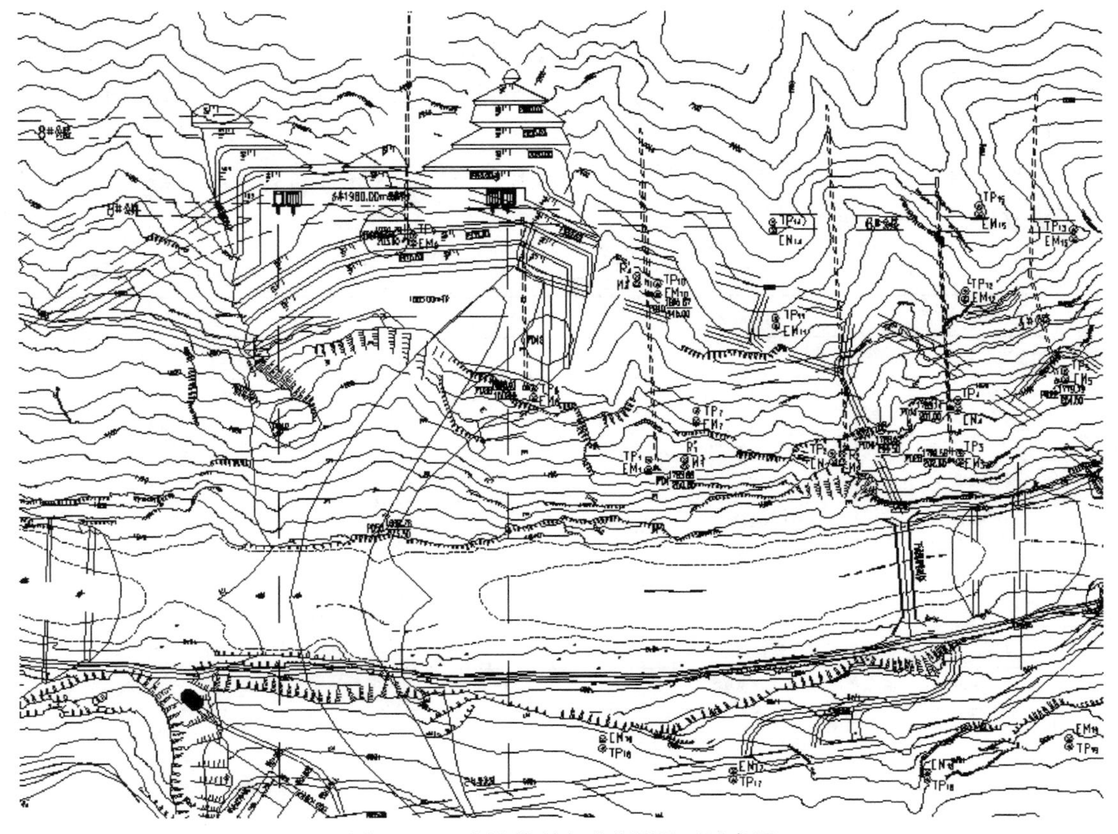

图 6.4.1　边坡外观变形监测平面示意图

2. 变形监测分析

高程 1885m 以上外观测点共有 17 个，测点编号分别为 TP1、TP2、TP3、TP5、TP6、TP7、TP8、TP9、TP12-1、TP12-2、TP13-1、TP14-1、TP15-1、TP1-1、TP2-1、TP6-1、TP7-1。到 2008 年 3 月为止，从变形累计值看，TP5、TP1-1、TP2-1、TP6-1 测点表现为向下游变形的趋势，累计变形量最大的测点为 TP12-1，累计值为 41.6mm。变形性状和外观变形监测资料分析可形成以下两点认识：

（1）在岩体开挖过程中，伴随卸载引起的地应力释放，加上向边坡方向临空面的存在，其方向和数值与对应部位的表面测点基本一致；位移大小一般随深度增加而减小；累计位移随开挖深度增加而增大。开挖停止后随着岩体内部应力调整并趋于稳定；其变形也随之结束。

（2）岩体变形主要以时效变形为主，同时还与降雨量等环境因素有关。在降雨时以及后一段时间，变形有明显增大的趋势。时效是影响开挖完成后的边坡岩体变形的最主要因素，其次是降雨量。

3. 边坡变形时变模型建立

根据上述的分析，选取变形累计值最大的变形观测点 TP12-1 的水平位移观测数据进行了研究。

考虑时效和降雨为主要影响因素，统一时间单位，得到高边坡变形监测资料的统计模型为：

$$\hat{y} = y_{\varepsilon}(t) + y_{T}(t) + y_{P}(t) = c_0 + c_1\ln(t/100) + c_2(t/100) + c_3 P \qquad (6.4.1)$$

式中，c_0、c_1、c_2、c_3、c_4、c_5 为常数，$\hat{y}$ 为拟合值。t 为自初始监测开始的累计天数（d）。T 取一年的天数 365。

选取 2006 年 6 月～2007 年 10 月（见表 6.4.1，初始测量时间为 2005-12-1）的数据用于建立多元非线性回归模型。

TP12-1 测点位移观测数据（2006.06～2007.10）　　**表 6.4.1**

监测时间	时间间隔（d）	当月平均降雨量（mm）	水平位移（mm）
2006-6	204	5.0	9.2
2006-7	234	11.5	13.9
2006-8	262	10.2	10.5
2006-9	293	6	10.6
2006-10	320	4.2	10.7
2006-11	365	2.1	14.9
2006-12	388	0.1	18.0
2007-1	413	0.3	18.7
2007-2	428	2.7	22.4
2007-3	477	0.3	24.4
2007-4	508	1.7	28.8
2007-5	532	6.3	28.6
2007-6	559	10	28.0

续表

监测时间	时间间隔（d）	当月平均降雨量（mm）	水平位移（mm）
2007-7	619	15	33.4
2007-8	640	10.2	37.4
2007-9	674	11.1	38.5
2007-10	710	4.6	41.6

根据表中提供的数据应用非线性变形统计模型进行拟合，得到模型参数的值，c_0、c_1、c_2、c_3 分别为 1.4970、−21.8995、11.846、−0.0449。并计算出相应监测时间的拟合值和残差，见表 6.4.2。

考虑时效、降雨因素的非线性统计模型拟合值　　表 6.4.2

监测时间	时间间隔	月平均　降雨量（mm）	水平位移（mm）	拟合值（mm）	残差（mm）
2006-6	204	5.0	9.2	9.8	−0.6
2006-7	234	11.5	13.9	10.1	3.9
2006-8	262	10.2	10.5	11.0	−0.5
2006-9	293	6	10.6	12.4	−1.8
2006-10	320	4.2	10.7	13.7	−3.1
2006-11	365	2.1	14.9	16.3	−1.4
2006-12	388	0.1	18.0	17.8	0.2
2007-1	413	0.3	18.7	19.3	−0.6
2007-2	428	2.7	22.4	20.2	2.2
2007-3	477	0.3	24.4	23.8	0.6
2007-4	508	1.7	28.8	26.0	2.8
2007-5	532	6.3	28.6	27.6	1.0
2007-6	559	10	28.0	29.6	−1.6
2007-7	619	15	33.4	34.2	−0.8
2007-8	640	10.2	37.4	36.2	1.2
2007-9	674	11.1	38.5	39.1	−0.6
2007-10	710	4.6	41.6	42.5	−0.8

对残差序列｛−0.6　3.9　−0.5　−1.8　−3.1　−1.4　0.2　−0.6　2.2　0.6　2.8　1.0　−1.6　−0.8　1.2　−0.6　−0.8｝进行 ARMA 建模。残差平稳性的检验是平稳的。

由零均值处理后的残差平稳时序 $\{V_t\}$ ＝｛−0.6059　3.8941　−0.5059　−1.8059　−3.1059　−1.4059　0.1941　−0.6059　2.1941　0.5941　2.7941　0.9941　−1.6059　−0.8059　1.1941　−0.6059　−0.8059｝。

计算 $\hat{R}_k$、$\hat{\rho}_k$ 和 $\hat{\phi}_{kk}$，并绘制成如图 6.4.2 所示，可以识别残差序列为 ARMA(n,m) 模型。通过计算，确定 ARMA(n,m) 模型的阶数 $n=4$，$m=3$。得到 n 个残差，m 步的残

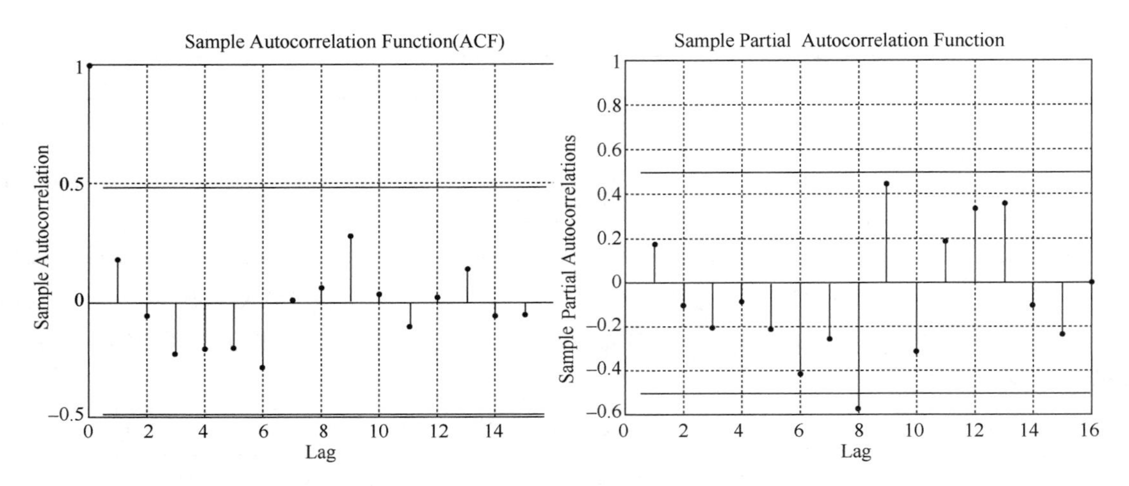

图 6.4.2 残差序列自相关函数（左）和偏自相关函数（右）图

差预测表达式：

$$X(m)=-0.04-0.22x(n+m-3)+e(n+m)+0.32e(n+m-2) \quad (6.4.2)$$

用非线性统计模型和残差预测计算式分别预测未来 5 个时刻的边坡位移值。结果见表 6.4.3 和图 6.4.3。

考虑残差的非线性统计模型预测结果 **表 6.4.3**

预测时间	水平位移实测值（mm）	非线性拟合			残差预测值（mm）	非线性拟合（ARMA 残差修正）		
		预测值（mm）	绝对误差（mm）	相对误差（%）		总预测值（mm）	绝对误差（mm）	相对误差（%）
2007-11	43.6	44.5	−0.9	2.2	−0.4	44.1	−0.5	1.1
2007-12	49.9	48.4	1.5	3.1	0.7	49.0	0.9	1.7
2008-1	50.6	49.6	1.0	1.9	0.3	49.9	0.7	1.4
2008-2	52.8	53.0	−0.2	0.3	−0.1	52.9	−0.1	0.2
2008-3	52.8	54.7	−1.9	3.6	−0.8	53.9	−1.1	2.1

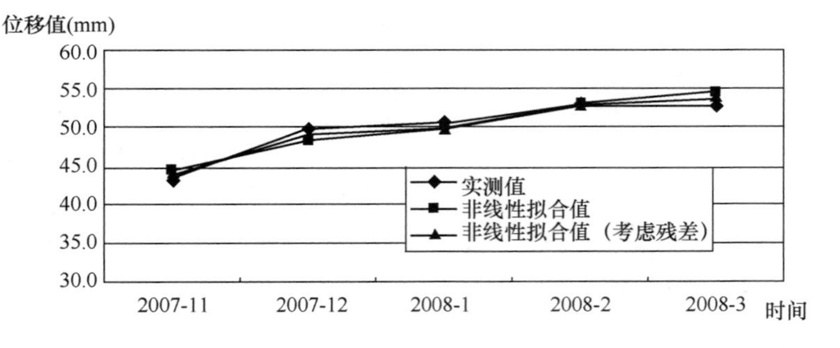

图 6.4.3 多因素非线性统计模型与残差修正的非线性统计模型预测结果对比

4. 结果分析

从表 6.4.3 和图 6.4.3 可以看出：

(1) 考虑时效和降雨因素的非线性统计模型的预测值的误差都在 4%以内，说明了多因素非线性统计模型有较好的预测性能。

(2) 考虑 ARMA 模型对残差序列进行建模，并与考虑时效和降雨因素的非线性统计模型预测结果进行叠加，能更好地提高预测精度。从结果分析的情况看，考虑残差的时效和降雨因素的非线性统计模型的精度在近期的变形预测中保持了更高的预测精度，并对较长时间的预测效果也有较好的提高。非线性统计模型预测的相对误差绝对值的平均值为 2.2%，考虑残差的非线性统计模型预测值仅为 1.3%。

6.5　本　章　小　结

岩土变形的观测数据有着很强的时间属性，在异常测值的分析方面，统计分析方法因没考虑边坡变形数据的时序性，往往结果不令人满意。此时采用时序分析异常突变分析方法（滑动 t 检验法等）能很好地识别时间序列中出现的异常测值。

由于统计分析方法需要数据序列满足一定的分布。对小样本的数据，统计往往很难满足分析方法所需要的分布规律。因此需要对数据进行挖掘，找出监测变形观测数据中的异常测值。

对监测数据进行挖掘分析，对于相对准确的预测未来变形趋势，或者开展变形参数反演分析，是首先要做的第一步，必须引起重视。

第7章　岩土工程中的数值模拟方法

近几十年来，随着计算机应用的发展，数值计算方法在岩土工程问题分析中迅速得到了广泛应用，大大推动了岩土体力学的发展。因此对于复杂问题，借助数值模拟方法实现定量分析，无疑是非常有必要的。本章介绍了常用的数值模拟方法，并结合案例对各数值模拟方法进行了应用探讨。

7.1　岩土工程中常见数值模拟方法

1. 连续数值模拟方法

在岩土（体）力学中所用的数值方法主要有以下几种：有限差分法、有限元法、边界元法、加权余量法、半解析元法、刚体元法、非连续变形分析法、离散元法、无界元法和流形元法等。

（1）有限差分法

有限差分法是一种比较古老且应用较广的一种数值方法。它的基本思想是将待解决问题的基本方程和边界条件近似地用差分方程来表示，这样就把求解微分方程的问题转化为求解代数方程的问题。亦即它将实际的物理过程在时间和空间上离散，分解成有限数量的有限差分量，近似假设这些差分量足够小，以致在差分量的变化范围内物体的性能和物理过程都是均匀的，并且可以用来描述物理现象的定律，只是在差分量之间发生阶跃式变化。有限差分法的原理是将实际连续的物理过程离散化，近似地置换成一连串的阶跃过程，用函数在一些特定点的有限差商代替微商，建立与原微分方程相应的差分方程，从而将微分方程转化为一组代数方程，通常采用“显式”时间步进方法来求解代数方程组。该方法原理简单，可以处理一些相对复杂的问题，应用范围很广。著名的 FLAC 和 FLAC3D 软件就是基于有限差分的原理开发的，目前，该软件已成为岩土工程、采矿工程等领域应用最广的数值模拟软件之一。

（2）有限单元法

有限单元法出现于20世纪50年代，它基于最小总势能变分原理，能方便地处理各种非线性问题，能灵活地模拟岩土工程中复杂的施工过程，它是目前工程技术领域中实用性最强、应用最为广泛的数值模拟方法。有限元法将连续的求解域离散为有限数量单元的组合体，解析地模拟或逼近求解区域。由于单元能按各种不同的联结方式组合在一起，且单元本身又可有不同的几何形状，所以可以适应各种复杂几何形状的求解域。它的原理是利用每个单元内假设的近似函数来表示求解区域上待求的未知场函数，单元内的近似函数由未知场函数在各个单元节点上的数值以及插值函数表达。这就使未知场函数的节点值成为新未知量，把一个连续的无限自由度问题变成离散的有限自由度问题。只要解出节点未知量，便可以确定单元组合体上的场函数，随着单元数目的增加，近似解收敛于精确解。按所选未知量的类型，有限元法可分为位移型、平衡型和混合型有限元法。位移型有限元法在计算机上更易实现，且易推广到非线性和动力效应等方面，故比其他类型的有限元法应用广泛。目前国际上比较著名的通用有限元程序有 ABAQUS、ANSYS、ADINA 等。有限元法的不足之处是，需形成总体刚度矩阵，常常需要巨大的存储容量；由于相邻界面上只能位移协调，对于奇异性问题（如应力出现间断的问题）的处理比较麻烦。

（3）边界元法

边界元法出现在 20 世纪 60 年代，是一种求解边值问题的数值方法。它是以 Betti 互等定理为基础，有直接法与间接法两种。直接法是以互等定理为基础建立起来的，而间接法是以叠加原理为基础建立起来的。边界元法原理是把边值问题归结为求解边界积分方程的问题，在边界上划分单元，求边界积分方程的数值解，进而求出区域内任意点的场变量，故又称为边界积分方程法。边界元法只需对边界进行离散和积分，与有限元法相比，具有降低维数、输入数据较简单、计算工作量少、精度高等优点。比较适合于在无限域或半无限域问题的求解，尤其是对等效均质围岩地下工程问题的处理。边界元法的基本解本身就有奇异性，可以比较方便地处理所谓奇异性问题，故目前边界元法得到研究人员的青睐。目前有研究人员将边界元法和有限元法进行耦合，以求更简便地解决一些复杂的岩土工程问题。边界元法的主要缺点是：对于多种介质构成的计算区域，未知数将会有明显增加；当进行非线性或弹塑性分析时，为调整内部不平衡力，需在计算域内剖分单元，这时边界元法就不如有限元方法灵活自如。

（4）加权余量法

加权余量法也是一种求解微分方程的数值法，它在流体力学、热传导以及化学工程等方面应用较广。它具有两个方面的优点：1）由于加权余量法是直接从控制方程出发去求解问题，理论简单，不需要复杂的数学处理，且它的应用与问题的能量泛函是否存在无关，因而它的应用范围较广，利用加权余量法这一优点去建立有限单元的刚度矩阵，可以大大扩展有限元法的应用范围；2）加权余量法的计算程序简单，要求解的代数方程组阶数较低，对计算机内存容量要求不高，计算所需要的原始数据较少，这样就大大减轻了准备工作量。此外，加权余量法求得结果的同时，可以给出余量的大小，而余量的大小可以直接反映出解答的精确程度，这一优点是加权余量法独有的。

（5）半解析元法

半解析元法是 Y. K. Cheung 于 1968 年提出来的，同有限元法一样，它也是基于变分原理的。不同点是半解析元法根据结构的类型和特点，利用部分已有的解析结果，选择一定的位移函数，使解沿某些方向直接引入已知解析函数系列，而不再离散为数值计算点，因此自由度和计算量大大降低。

这几年半解析法发展很快，种类很多，主要包括有限条法、有限层法、有限厚条法、有限壳条法、样条有限元法以及无限元法等。这类方法适用于求解高维、无限域及动力场等较复杂的问题。

（6）无界元法

无界元法是 P. Bettess 于 1977 年提出来的，用于解决用有限元法求解无限域问题时，人们常会遇到的“计算范围和边界条件不易确定”的问题，是有限元法的推广。其基本思想是适当地选取形函数和位移函数，使得当局部坐标趋近于 1 时，整体坐标趋于无穷大而位移为零，从而满足计算范围无限大和无限远处位移为零的条件。它与有限元法等数值方法耦合对于解决岩土（体）力学问题也是一种有效方法。

2. 非连续数值模拟方法

上述介绍的几种数值法都是针对连续介质的，只能获得某一荷载或边界条件下的稳定解。对于具有明显塑性应变软化特性和剪切膨胀特性的岩体，就无法对其大变形过程中所表现出来的几何非线性和物理非线性进行模拟。这就使得研究人员去探索和寻求适合模拟节理岩体运动变形特性的有效数值方法，即基于非连续介质力学的方法，主要有离散单元法、刚体元法、非连续变形分析法等。

离散单元法是 Cundall P. A. 于 1971 年提出来的一种非连续介质数值法。它既能模拟块体受力后的运动，又能模拟块体本身受力的变形状态，其基本原理是建立在最基本的牛顿第二运动定律上。离散单元法的基本思想，最早可以追溯到古老的超静定结构的分析方法上，任何一个块体作为脱离体来分析，都会受到相邻单元对它的力和力矩作用。以每个单元刚体运动方程为基础，建立描述整个系统运动的显式方程组之后，根据牛顿第二运动定律和相应的本构模型，以动力松弛法进行迭代计算，结合 CAD 技术可以形象直观地反映岩体运动变化的力场、位移场、速度场等各种力学参数的变化。

离散单元法是一种很有潜力的数值模拟手段，其主要优点是适于模拟节理系统或离散颗粒组合体在准静态或动态条件下的变形过程。最初的离散元法是基于刚体假设的，由于没有考虑岩块自身的变形，在模拟高应力状态或软弱、破碎岩体时，不能反映岩块自身变形的特征，使计算结果与实际情况产生较大出入。离散单元法随着非连续岩石力学的发展而不断进步，与现有的连续介质力学方法相比，还有以下问题需要研究：

（1）刚体离散单元法是基于非连续岩石力学的，更适合于低应力状态下具有明显发育构造面的坚硬岩体的变形失稳分析。对于软弱破碎、节理裂隙非常发育和高应力状态下的岩体变形失稳分析，则不适合。

（2）岩体介质种类繁多，性质非常复杂。在通常情况下，节理岩体或颗粒体表现为非均质和各向异性，并且常表现有很强的非线性，所处的地质环境不尽相同，这就使得岩土工程计算有很多不确定性因素。离散元的主要计算参数（如阻尼参数、刚度系数），影响到岩土工程稳定过程的正确模拟以及最终结果的可靠性，尤其是离散元计算中的参数选取，没有统一和完善的确定方法。

（3）计算时步的确定。现在的选取原则是出于满足数学方程趋于收敛的条件，与实际工程问题中的“时间”概念如何联系起来，合理地考虑，是一巨大挑战。

7.2 利用数值模拟研究吊脚桩基坑稳定性实例

1. 工程概况

在浙江等沿海地带，有些深基坑开挖常呈现为上软下硬介质现象，表层土层较薄、强度低；下部为基岩，自上而下风化程度不同，经常采用桩基形式作为深基坑围挡结构。此时的桩基底端嵌入岩石，基坑继续开挖则形成“吊脚桩”支护形式。通常，规范内关于吊脚桩是作为工程设计缺陷而需要杜绝，但在特殊情况下又是合理的。如何评价这种吊脚桩支护下的深基坑稳定，需要借助数值模拟研究。

2. 基坑开挖过程模拟

在基坑开挖过程中，桩墙后方土体进入塑性导致坑壁向坑内变形，受支撑作用及锚杆、锚索支护体系的抵抗，因此桩墙围护下基坑开挖应力场的变化是一个复杂的过程。很难用条分法假设得出准确的滑面力，因此采用大变形拉格朗日数值模拟方法，基于某工程深基坑施工过程开展仿真研究，分析吊脚桩的支护性能，以及影响基坑稳定性的敏感性因素，得到其变化规律，为工程的设计及施工提供借鉴。

（1）数值模型

依托基坑工程如图 7.2.1 所示。分为 6 步开挖并进行支护。支护桩采用冲孔灌注桩，桩径 1.2m、桩间距 1.8m、桩顶设通长 1.2m×0.8m 的冠梁，桩身混凝土采用水下部分 C25、冠梁部分采用 C30。锚索采用 4×7Φ5（f_{ptk}=1860MPa）高强低松弛钢绞线制作锚筋，成孔直径 150mm，倾角 20°。锚杆采用全粘结锚杆、机械成孔、孔径 110mm，锚杆体采用 Φ28HRB335 钢筋，抗拔力设计值为 10kN/m。

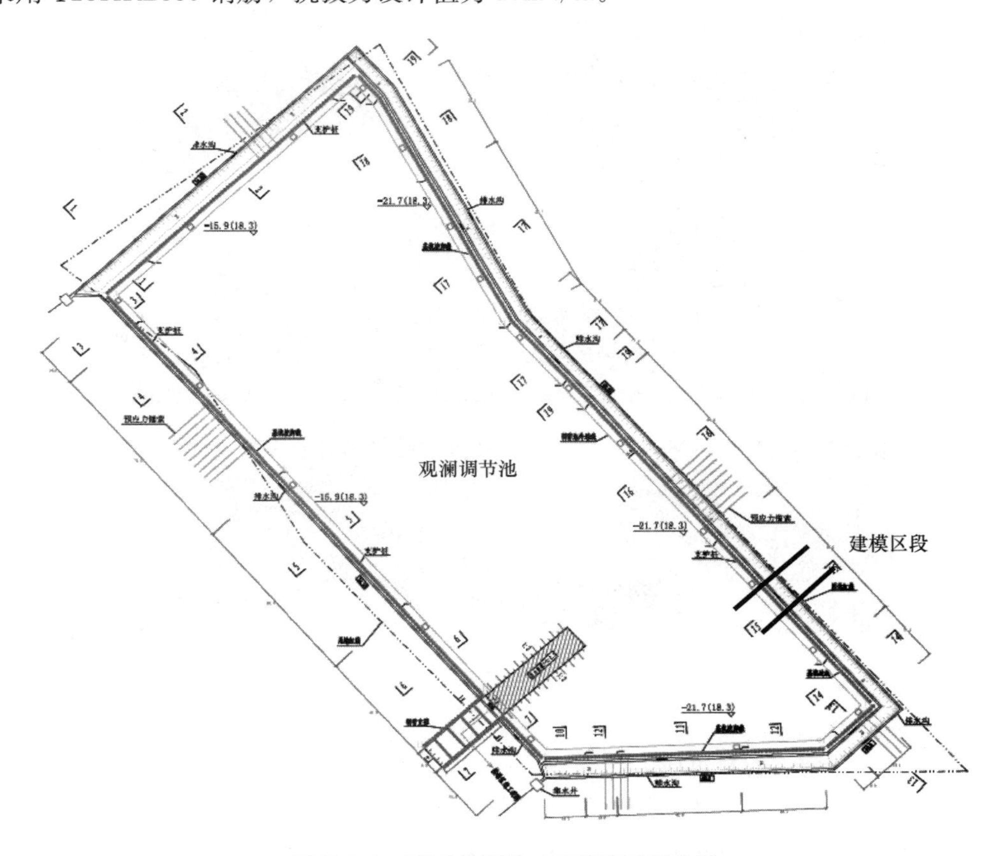

图 7.2.1　平面布置及三维建模区段位置

采用分步开挖的模型如图 7.2.2 所示，具体模拟过程如下：

1）建立模型，在进行基坑开挖模拟前，对尚未开挖的土体进行自重应力平衡计算，得到岩土体的初始应力状态。

2）第一步开挖至地表下－4.1m 位置，用 null 模型模拟开挖部分土体，设置第一排、第二排锚索，在深基坑边添加桩结构单元，并设置第三排预应力锚索，如图 7.2.2（*a*）

所示。

3）第二步开挖至地表下−8m 位置，用 null 模型模拟开挖部分土体，设置第四排预应力锚索，如图 7.2.2（*b*）所示。

4）第三步开挖至地表下−12m 位置，用 null 模型模拟开挖部分土体，设置第五、六、七排锚索，如图 7.2.2（*c*）所示。

5）第四步开挖至地表下−16m 位置，用 null 模型模拟开挖部分土体，设置第八、九排锚索，如图 7.2.2（*d*）所示。

6）第五步开挖至地表下−19m 位置，用 null 模型模拟开挖部分土体，设置第十、十一排锚索，如图 7.2.2（*e*）所示。

7）第六步开挖至地表下−21.7m 位置，用 null 模型模拟开挖部分土体，设置第十二排锚索，如图 7.2.2（*f*）所示。

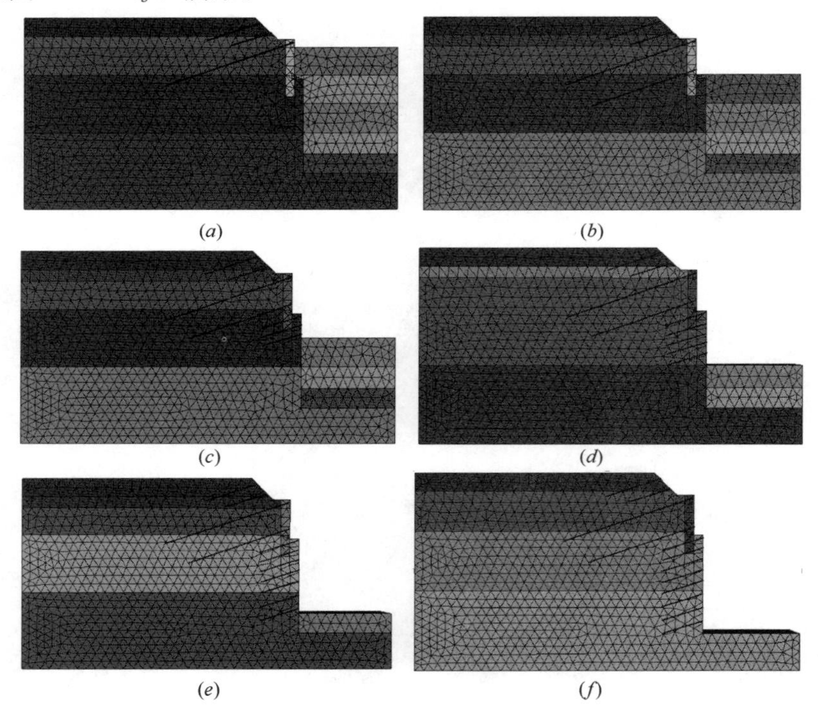

图 7.2.2　基坑开挖支护计算模型

（2）基坑开挖前后的自重应力场模拟

基坑在开挖前，地层土体在长期自重应力作用下已处于稳定状态，因此在进行基坑开挖模拟前，需要对模型进行初始应力状态的模拟。初始应力场如图 7.2.3 所示，可见基坑深度范围内土体最大主应力由上至下呈递增分布，在地表附近约为−0.03MPa（负号表示为压力），基坑深处时约达到−0.62MPa，与实际岩土体应力状态基本符合。

模型在自重作用下的稳定过程实际上是模拟地质历史上土层沉积固结过程，反映在模型上就是最大不平衡力降到一定范围直到基本上等于零，此时模型便趋于稳定。图 7.2.4 为模型在自重作用下最大不平衡力随时步的变化曲线。图 7.2.4 表明，在大概 1300 时步后，固结沉降趋于稳定，表明在重力作用下模型已经稳定。由于土体是正常固结土，固结作用已经完成，因此，位移场和速度场在模拟计算时应设置为零。

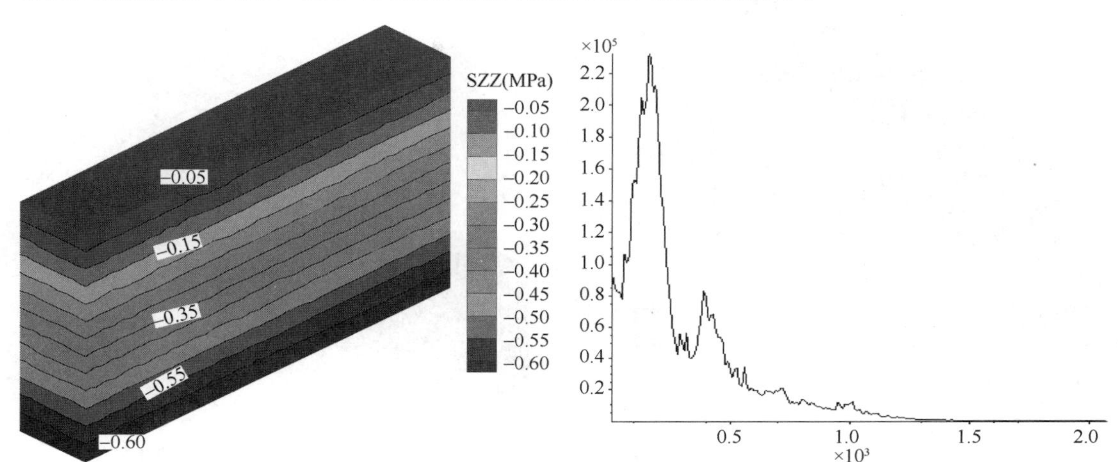

图 7.2.3　初始应力云图

图 7.2.4　自重作用过程中的最大不平衡力

在基坑开挖过程中，由于岩土体的卸荷作用，将对岩土体中的应力产生很大的影响，也直接关系到基坑的稳定性。由图 7.2.5 可以看出模型的竖向应力基本沿高度均匀分布，且方向均为向下，开挖部分竖向应力的值均比同一水平位置未开挖部分的竖向应力要小，符合稳定土体中的应力分布规律。同时在基坑底靠近坡脚的位置，竖向主应力都相对偏大，有应力集中现象，说明这个部位受力状况比较复杂。对比基坑初始状态应力分布可看出，随着开挖与支护过程的进行，土体的应力发生了重新分布。开挖部分土体的应力值明显增加，但随着距离坑底中心距离的加大，变化逐渐减小。

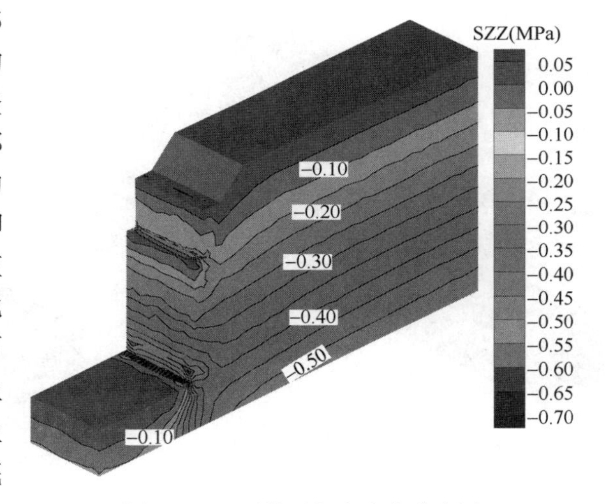

图 7.2.5　开挖后竖向应力分布图

（3）基坑开挖过程位移变化分析

基坑开挖扰动了土体初始应力场，导致土体应力重新分布。开挖面上初始应力的释放将导致基壁和基底发生水平和垂向的位移，如果基壁土体水平位移过大的话，基壁就会外鼓直至土体涌出，故在基坑支护设计与数值计算中，土体的水平变形位移要作为重点对象来考虑分析。基坑底部的变形位移主要指竖向变形，当竖向变形发展到一定程度，基坑底部将会隆起，造成基坑边坡失稳，在支护设计与预测分析中同样不能忽视。

在每一步基坑开挖和支护阶段，基坑顶部侧面的水平位移都将趋于常数，即模型在每一阶段都达到了平衡状态。如果基坑顶点的水平位移不收敛，可以判断出现了塑性流动。为模拟实际施工工况，对每次开挖后基坑边坡进行模拟显示，所得每个开挖工况水平位移如图 7.2.6～图 7.2.9 所示。

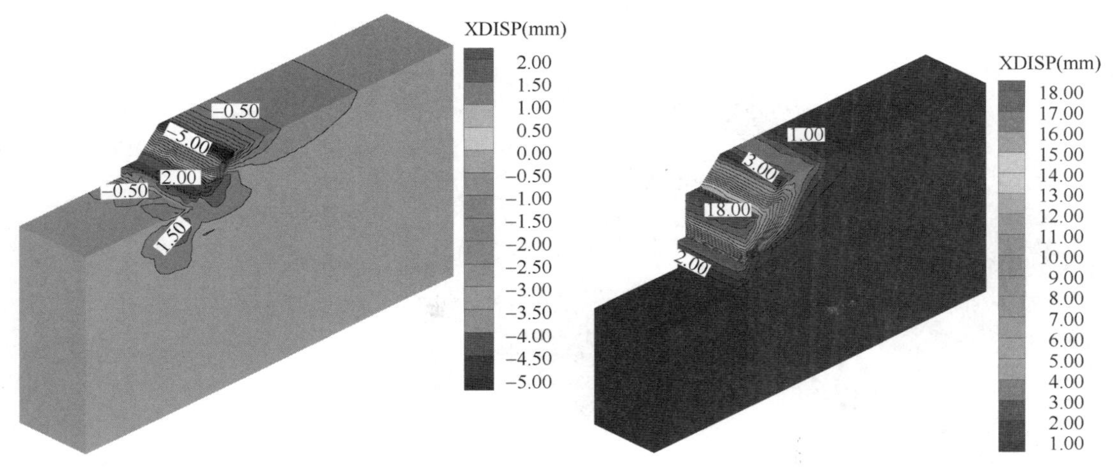

图 7.2.6　第一步开挖后的水平向位移　　　图 7.2.7　第三步开挖后的水平向位移

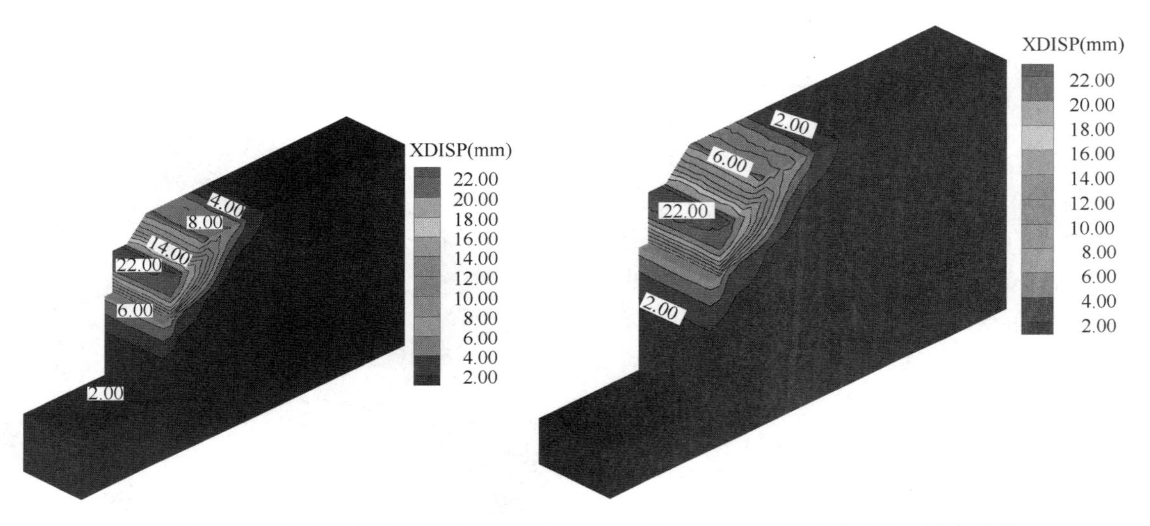

图 7.2.8　第五步开挖后的水平向位移　　　图 7.2.9　全部开挖后的水平向位移

在基坑开挖支护过程中，水平位移的变化规律如下：随着开挖深度增加，开挖面上的水平位移逐渐增大，而且位移范围逐渐增大。由于开挖造成的应力的重新分布，从而使岩土体发生位移。由于残坡积土、全风化土以及强风化粉砂岩的稳定性相对较差，在开挖前两步时水平位移变化量比较大。下面岩层岩性比较好，因此在开挖下面几层时水平位移量变化比较小。从图 7.2.10 可以看出基坑开挖整个影响范围内的土体的位移情况，靠近支护桩上部水平位移最大，此区域对应的支护桩位移也最大，主要是由于此处所受土压力较大，同时上部超载产生的作用力作用在此区域。

图 7.2.10 为不同开挖时，水平位移值随桩长的分布规律。在图 7.2.10 中可以明显看出吊脚桩支护结构变形特点，即在桩体下部出现明显的位移拐点，与软土地区基坑桩体的圆滑变形曲线不同。此支护结构在开挖过程中，在开挖第一层时，桩体位移增量很小，这是由于上部进行了放坡处理，使得桩体刚露出表面。随着开挖深度的增大，位移增大较明

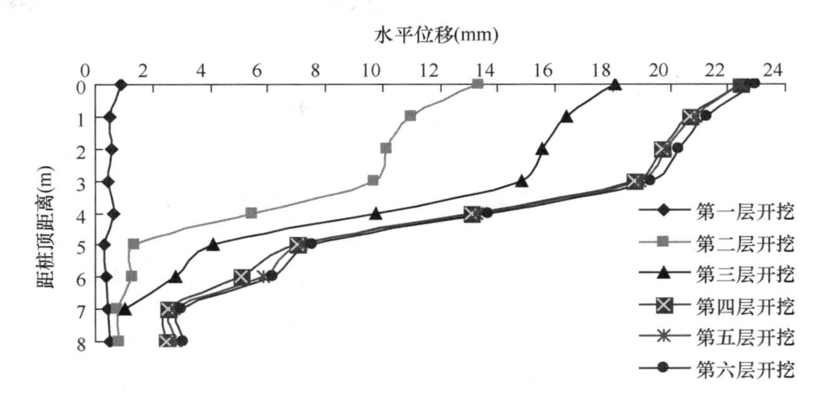

图 7.2.10　不同开挖工况桩体水平位移变化图

显，但是在开挖岩层时变化不大，而且由于没考虑爆破以及工程中对岩石的损坏影响，故增量也比较小。同一深度处的水平位移随深基坑开挖的进行而逐步增加，这是由于开挖时土体的侧向约束被逐步解除，因而产生侧向位移。综上所述，最大水平位移桩顶处，最大位移值为 22.96mm，符合建筑基坑工程监测技术规范要求。

基坑开挖支护过程中，竖向位移的变化规律如下：开挖改变了天然土体原始的应力平衡状态，土体中的应力重新分布，形成二次应力场，基坑侧壁的土体有向下运动的趋势。每开挖一步，深基坑侧壁周围土体的沉降量增大，说明在深基坑开挖支护过程中，地表沉降和深基坑开挖深度的大小有相互对应的关系，开挖深度增大，地面沉降也随之增大。前几步开挖，深基坑侧壁周围的土体竖向位移有向上反弹现象，但随深基坑开挖，深基坑侧壁后地表的沉降幅度与范围随之增大。最大沉降并非发生在深基坑边沿，沉降整体呈"勺"状分布。由于土体稳定性比较差，开挖第一层后，基坑底部有较为明显的隆起现象，但是由于向下开挖时，岩性越来越好，隆起现象越来越小，到第四步开挖后，基坑底部隆起基本消失。

由图 7.2.11 可知，地表沉降随着距深基坑开挖边沿的距离的增大呈现先增大后减小的趋势，在距离开挖边沿一定距离，在边坡上出现最大沉降量，然后沉降量慢慢减小，最后在距离较远处趋于零。每一步开挖支护，土体都会有一定的沉降增量，故每步开挖支护形成的地表沉降分布曲线非常相似。在前三步开挖过程中，由于开挖引起的应力重分布刚开始，故土体出现了少量回弹，在第四层以后的开挖支护中，土体逐渐稳定，发生沉降，由于没考虑爆破以及工程中对岩石的损坏影响，并且岩石的岩性良好，故增量比较小。最终沉降最大值为 6.717mm，符合建筑基坑工程监测技术规范要求。

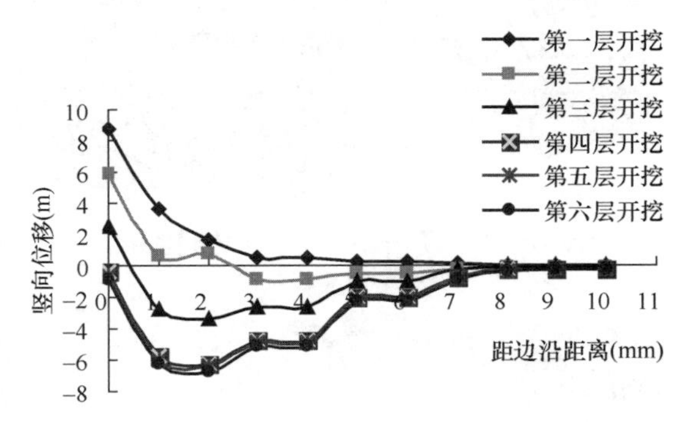

图 7.2.11　距基坑开挖面不同距离处地面竖向位移曲线图

基坑位移满足规范要求，采用的桩锚联合支护方案是合理的。

（4）基坑开挖过程岩土体塑性区分析

由图 7.2.12～图 7.2.17 可以总结出基坑开挖支护过程中，塑性图的变化规律如下：第一步开挖卸荷后，在基坑开挖处出现了小部分塑性区。第二步开挖后，除了基坑开挖低部，锚索锚固段的根部也出现了塑性区。预应力锚索对桩的拉力逐渐增大，是桩有向前运动的趋势，这样就对坑底位于桩前的土体有强烈的挤压作用，从而产生较大范围的塑性区。在锚索末端收到上部土体的压力和锚索拉力作用，是的锚索浆体和周围的土体接触面处发生剪切作用而产生塑性区。第三步到第四步开挖后，锚索锚固段的根部由于岩土体在收拉状态下，塑性区进一步增大，基坑底部的塑性区范围也逐渐增大。第五步到第六步开挖后，由于下部岩体的岩性比较好，基坑开挖底部的塑性基本消失。

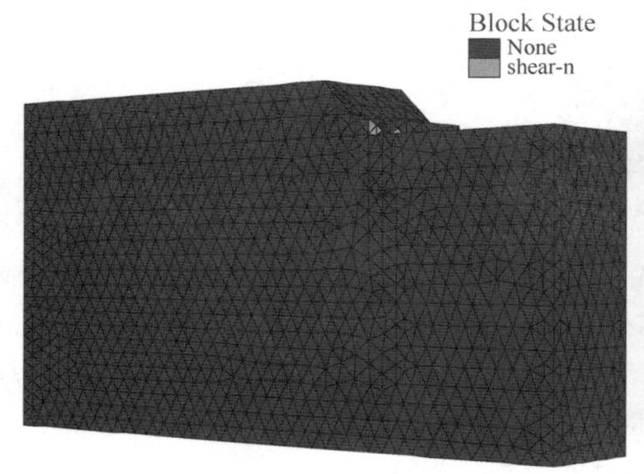

图 7.2.12　第一步开挖后土体塑性图

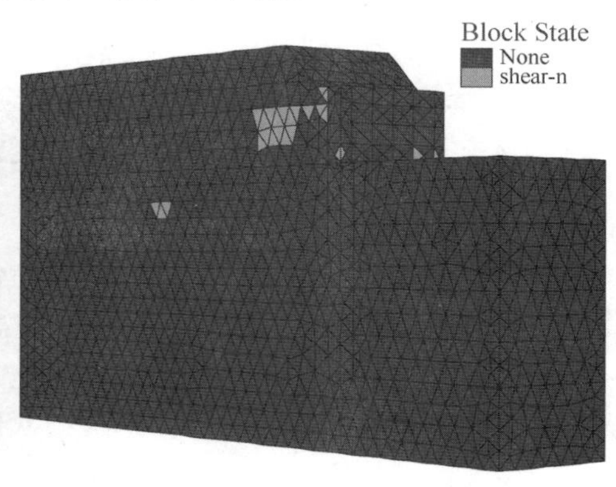

图 7.2.13　第二步开挖后土体塑性图

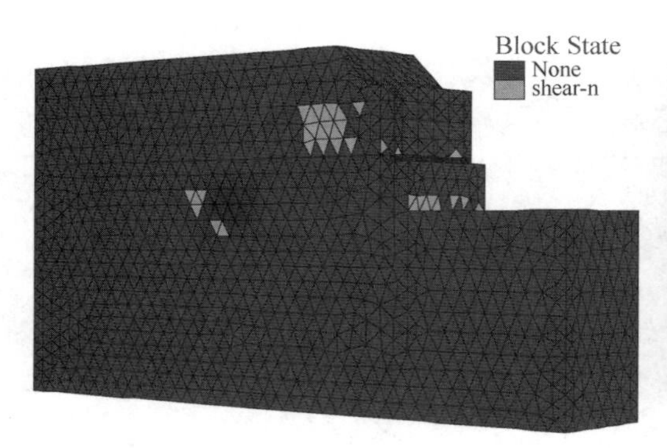

图 7.2.14　第三步开挖后土体塑性图

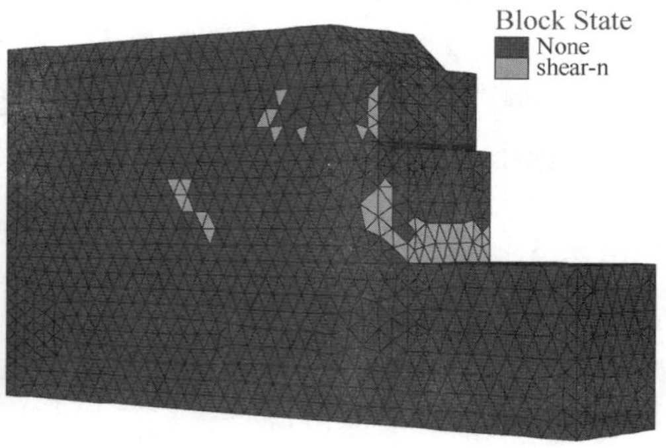

图 7.2.15　第四步开挖后土体塑性图

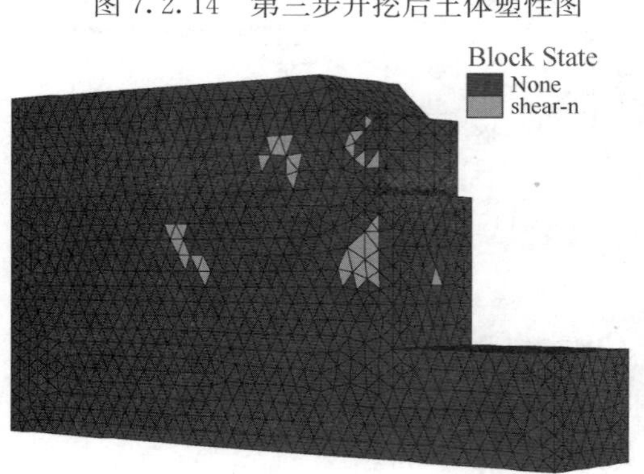

图 7.2.16　第五步开挖后土体塑性图

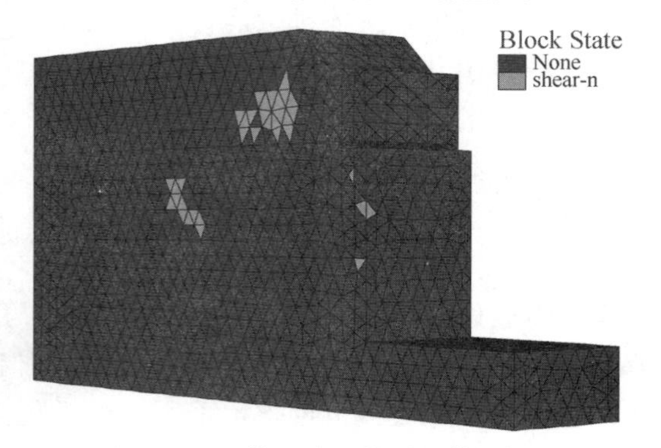

图 7.2.17　第六步开挖后土体塑性图

3. 吊脚桩支护结构优化分析

为了对吊脚桩支护结构进行优化分析，分别对锚索的倾角，桩前预留平台的宽度进行优化分析，通过对比不同参数下的数值模拟的结果，选择出合适的设计方案。

（1）锚索倾角对吊脚桩支护效果的影响

根据预期工程设计，分别在坑底标高为 8.1m、12.1m、15.6m 处设立三层锚索，锚索的锁定值为 280kN、320kN、360kN，在下部岩层中设立三层锚杆，主要模拟上层岩土体中的锚索倾角为 25°、20°、15°时的坑壁横向位移，并寻求最优锚杆倾角。

锚索倾角为 25°时，对坑内土体分为三部分模拟开挖过程，待坑内土体开挖完成后的横向位移最大处发生在坑底标高为 8.0～12.0m 处，土体横向位移最大值约为 34～36mm，位移等值线分布相对较为稀疏，位移等值线以最大位移发生处向外呈近似水平直线分布。

锚索倾角为 20°时土体分为三层模拟开挖。开挖完成后的横向位移最大处发生在坑底标高为 6.0～12.0m 处，土体横向位移最大值约为 34～36mm，位移等值线分布相对较为比较紧密，锚索支护作用效果相对比较显著。

锚索倾角为 15°时土体的横向位移最大处发生在坑底标高为 7.0～11.0m 处，土体横向位移最大值约为 34～38mm，位移等值线分布相对较为紧密，相较锚索为 25°时的土体横向位移云图，土体横移区域大于 34mm 范围内的面积明显增大，支护效果略低于锚索倾角为 25°时，远低于锚索倾角为 20°时的支护效果。

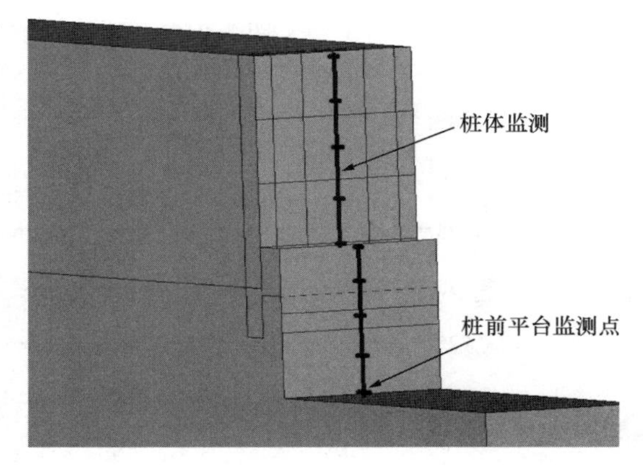

图 7.2.18　监测点位置示意图

（2）上部桩体监测点数据分析

通过将坡顶位移和冠梁位移的工程实测数据与数值计算中三种锚索倾角的位移对比可以发现最大位移发生在上部土体的冠梁附近区域，锚索为 20°时支护效果最好，在误差允许的范围内，实测数据与数值模拟的监测值吻合较好（图 7.2.18～图 7.2.23）。

通过监测点的数据可以看出坑壁的水平位移略小于坑壁的总位移，且最大位移发生在第二个监测点到第四个监测点之间。当锚索倾角为 20°时，坑壁位移最小锚固效果最优。

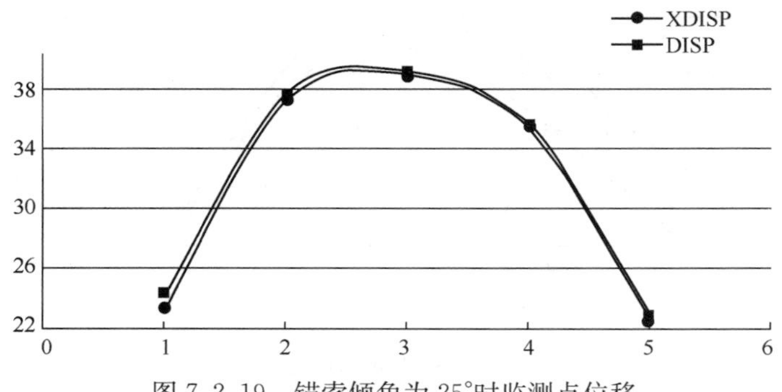

图 7.2.19　锚索倾角为 25°时监测点位移

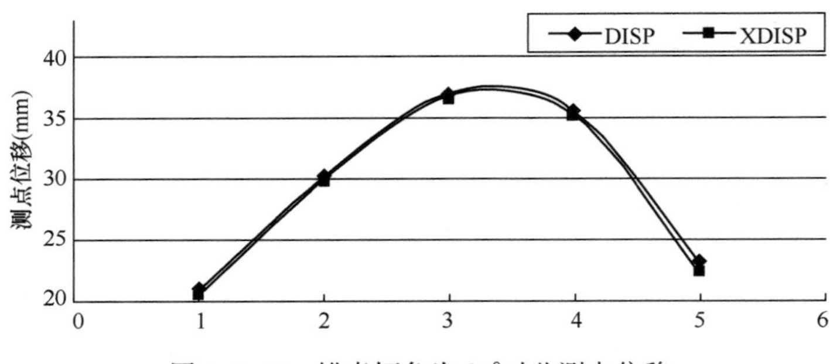

图 7.2.20　锚索倾角为 20°时监测点位移

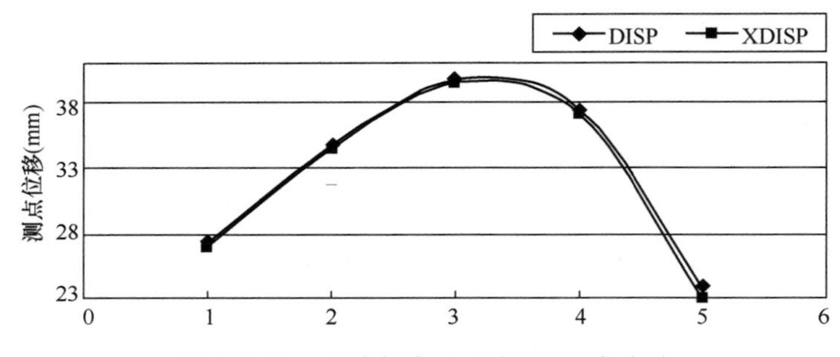

图 7.2.21　锚索倾角为 15°时监测点位移

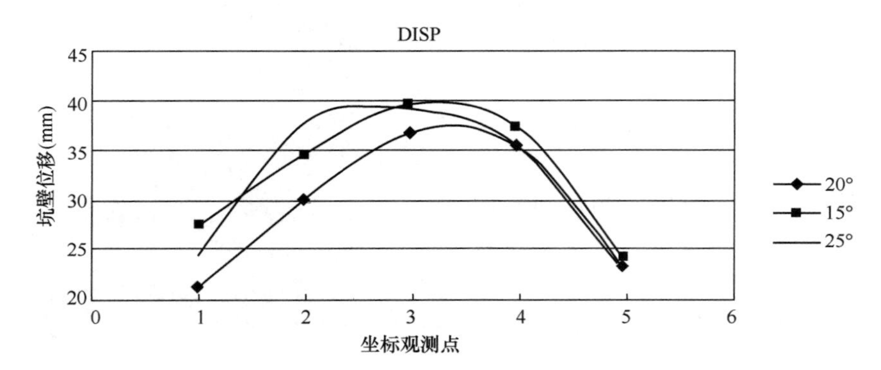

图 7.2.22　不同锚索倾角监测点位移

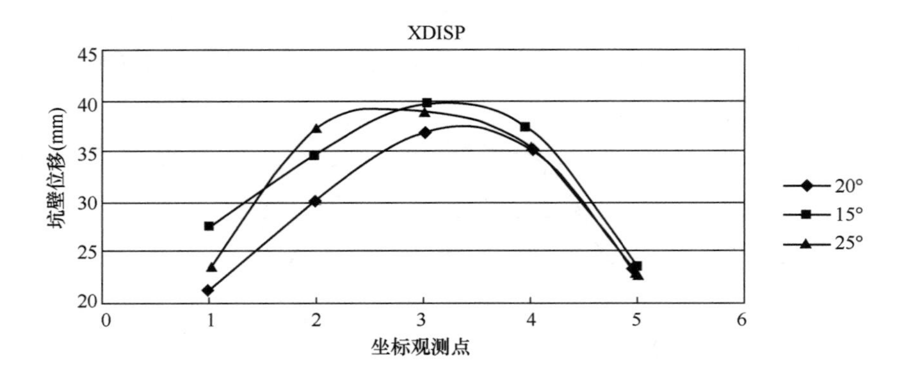

图 7.2.23　不同锚索倾角监测点水平位移

(3) 桩前平台预留宽度的优化模拟

根据锚索倾角 20°时桩的水平位移最小，锚索的加固效果最好的结论，所有上部锚索倾角取 20°固定值。改变桩前平台预留宽度，宽度分别取 0m、0.6m、1.2m、1.8m，通过对比桩前岩体平台塑性区的开展范围寻求平台宽度的最优设计宽度。

当桩前预留平台为 0m 时，其数值模拟的结果可以看到桩底部的变形最大、应力集中并出现明显的塑性区，基坑边坡有沿着桩底端滑移的趋势。

桩前预留平台预留宽度为 0.6m 时，预留岩石部分高应力分布区域比较大，如图 4.2.17 (*a*) 所示，在吊脚桩土端部的部分产生大量岩体塑性区。当桩前预留平台的宽度为 1.2m 时，如图 4.2.18 (*f*) 所示，在吊脚桩土端部岩体未发现明显的塑性区。

桩前预留平台为 1.8m，基坑的水平位移比桩前预留平台为 0.6m、1.2m 时的位移有所减小，并且同样的桩体端部没有出现明显的塑性区。

针对的预留平台宽度 0m、0.6m、1.2m、1.8m 的不同情况的位移云图和应力云图以及塑性区的开展情况，进行统计分析，优化选出合适的桩前预留平台的宽度。

从不同预留宽度位移图，可以看出桩前预留平台为 0m 时，整个基坑的中下部处于大位移状态；桩前预留平台为 0.6m 时，中下部土岩二元介质同样表现出大位移状态，但位移量有所减小，支护效率不高，如图 7.2.24 (*a*) 和图 7.2.24 (*b*) 所示；当宽度为

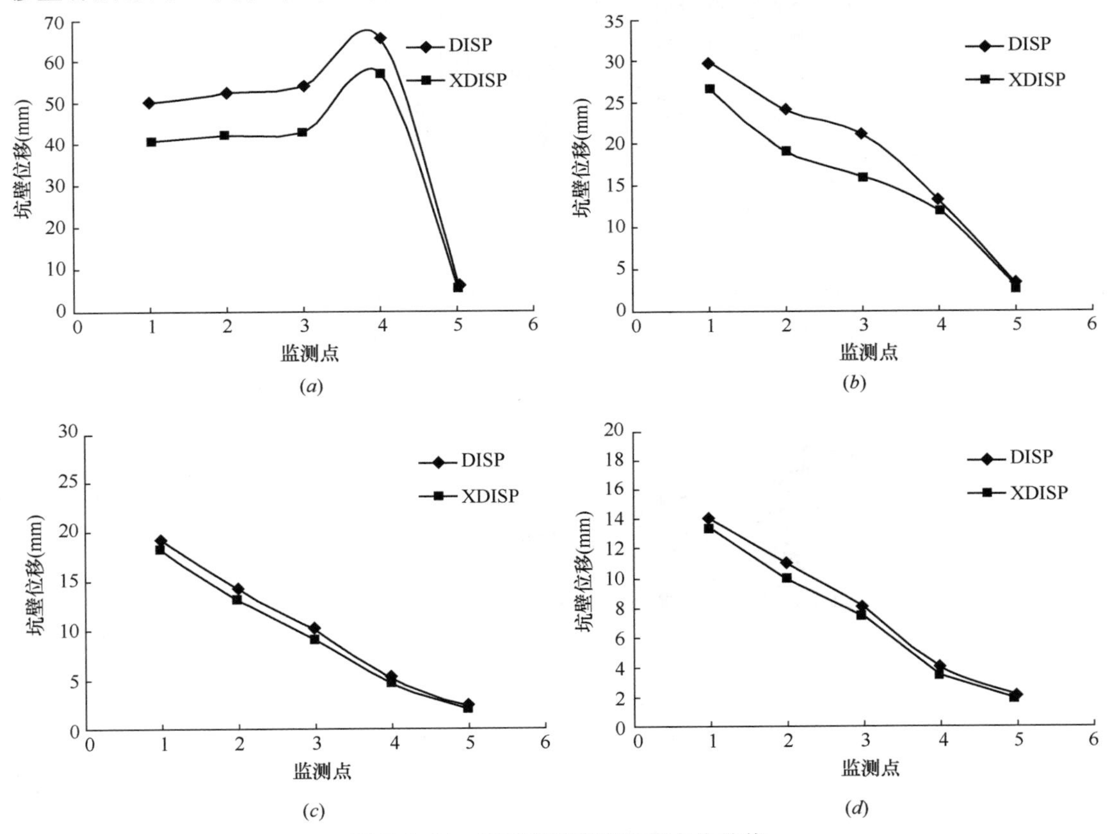

图 7.2.24　不同预留宽度监测点位移值

(*a*) 桩前平台为 0m 时监测点坑壁位移；(*b*) 桩前平台为 0.6m 时监测点坑壁位移；(*c*) 桩前平台为 1.2m 时监测点坑壁位移；(*d*) 桩前平台为 1.8m 时监测点坑壁位移

1.2m，位移大幅度减少，下部岩体部分位移变形明显减少，如图 7.2.24（*c*）所示；宽度增大为 1.8m 时，未见支护效果明显增强，如图 7.2.24（*d*）所示。

每隔 1m 设立一个监测点，共设立五个岩体位移监测点，如图 7.2.25 所示。比较不同桩前预留平台宽度的影响，由于桩前预留平台为 0m 时，基坑的位移较大，且为了保护桩脚，提供一定的安全储备，所以主要针对预留平台宽度为 0.6m、1.2m、1.8m 进行比较，如图 7.2.25 所示。桩前预留平台宽度为 1.2m 时坑壁位移有大幅度减少，位移量在 17～18mm 之间，而相同监测点在 0.6m 的宽度下高达 29～30mm，明显可见支护效果的提高。当平台宽度延长至 1.8m 时，较平台为 1.2m 时，未见支护效果明显增强。因此，预留平台宽度取 1.2m 左右比较合适。

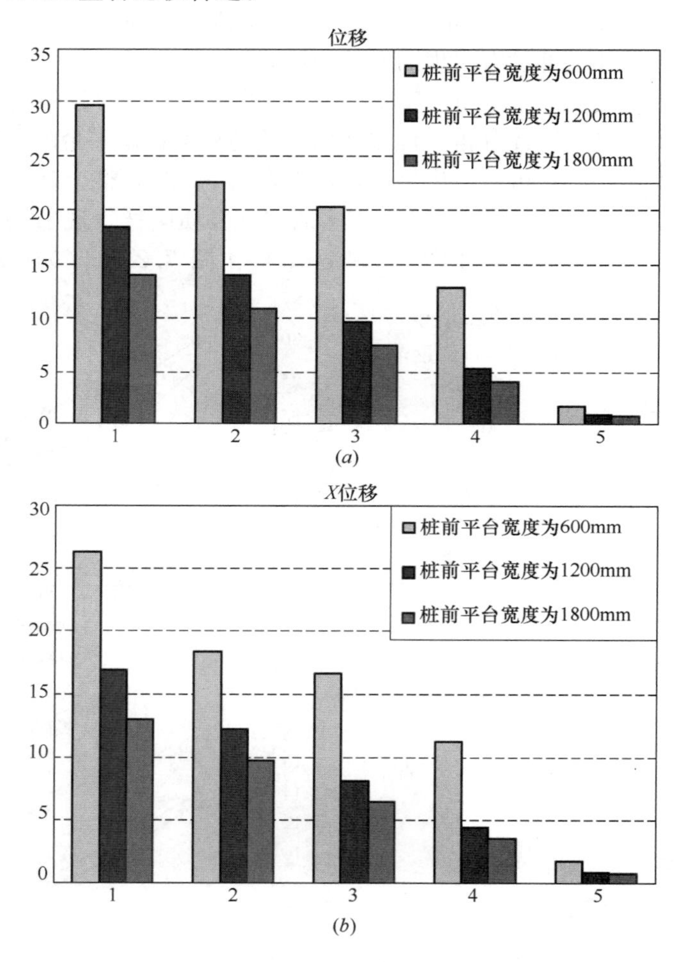

图 7.2.25　不同预留宽度监测点位移值

（*a*）不同平台宽度监测点的位移值；（*b*）不同平台宽度监测点的水平位移值

（4）吊脚桩嵌固深度

当桩体承受的侧向压力较大时，桩体将会产生横向变形与绕桩底的旋转，从而导致桩底预留宽度部分产生应力集中，造成破坏。为了防止桩体的变形，需要采用锚固作用抑制桩体变形，以使得桩体深入岩石，形成固定端约束。

为了对比不同嵌固深度对基坑支护的影响，在实际工程采用的嵌固深度约为2.5～2.6m的情况下，分别调整嵌固深度（0.9m、1.8m、2.7m、3.6m），以对比施工过程可能对基底岩土介质产生的不利影响。

模拟采用正常开挖顺序，不考虑锚杆、锚索的作用，以对比纯吊脚桩作用下嵌固岩体的塑性区分布。

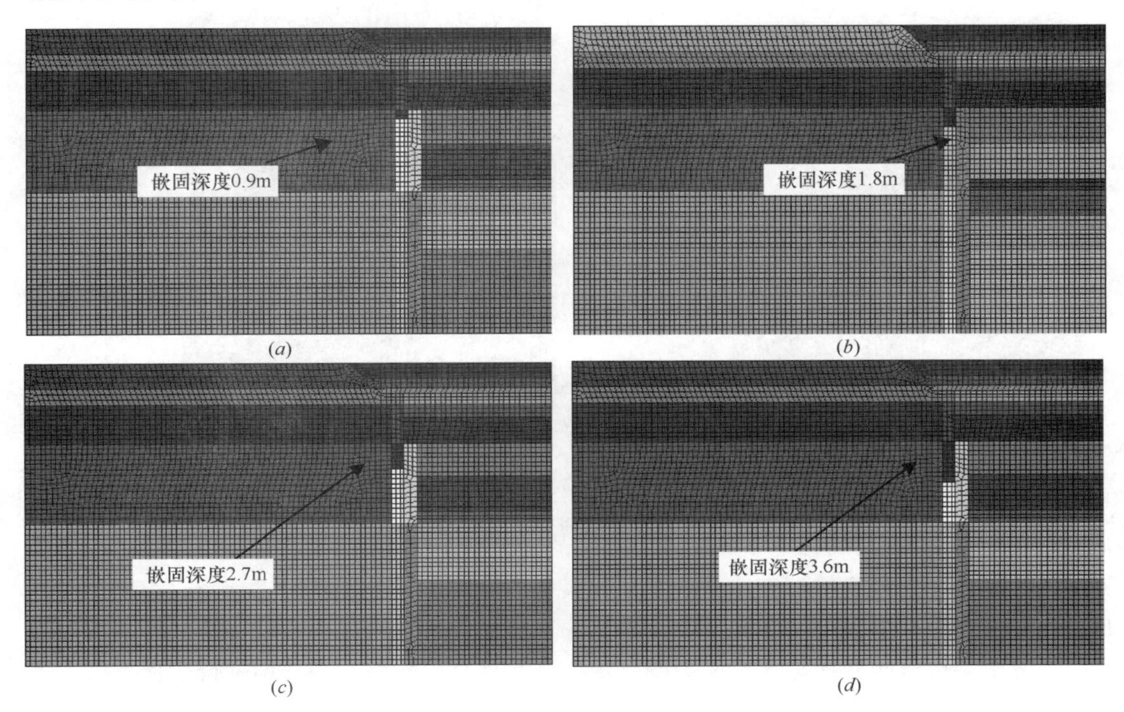

(a) (b) (c) (d)

图7.2.26　吊脚桩不同嵌固深度计算模型

(a) 模型一；(b) 模型二；(c) 模型三；(d) 模型四

通过相同参数、相同计算流程下不同嵌固深度下的计算结果表明：嵌固深度主要影响岩体的局部稳定性。因吊脚桩在土压力作用下向基坑内部变形，而该变形在垂直方向近似线性，上部大、底部小，因此吊脚桩有沿着脚步旋转趋势，导致桩前预留岩肩应力集中，产生局部拉坏，而桩后土体则局部剪切破坏。如果嵌入深度小，则岩体容易应力集中，造成预留宽度范围内岩体产生塑性区，随着嵌固深度增加，桩与基岩能形成整体，但潜在的塑性区向桩下岩体发展，因此嵌固深度不能太长。

通过计算表明，当嵌入深度达到2.4m、3.2m时，塑性区都非常少，表明嵌固较为牢靠，其值与规范中的2～3倍桩径相吻合，故嵌入深度在2.3～3.6m已经足够。如果节理发育，则可取大值，如岩体完整性好，2倍桩径即可满足要求。

由于吊脚桩存在，潜在滑移面可能向下部岩体发展，因此在岩体中采用短锚杆增加岩体的完整性应对稳定吊脚桩脚部有效。

4. 研究结论

为了避免基坑开挖引起的坑坡变形和破坏，基坑开挖和支护要分步进行。基坑的每步开挖都要进行先支护或者边开挖边支护，而支护体系的应力、应变和基坑施工过程紧密相

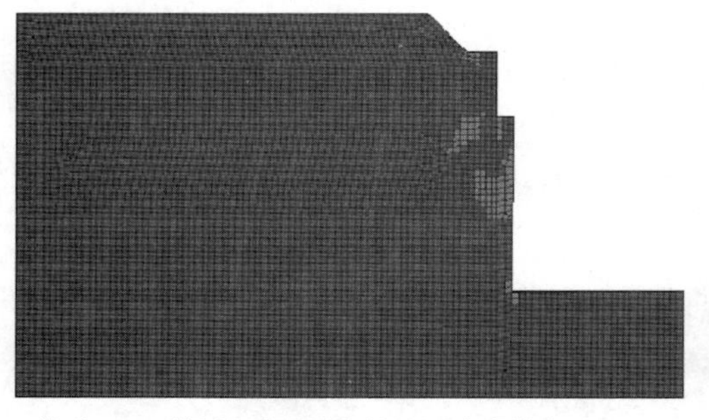
模型一 开挖过程出现的塑性区(不考虑锚索)

模型二 开挖过程出现的塑性区(不考虑锚索)

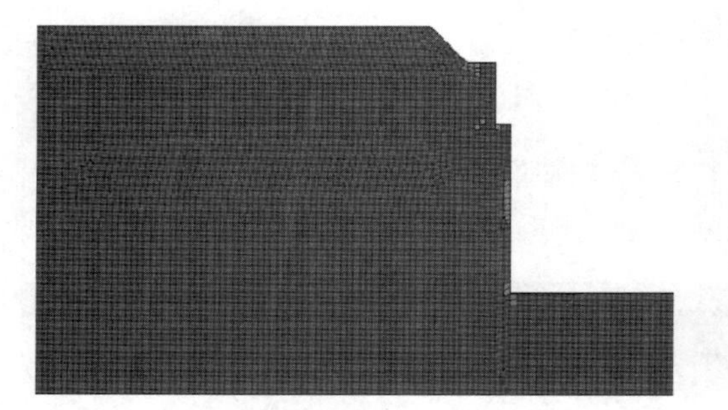
模型三 开挖过程出现的塑性区(不考虑锚索)

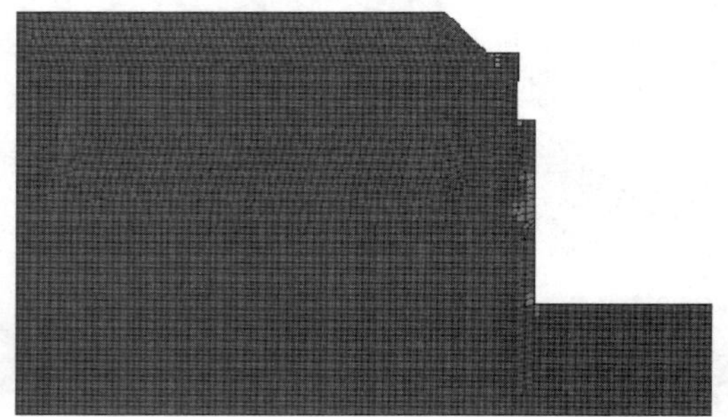
模型四 开挖过程出现的塑性区(不考虑锚索)

图 7.2.27 吊脚桩不同嵌固深度塑性区分布

关，因此，为了较为真实可靠地分析支护体系的应力应变，确保基坑工程的安全，对基坑开挖和支护工程施工过程的模拟是非常必要的。此处通过选取某深基坑典型区段进行数值模拟，分析基坑分步开挖位移、应力变化规律，并且对吊脚桩支护结构进行优化分析，主要结论如下：

（1）基坑的水平位移沿深度方向呈曲线分布，位移最大值发生在桩顶处，每开挖一步，在坑壁都有一定的水平位移增量，每步开挖形成的水平位移分布曲线形状相似，最大水平位移桩顶处，最大位移值为 22.96mm，符合建筑基坑工程监测技术规范要求。

（2）地表沉降随着距深基坑开挖边沿的距离的增大呈现先增大后减小的趋势，在离开挖边沿一定距离的边坡上出现最大沉降量，然后沉降量慢慢减小，最后在距离较远处趋于零。每一步开挖支护，土体都会有一定的沉降增量，故每步开挖支护形成的地表沉降分布曲线非常相似。最终沉降最大值为 6.717mm，符合建筑基坑工程监测技术规范要求。竖向应力基本沿高度均匀分布，且方向均为向下，开挖部分竖向应力的值均比同一水平位置未开挖部分的竖向应力要小。

（3）通过选用不同的锚索倾角，比较随着开挖过程的应力和位移变化规律，并且与实际的监测结果对比，结果表明锚索倾角选用 20°时，支护结构水平位移 34～36mm，支护效果最好，因此选择锚索倾角为 20°；在此基础上，通过比较不同预留平台宽度下，随着开挖进行应力场和位移场的变化规律，结果表明桩前预留平台宽度为 0.6m 时坑壁水平位移为 29～30mm，当平台宽度为 1.2m 时，坑壁位移有大幅度减少，位移量在 17～18mm 之间，明显可以看出支护效果的提高。而当平台宽度延长至 1.8m 时，未见支护效果明显增强，因此，预留平台宽度选为 1.2m 是合适的。

（4）通过分析不同嵌岩深度对支护结构稳定性的影响，其结果表明：当嵌入深度达到 2.4m、3.2m 时塑性区都非常少，表明嵌固较为牢靠，其值与规范中的 2～3 倍桩径相吻合，故嵌入深度在 2.3～3.6m 已经足够。如果节理发育，则可取大值，如岩体完整性好，2 倍桩径即可满足要求。

7.3　利用数值模拟研究打桩过程对地下结构影响

1. 工程概况

某基础工程包括场地整平、基坑开挖和桩基施工，地基土回填等，根据地质勘察报告，场地土（岩）层自上而下分布为素填土、含砾黏土、砂质黏性土、全风化砂岩、强风化砂岩，隧洞附近强风化岩层埋深基本在 21～25m。地表建筑物（备勤楼）采用预应力管桩基础，由于地基下方存在一管线涵洞，涵洞附近 3m 以外的管桩已经施工完成，现场反应涵洞附近的管桩桩长均在 22～26m，管桩桩端均位于涵洞下方，如图 7.3.1 所示。

根据地基基础设计，此方案对隧洞可能产生如下影响：①有部分桩基位于隧洞正上方，可能对隧洞造成挤压效应，不满足规范的不得挤压隧洞的要求。②建筑物局部位于涵洞上方，也不满足规范附近 5m 范围内无建筑物的要求。

根据该地地基基础设计施工方案，提出了两套相对应的基础设计方案：

方案一：基础在原设计基础上进行调整，结构拔除了涵洞正上方的结构柱及管桩，离涵洞水平距离最近的柱子为 1.30m 且管桩的持力层位于涵洞下方。

方案二：地表建筑向西南平移 8m，东北向缩短 12m，设计呈 L 形、增加一层，建筑面积增加 $6410m^2$；首层面积缩小 $760m^2$。建筑物已经完全在涵洞外侧，建筑离涵洞最小水平距离为 5.398m，管桩离涵洞最小水平距离 5.253m，管桩持力层为强风化层，位于涵洞下方。

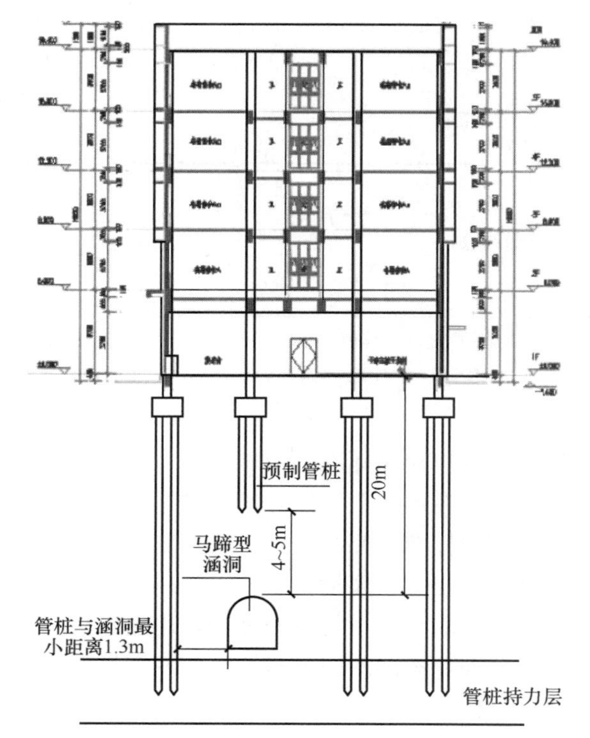

图 7.3.1　原备勤楼基础与涵洞剖面关系

针对上面的两种不同的地基基础设计方案，需要采用定性和数值分析的研究方法开展如下研究：

（1）方案一管桩施工对截污干管的影响。

（2）方案一上部回填土及结构荷载对截污干管的影响。

（3）方案二管桩施工对截污干管的影响。

（4）方案二上部回填土及结构荷载对截污干管的影响。

通过数值模拟分析结果进行论证，以便确定最优的基础设计施工方案。

2. 隧洞破坏标准及判据

隧洞在外荷载作用下，可能会发生断面收敛变形、纵向变形、纵向隆沉和不均匀沉降等，目前虽然还没有完善的理论来详尽描述各种位移和变形的形成机理以及综合影响，但是国内外的学者已经提出了一系列分析模型及相关理论。

(1) 隧洞断面收敛变形

在现有的地层位移预测模型中，隧洞开挖后断面的收敛形式有均匀收敛和不均匀收敛两种。围岩与支护共同作用下，围岩应力超过支护材料的屈服极限后，围岩-支护系统不能承受这一压力，才会发生破坏。这个极限最直观地反映就是当围岩变形达到某一特定值后，围岩加速变形，此时再采取各种措施一般意义已经不大，围岩的破坏已几乎不可抗拒。所以，判断围岩稳定与否，首先应当知道围岩的屈服极限，即它的极限位移，以此为标准来初步判断围岩的稳定性。隧洞失稳的经验先兆有：局部块石坍塌或层状劈裂，喷层的大量开裂累计位移量已达极限位移的2/3，且仍未出现明显的收敛减缓迹象。每日的位移量超过极限的10%，洞室变形有异常加速，即在无施工干扰时的变形速率加大。根据《水工隧洞设计规范》SL 279—2002和《锚杆岩土与喷射混凝土支护工程技术规范》GB 50086—2001的规定，当围岩表面出现大量的明显裂缝，围岩表面任何部位的实测相对收敛量达到如表7.3.1所示的70%，或者是用回归分析法计算的总相对位移接近表7.3.1中的数值，就必须采取措施。

洞周允许相对收敛量　　表7.3.1

隧洞埋深 m		<50	50～300	>300
围岩类别	Ⅲ类	0.1	0.2	0.4
	Ⅳ类	0.15	0.4	0.8
	Ⅴ类	0.2	0.6	1.0

注：1. 表中允许位移值用相对值表示，指两点实测位移累计值与两侧点间距离之比。
2. 表7.3.1适用于高跨比为0.8～1.2，Ⅲ类围岩开挖跨度不大于20m，Ⅳ类围岩开挖跨度不大于15m，Ⅴ类围岩开挖跨度不大于10m的情况

(2) 管线控制标准

目前，在国际上管线破坏控制标准还没有统一的规定。我国学术界及工程界对地下管线破坏控制标准研究甚少，还没有制定统一的标准。在实际工程中常用到的地下管线的破坏控制值都是参考大量的既有工程或在试验的基础上制定的，难以准确确定。地下管线的破坏控制标准与地下管线的种类、用途、材料、接头类型、埋置年代和场地条件等有密切关系，此外，不同的国家和地区的控制标准也不相同，国内外常用的控制标准主要从管线变形进行控制。

北京和重庆在多年的地铁施工经验的基础上规定：地表变形的最大斜率为2.55mm/m，倾斜变形允许值为1～2mm/m。

上海市政部门总结多年经验规定：煤气管线的水平位移允许值为10～15mm。

德国地铁施工标准规定：地下管线的水平变形允许值为0.6mm/m，倾斜变形允许值为1～2mm/m。

上海地铁公司根据上海地层的特点，隧道结构构造方式，并参照国内外经验，给出如下建议：①在隧道外侧 3m 范围内，不能进行任何的工程活动。②在隧道两侧 30m 范围内进行工程活动时，应满足：隧道上方新增附加荷载小于等于 20kPa；隧道总位移（垂直、水平位移）小于等于 20mm；隧道曲率半径大于 1500m（相对曲率为 1：2500）；轨道纵向偏差和高低差小于 4mm/10m；两轨道横向高差小于 2mm。（孙鲁帅，地铁隧道浅埋暗挖施工对地下管线的影响，2011；沈良帅，复杂环境下隧道施工对邻近地铁隧道及地下管线的影响及变形，2006；刘立健，地铁隧道施工对地下管线变形影响研究，2007）

综上所述，从隧洞的变形方面进行控制是最常用的控制标准，也是最直观的标准，综合规范规定和工程经验，本次工程的变形控制标准确定为总位移（水平和垂直）小于 20mm，接近或者大于此值时，表示隧洞已经受到破坏。

3. 基础施工方案一对截污干管的影响分析

（1）基础施工方案一

方案一在原设计的基础上进行调整，位置不变。采用结构局部架空的方法，拔除涵洞正上方的结构柱和管桩，距离涵洞水平距离最近的柱子距离为 1.3m，且管桩的持力层位于涵洞下方，管桩传递的建筑荷载直接到涵洞下方的强风化层，管桩不会对涵洞造成挤压影响，满足规范中不得挤压涵洞的要求。原设计基础除涵洞 3m 范围外的管桩已施工完毕，在原设计基础上进行调整修改费用比较节省。但建筑物还是局部位于涵洞上方，不满足涵洞 5m 范围内无建筑物要求。

方案一调整后的涵洞附近的桩位布置如图 7.3.2 所示。

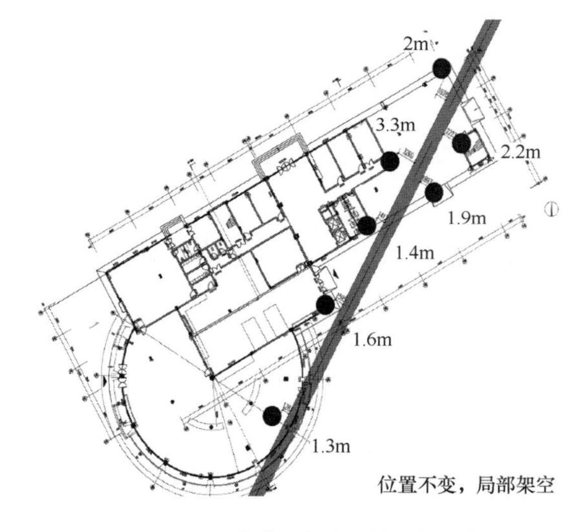

图 7.3.2　方案一调整后的平面图

为了分析方案一的基础设计方案对截污干管隧洞的影响，首先建立二维模型分析距离涵洞 1.3m 的单桩施工对涵洞的影响。在此处地层根据钻孔信息适当简化确定。

（2）模型的建立

二维模型的几何尺寸为 40m×40m×1m。建模采用 cad 对原地层柱状图进行面域处理后，导入 ansys 软件中，利用三角形自由网格划分方式，通过郑海棠博士的 ansys-flac3d 程序，得到 Flac model _ haitang. flac3d 文件，即可用 FLAC3D 调用该文件，从而得到二维模型，如图 7.3.3 所示。该模型共包含节点 10706 个，单元 10248 个。

桩体：模型中的桩体采用的是预应力管桩，内径 500mm、壁厚 125mm，在模型中简化为实体桩，尺寸为 0.75m×1m。

隧洞：根据龙岗河流域截污干管完善工程的隧洞设计图，隧洞为马蹄形，如图 7.3.4 所示。根据设计断面建立隧洞的模型。

模型的本构：静压桩施工的数值模拟是一个比较复杂的课题，其中包括流固耦合，大

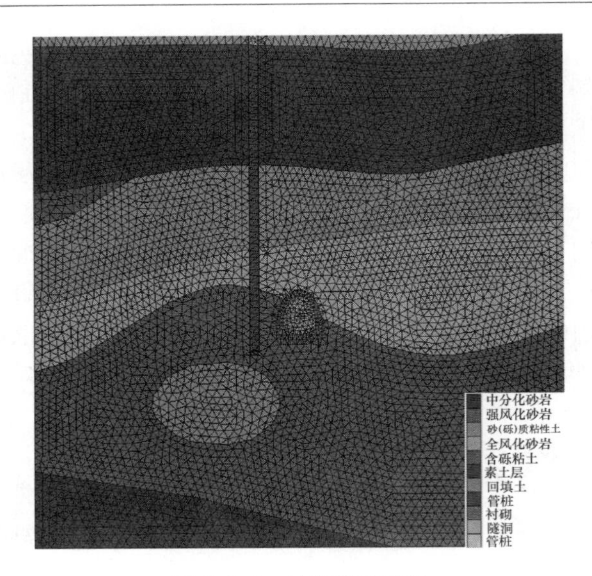

图 7.3.3　计算模型网格

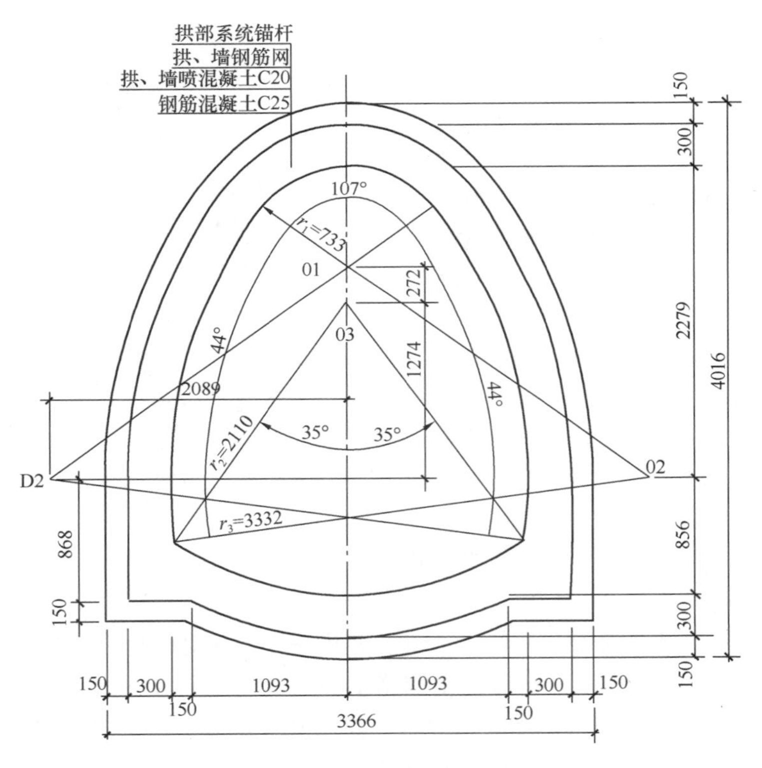

图 7.3.4　马蹄形隧洞断面图

变形等计算土力学中非常复杂的课题。针对本项目的实际情况，本项工作的分析软件采用由美国 Itasca 公司开发的 FLAC3D 软件，可进行岩土类材料和其他土木工程类材料的三维结构受力特性模拟和塑性流动分析。FLAC3D 采用了显式拉格朗日算法和混合-离散分区技术，能够较好的模拟材料的塑性破坏和流动，在岩土类材料的大变形分析中应用广泛。

根据工程经验和类似文献，本构模型采用摩尔-库仑（Mohr-Coulomb）弹性-完全塑性模型是较好的选择，该模型参数选取方便可靠，经验丰富，选取合适的参数可较好的模拟静压管桩施工模拟全过程。

模型的边界：模型外边界两个垂直面仅约束边界面法向位移，平面内无约束；模型底部采用固定约束，水平地表采为自由面。

岩土参数：模型中各土层的参数采用第 2 章中的岩土物理力学参数进行计算。

桩体参数：桩基础采用静压桩管桩基础，管桩直径 500mm、壁厚 125mm，为摩擦端承桩，桩端支承于强风化岩层，单桩承载力特征值 2100kN。

衬砌参数：见表 7.3.2。

材 料 参 数　　　**表 7.3.2**

材料名称	弹性模量	长期弹性模量	泊松比
C20 混凝土	25500	21250	0.2
C25 混凝土	28000	23800	0.2

在本研究中，管桩施工、地基土回填和上部建筑荷载都将对隧洞产生影响、针对不同的工况分别进行计算和分析，必要时可以采用线性叠加来考虑综合影响。在模拟不同工况前，须进行初始地应力平衡、隧洞开挖和施加衬砌后的地应力平衡，此时需进行位移场清零，并保留地应力场。

模拟的工况包括：

1）管桩施工过程对隧洞影响的模拟。

2）地基土回填对隧洞影响的模拟。

3）上部建筑荷载对隧洞影响的模拟。

监测点共设置了 4 处，分别布置在隧洞的上下左右 4 侧，以观测衬砌周围的位移和应力变化，监测点布置如图 7.3.5 所示，在模拟实际工况前进行了隧洞开挖模拟计算，最小主应力结果如图 7.3.6 所示。

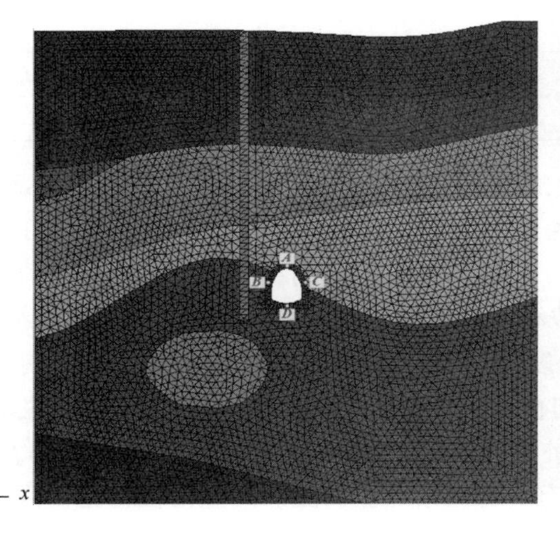

图 7.3.5　隧洞周围监测点布置

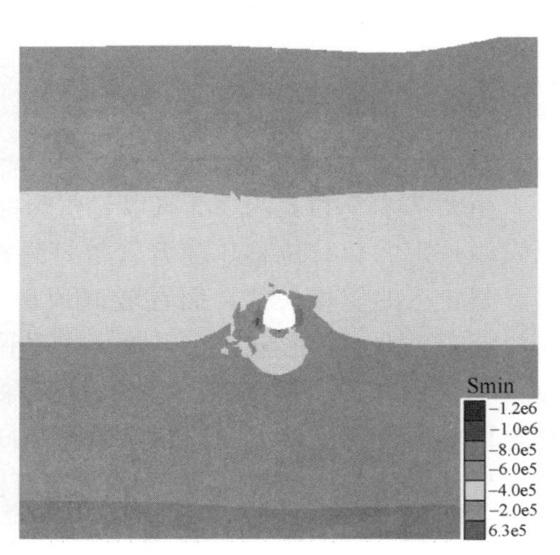

图 7.3.6　隧洞开挖地应力云图

由图 7.3.6 可以看出，在整个模型范围内，在竖直方向应力基本上呈分层分布，随着深度的增加，应力不断增大。但由于隧洞的开挖，导致局部应力场发生改变，出现应力集中区，在隧洞两帮处压应力增大，顶板和底板处应力要比周围的应力略小，局部出现拉应力现象。

（3）管桩施工对截污干管隧洞的影响

管桩的施工过程的数值模拟，是一个比较复杂的课题。方案一采用静压桩施工，终压力值为 4500kN。根据现场反应，隧洞附近的管桩桩长均在 22～26m，管桩的桩端均位于隧洞下方，打桩的终压值为 4500kN。管桩桩长取 25m，整个施工过程分为四次打桩计算，四次打桩桩底位置分别在地表下 10m、15m、20m 和 25m 处，以此观测打桩深度对隧洞的影响。计算结果如图 7.3.7 及表 7.3.3 所示。

监测点的位移值 **表 7.3.3**

桩底位置	监测点位置	监测点编号	监测点位移（x/mm）	监测点位移（y/mm）	监测点位移（z/mm）
10	顶板	A	0.3	0	1.1
	左帮	B	0.5	0	1.0
	右帮	C	0.1	0	1.1
	底板	D	0.2	0	1.2
15	顶板	A	0.5	0	2.4
	左帮	B	0.3	0	2.1
	右帮	C	0.3	0	2.6
	底板	D	0.1	0	2.3
20	顶板	A	0.5	0	13.5
	左帮	B	1.2	0	11.2
	右帮	C	1.3	0	9.7
	底板	D	1.8	0	10.5
25	顶板	A	1.1	0	21.1
	左帮	B	2.1	0	23.3
	右帮	C	2.2	0	19.1
	底板	D	3.7	0	21.1

由图 7.3.7 和表 7.3.3 可以看出管桩的施工对周围土体产生较大的影响，桩周围土体会发生一定的相对位移。随着管桩打入深度的增加，其影响范围也逐渐增大。在隧洞上方，岩土层的位移最大，而在隧洞顶板、右帮和底板位移则相对较小。在桩底 10m 处，管桩施工对隧洞的影响较小，最大水平位移在近桩侧，最大水平位移 0.5mm，竖向位移则基本在 1mm 左右。随着管桩的打入深度的增加，在桩底 15m 处水平位移没有明显变化，而竖向位移呈增大的趋势，最大竖向位移约 3mm，说明随着桩端距离隧洞的距离减小，管桩对隧洞的影响逐渐的增大。当桩底在 20m 处时，水平位移也表现为增大趋势，最大水平位移约 2mm，比桩底在 15m 处有明显的增大。而隧洞的竖向位移也出现了十分明显的增大现象，达到 13mm，说明当管桩桩底距离隧洞顶较近时，对隧洞产生十分明显

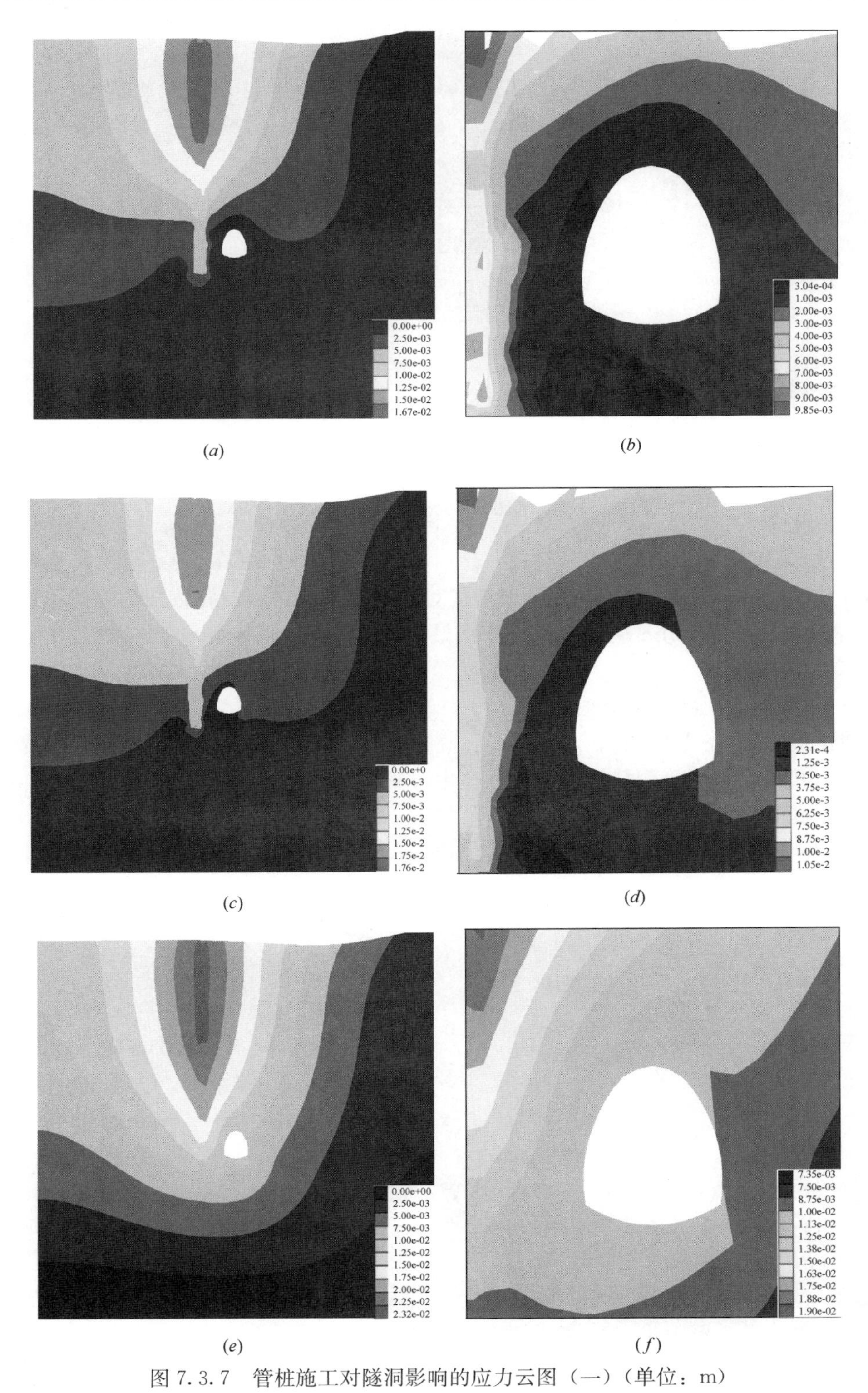

图 7.3.7　管桩施工对隧洞影响的应力云图（一）（单位：m）

(*a*) 桩底在 10m 处位移图；(*b*) 桩底在 10m 处隧洞位置局部放大；(*c*) 桩底在 15m 处位移图；
(*d*) 桩底在 15m 处隧洞位置局部放大；(*e*) 桩底在 20m 处位移图；(*f*) 桩底在 20m 处隧洞位置局部放大

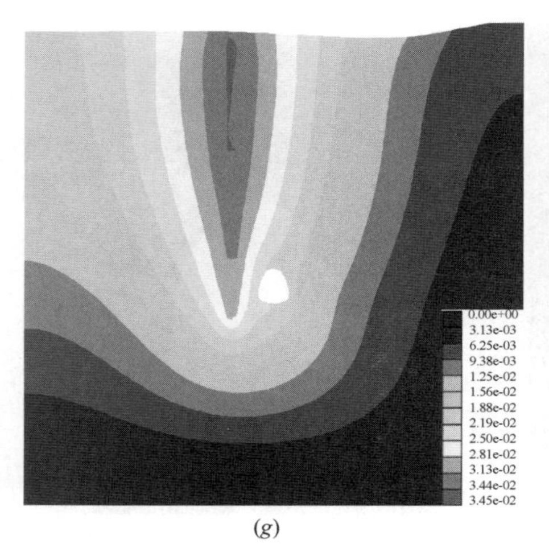

(*g*)

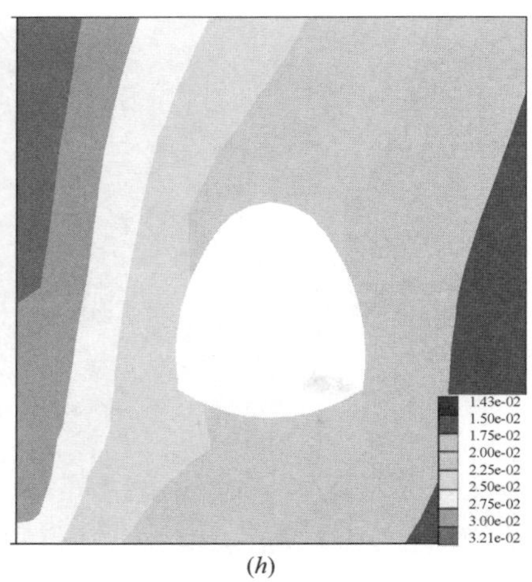

(*h*)

图 7.3.7　管桩施工对隧洞影响的应力云图（二）（单位：m）

（*g*）桩底在 25m 处位移图；（*h*）桩底在 25m 处隧洞位置局部放大

的影响。顶部和左帮的变形也大于右帮 3～4mm。当管桩桩底在 25m 处时，此时管桩施工完毕，桩端打入强风化砂岩层；由于管桩对周围土体的挤压，导致隧洞的位移进一步的增大，水平位移达到 4mm 左右，竖向位移最大约 24mm，近桩侧和远桩侧存在明显的位移差。

（4）回填土及上部结构荷载对截污干管的影响

根据勘察报告备勤楼设计层是 5 层，高度 19.7m，基础埋深 2m，柱下的最大荷载 4500kPa，回填土和建筑荷载均可对隧洞产生不利影响。

1）回填土对隧洞的影响分析

回填表土层之后，计算得到的位移云图如图 7.3.8 所示，监测结果如表 7.3.4 所示。

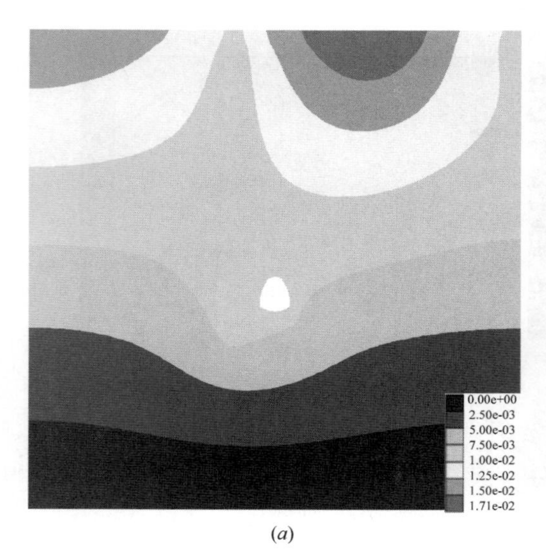

(*a*)

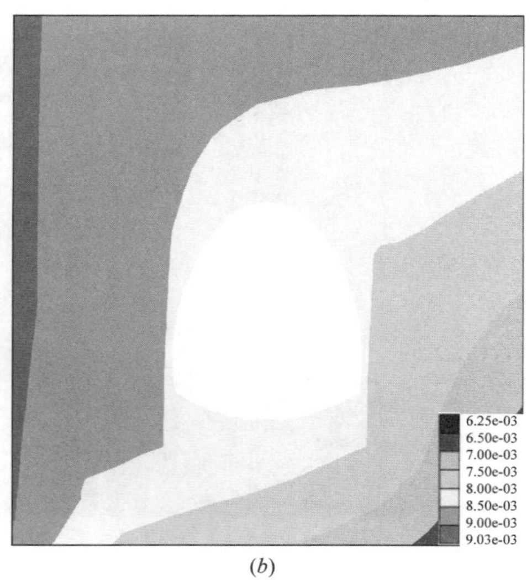

(*b*)

图 7.3.8　回填土引起的隧洞位移云图（单位：m）

（*a*）回填土引起隧洞位移云图；（*b*）回填土引起隧洞位移（局部放大）

监测点的位移值　　　　**表7.3.4**

监测点位置	监测点编号	监测点位移 x（mm）	监测点位移 y（mm）	监测点位移 z（mm）
顶板	A	0.6	0	8.2
左帮	B	0.3	0	8.5
右帮	C	0.3	0	7.9
底板	D	0.07	0	8.3

由图7.3.8和表7.3.4可知，回填阶段相较打桩阶段，隧洞围岩位移很小，回填土引起地表处的位移较大。随着深度的增加，这种影响逐渐减小，到隧洞位置，主要表现为竖直方向的位移较大，最大的约8.5mm，而水平方向的位移变化不明显，可以忽略不计。

2）上部建筑荷载对隧洞的影响分析

在桩上进行静态加载，计算得到的应力云图和位移云图如图7.3.9所示，监测结果如表7.3.5所示。

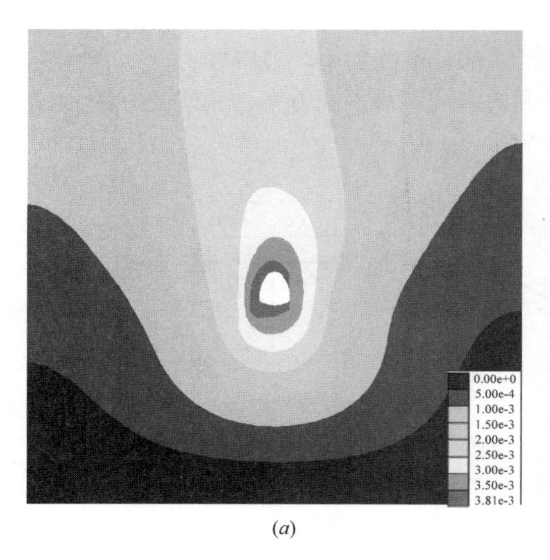

(a)

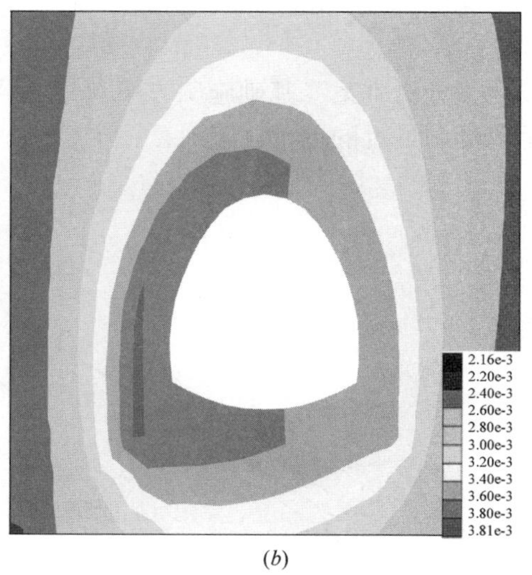

(b)

图7.3.9　回填土引起的隧洞位移云图（单位：m）

（a）上部建筑荷载引起隧洞位移云图；（b）上部建筑荷载引起隧洞位移（局部放大）

监测点的位移值　　　　**表7.3.5**

监测点位置	监测点编号	监测点位移 x（mm）	监测点位移 y（mm）	监测点位移 z（mm）
顶板	A	0.2	0	3.6
左帮	B	0.1	0	3.4
右帮	C	0.1	0	3.1
底板	D	0.1	0	3.6

由图7.3.9和表7.3.5可知，上部建筑物的荷载对隧洞的影响较小，在建筑物的部分

荷载已经通过桩基础传递到强风化岩层，最大的位移约 4mm，说明上部建筑物荷载对管道的影响较小。

可以看出，管桩施工（方案一）对隧洞具有十分明显的影响，尤其是管桩桩端距离隧洞距离越近，影响也就越大，最大的位移约 24mm 左右，超过隧洞变形的允许范围。

图 7.3.10　方案二调整后的总平面图

4. 基础施工（方案二）对截污干管的影响

（1）基础施工（方案二）

基础施工（方案二），总平面图见图 7.3.10、基础调整方案见图 7.3.11（图中单位为 mm）。从方案二中可以看到此时的建筑物已完全在涵洞外侧，建筑距离涵洞最小水平距离约 5.4m，管桩离隧洞最小水平距离约 5.2m，均满足规范要求的 5m 范围内无建筑物的要求，但方案二建筑位置移动较大，已施工的管桩基础大部分不能利用，浪费较多。

为了分析方案二基础施工方案对管道隧洞的影响，采用同方案一相同的方法，首先分析距离隧洞最近的单桩施工对截污干管的影响。

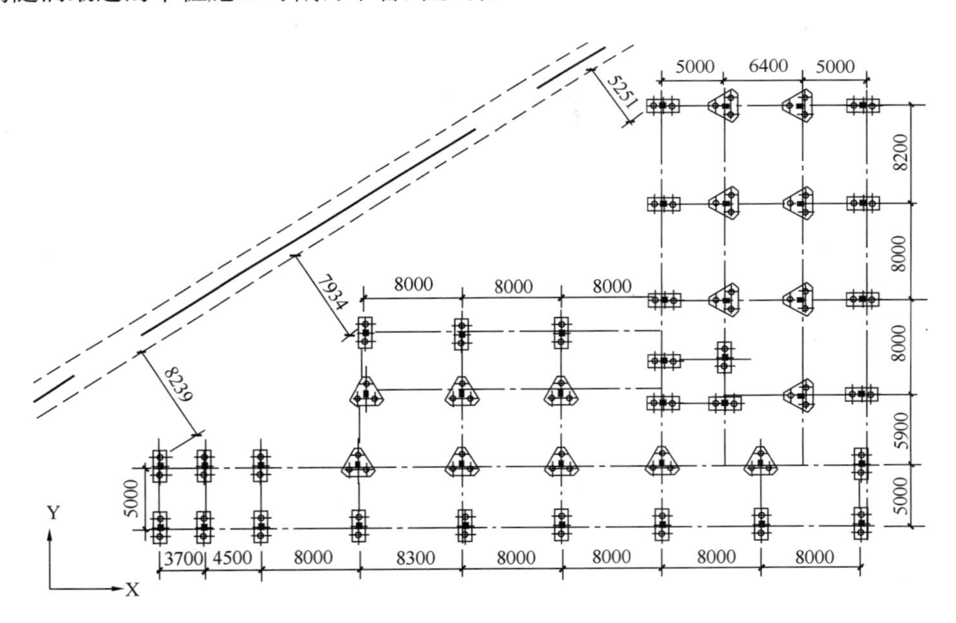

图 7.3.11　方案二的桩基础平面图

（2）模型的建立

见图 7.3.12。

模拟计算采用的计算参数和分析的工况同方案一。监测点同样设置了 4 处，分别布置在隧洞的上下左右 4 侧，以观测衬砌周围的位移和应力变化，监测点布置见图 7.3.13 所

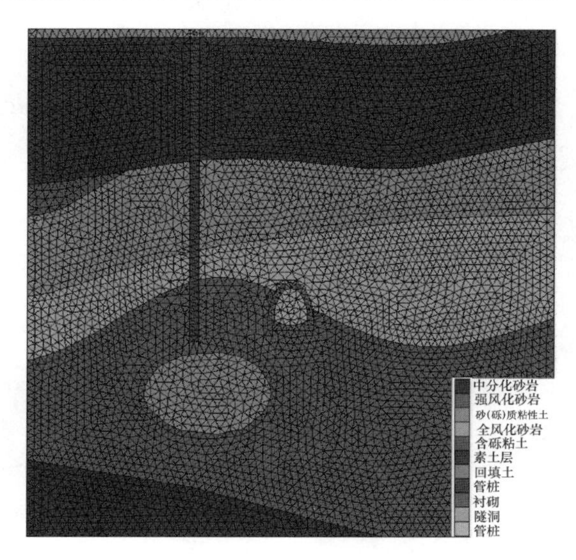

图 7.3.12　计算模型网格

示；在模拟实际工况前首先进行隧洞开挖模拟计算，结果如图 7.3.14 所示，作为分析桩影响的初始条件。

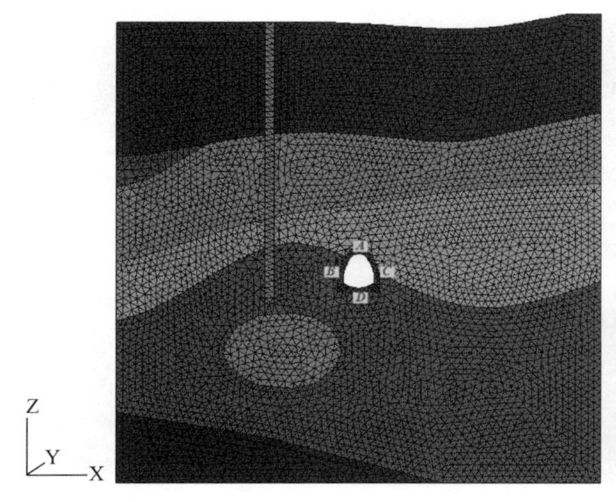

图 7.3.13　隧洞周围监测点布置

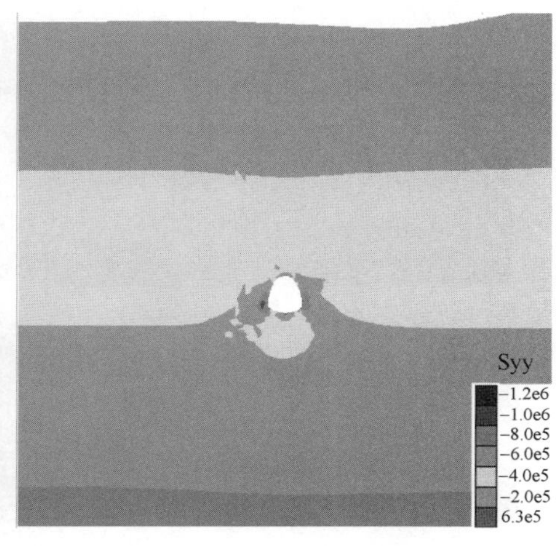

图 7.3.14　隧洞开挖地应力云图（Pa）（竖直方向）

由图 7.3.14 可以看出，整个模型范围内，竖直方向的应力基本呈分层分布，随着深度的增加，应力不断增大。但由于隧洞的开挖，导致局部应力场发生改变，出现应力集中区。在隧洞两帮处压应力增大，顶板和底板处应力要比周围的应力略小，局部出现拉应力现象。

（3）管桩施工对截污干管的影响分析

方案二的管桩施工过程采用锤击法，锤重 6.2t，冲程 2m。在进行管桩施工模拟过程中，为模拟整个施工过程，同方案一采用的方法一样，模拟分四次打桩计算，四次桩底分别在地面标高下 10m、15m、20m 和 25m 处，以此观测打桩对隧洞周围地层的影响。计算结果见图 7.3.15 及表 7.3.6。

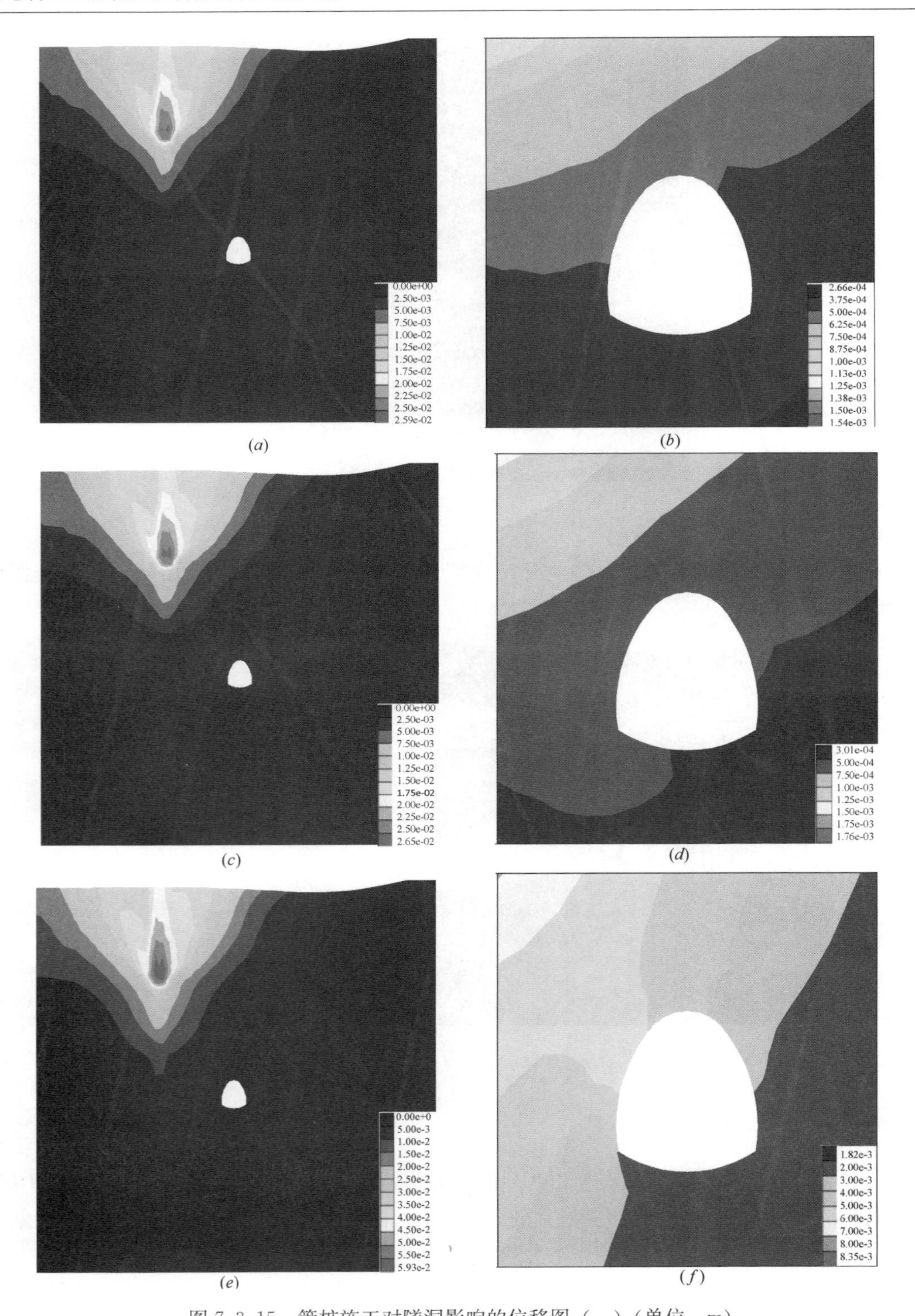

图 7.3.15　管桩施工对隧洞影响的位移图（一）（单位：m）

(*a*) 桩底在 10m 处位移图；(*b*) 桩底在 10m 处隧洞位置局部放大；(*c*) 桩底在 15m 处位移图；(*d*) 桩底在 15m 处隧洞位置局部放大；(*e*) 桩底在 20m 处位移图；(*f*) 桩底在 20m 处隧洞位置局部放大

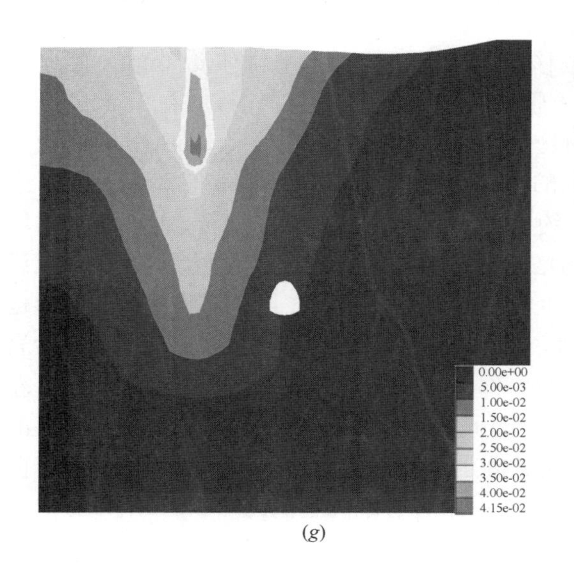

(g)

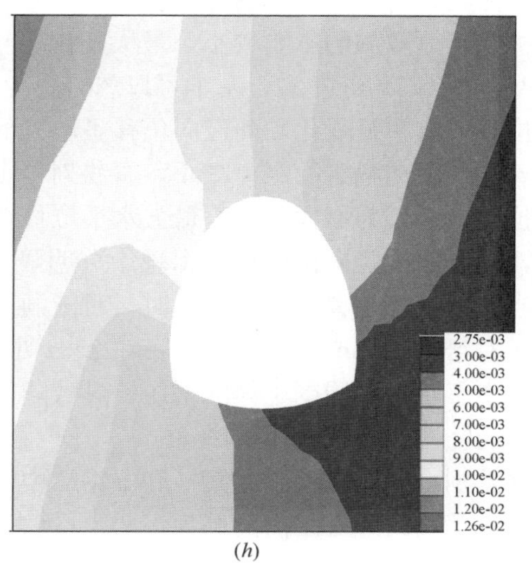

(h)

图 7.3.15　管桩施工对隧洞影响的位移图（二）（单位：m）
（g）桩底在 25m 处位移图；（h）桩底在 25m 处隧洞位置局部放大

监测点的位移值　　　　**表 7.3.6**

桩底位置	监测点位置	监测点编号	监测点位移 x（mm）	监测点位移 y（mm）	监测点位移 z（mm）
10	顶板	A	0.2	0	0.5
	左帮	B	0.2	0	0.5
	右帮	C	0.1	0	0.4
	底板	D	0.1	0	0.4
15	顶板	A	0.2	0	1.2
	左帮	B	0.1	0	1.2
	右帮	C	0.1	0	0.9
	底板	D	0.1	0	1.0
20	顶板	A	0.5	0	4.3
	左帮	B	1.2	0	4.5
	右帮	C	1.1	0	2.5
	底板	D	0.8	0	2.2
25	顶板	A	0.6	0	7.8
	左帮	B	2.0	0	8.0
	右帮	C	1.3	0	3.9
	底板	D	1.7	0	4.0

通过图 7.3.15 和表 7.3.6 可以看出管桩的施工对周围土体有较大的影响，使得桩周围土体发生一定的相对位移，随着管桩打入深度的增加，其影响范围也逐渐增大。同方案

一相比较，管桩距离隧洞的距离增大，使得管桩施工对隧洞的影响减小。桩底在10m处，管桩施工对隧洞的影响较小，最大的水平位移在近桩侧，最大水平位移0.2mm，竖向位移基本在0.5mm左右，基本可以忽略。随着管桩的打入深度的增加，桩底在15m处，水平位移没有明显变化，而竖向位移呈增大的趋势，最大竖向位移在约1.2mm处时，说明随着桩端距离隧洞的距离减小，管桩对隧洞的影响逐渐的增大。当桩底在20m处时，水平位移也表现为增大趋势，最大水平位移在约1.2mm处时，比桩底在15m处有明显的增大，而隧洞的竖向位移也是出现十分明显的增大的现象，最大竖向位移达到4.5mm，说明当管桩桩底距离隧洞顶较近时，对隧洞产生十分明显的影响。并且顶部和左帮的变形也大于右帮2～3mm。当管桩桩底在25m处时，此时管桩施工完毕，桩端打入强风化砂岩层，由于管桩对周围土体的挤压，导致隧洞的位移进一步的增大，水平位移达到2mm左右，而竖向位移最大达到约8mm，总位移约10mm。同时近桩侧和远桩侧也存在明显的位移差别。整体上看，方案一和方案二中管桩的施工过程对隧洞的影响规律是相似的，但由于方案二的管桩距离隧洞为5.3m，远大于方案一中管桩距离隧洞的1.3m，所以影响程度也是有了明显的降低。

（4）回填土及上部结构荷载对截污干管的影响

根据勘察报告和项目总体设计，本项目地块2号场地设计建筑物现状地面标高南北高低不匀，其中北侧地段高，根据钻孔孔口标高，ZK104、ZK88、ZK69、ZK70、ZK89在46～49m之间；而南侧地段低，其中ZK119、ZK120、ZK121等都在44～45m左右。平整至设计地坪标高（45.80m）后，其中北部地段位于挖方区，南部地段则位于填方区，回填土厚度增加约2m。同时，方案二中设计建筑物层数从5层改为6层，使得柱下的最大荷载增大为5000kPa，填土和住宅荷载均可对隧洞产生不利影响。

1）回填土对隧洞的影响分析

位移云图（图7.3.16）

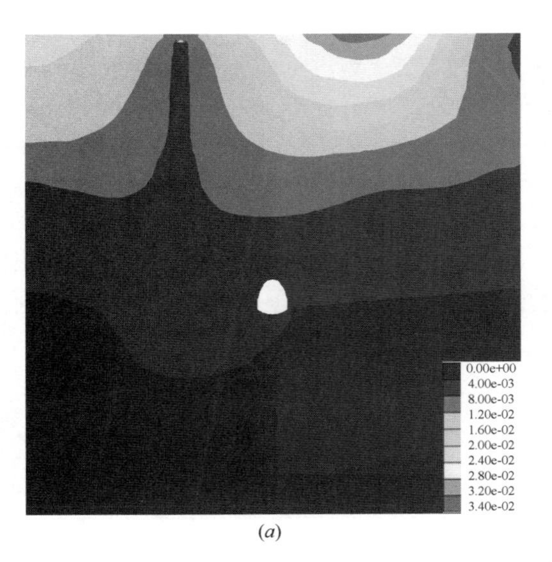

(a)

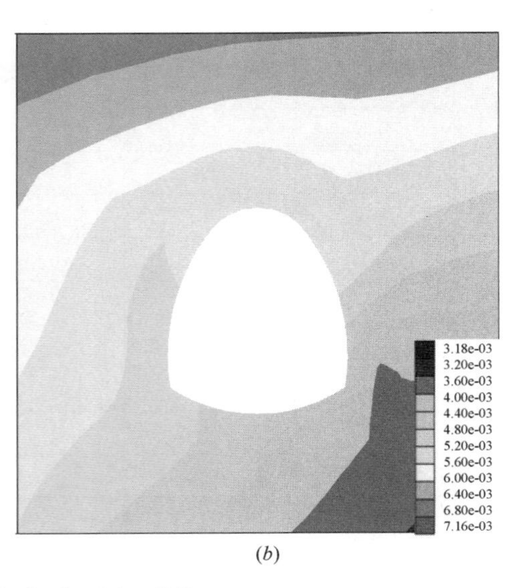

(b)

图7.3.16　回填土引起的隧洞位移云图（单位：m）

(a) 回填土引起隧洞位移云图；(b) 回填土引起隧洞位移（局部放大）

监测点的位移值　　表 7.3.7

监测点位置	监测点编号	监测点位移 x（mm）	监测点位移 y（mm）	监测点位移 z（mm）
顶板	A	0.6	0	5.3
左帮	B	0.7	0	5.1
右帮	C	0.9	0	4.4
底板	D	0.3	0	4.5

通过图 7.3.16 和表 7.3.7 可以看出，回填阶段相较打桩阶段，隧洞围岩的位移很小，回填土引起地表处的位移较大；随着深度的增加，这种影响逐渐的减小，到隧洞位置，主要表现为竖直方向的位移较大，最大 5.3mm，而水平方向的位移变化不明显。

2）上部建筑物荷载对隧洞的影响分析

总位移云图（图 7.3.17）

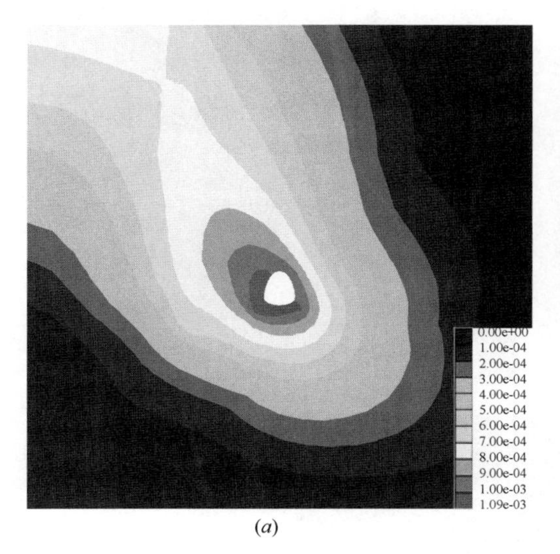

(a)

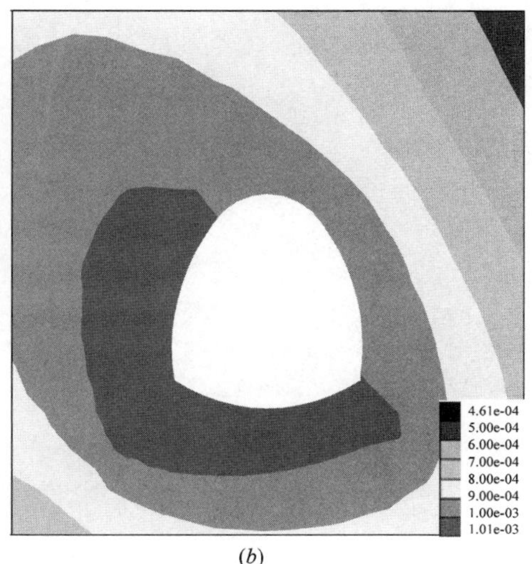

(b)

图 7.3.17　上部建筑荷载引起的隧洞位移云图（单位：m）

（a）上部建筑荷载引起隧洞位移云图；（b）上部建筑荷载引起隧洞位移（局部放大）

监测点的位移值　　表 7.3.8

监测点位置	监测点编号	监测点位移 x（mm）	监测点位移 y（mm）	监测点位移 z（mm）
顶板	A	0.7	0	0.7
左帮	B	0.6	0	0.8
右帮	C	0.6	0	0.7
底板	D	0.7	0	0.8

通过图 7.3.17 和表 7.3.7 可以看出，上部建筑物的荷载对隧洞的影响较小，建筑物部分荷载已经通过桩基础传递到强风化岩层，最大的位移约 1mm，说明上部建筑物荷载对截污干管隧洞的影响较小。

综上所述，方案二管桩施工对隧洞具有十分明显的影响，尤其是管桩桩端距离隧洞距离越近，影响也就越大，最大的位移约 8mm。

5. 管桩施工对隧洞影响规律分析

通过前面方案一和方案二的分析可以知道，管桩施工过程对截污干管造成的影响最大，为了评估这种影响，需要对管桩的施工对隧洞的影响规律进行总结和分析。在方案一和方案二中，管桩的施工过程分为四次打桩计算，分别计算桩底在不同位置，即桩入土深度对隧洞的影响。通过分析数值模拟的结果发现，随着桩入土深度的增加，对隧洞的影响也逐渐增加。当桩底位置接近隧洞顶板水平位置时，隧洞的位移急剧增大，说明此时管桩施工对隧洞的影响十分明显，此时应该特别注意隧洞的变形，必要时应采取措施。

分别考虑了桩隧间距为 2m、4m、6m 三个方案管桩施工对隧洞的影响，模型如图 7.3.18 所示。

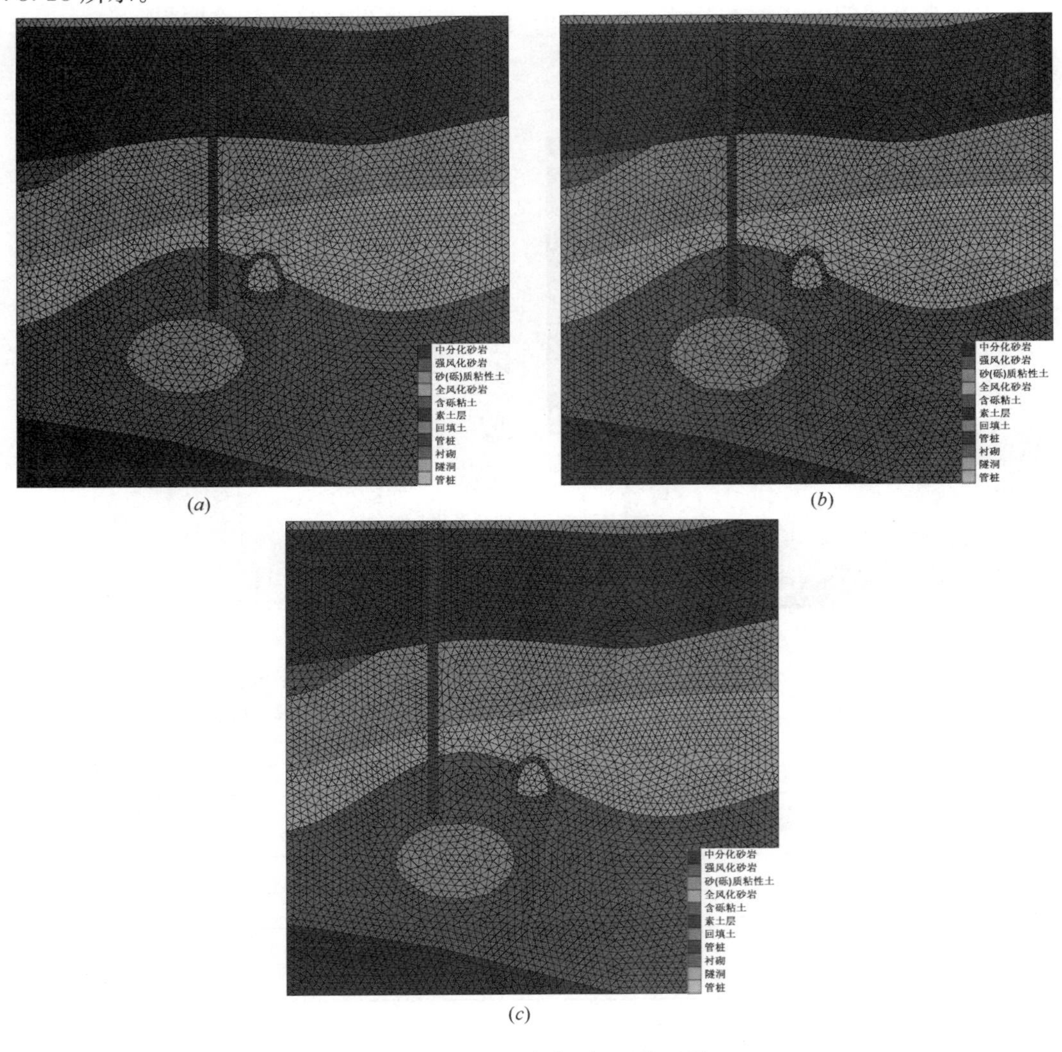

图 7.3.18　不同隧洞间距模型图

(*a*) 方案三桩隧间距 2m；(*b*) 方案四桩隧间距 4m；(*c*) 方案五桩隧间距 6m

由于这里只讨论桩隧间距对隧洞的影响，因此不进行管桩的多次打桩计算，最后得到不同桩隧间距下的位移云图。如图 7.3.19 所示。

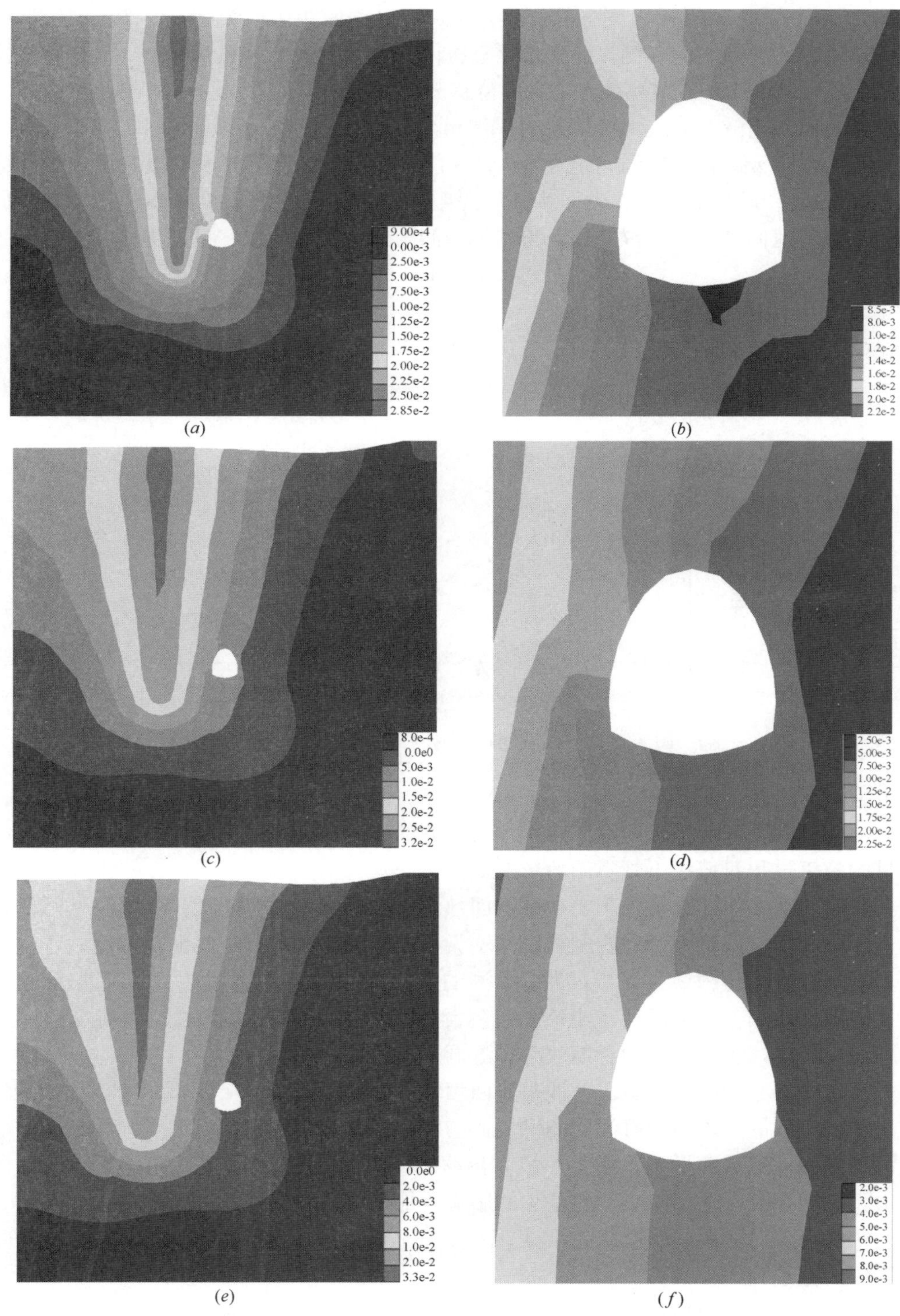

图 7.3.19　不同隧洞间距方案位移云图（单位：m）

（*a*）方案三位移云图；（*b*）方案三位移放大云图；（*c*）方案四位移云图；

（*d*）方案四位移放大云图；（*e*）方案五位移云图；（*f*）方案五位移放大云图

图 7.3.19(*a*)、(*b*) 是方案三的位移云图，即隧洞间距为 2m 时的位移云图。将该图放大可以看出：在隧洞的左侧，也就是靠近桩的一侧，最大位移量为 18mm，并向右侧逐渐递减。图 7.3.19(*c*)、(*d*) 是方案四的位移云图，即隧洞间距为 4m 时的位移云图。将该图放大可以看出隧洞的最大位移量为 15mm，并向右侧逐渐递减。图 7.3.19(*e*)、(*f*) 是方案五的位移云图，即隧洞间距为 6m 时的位移云图。将该图放大可以看出隧洞的最大位移量为 7mm。通过上述分析表明：桩隧间距越大，隧洞的位移量越小，其关系近似指数分布，则对他们进行曲线拟合后，得到桩隧间距与衬砌最大位移量的关系式：

$$S = 32.34e^{-0.25L} \tag{7.3.1}$$

式中：S——衬砌最大位移量（mm）；

L——桩隧间距（m）。

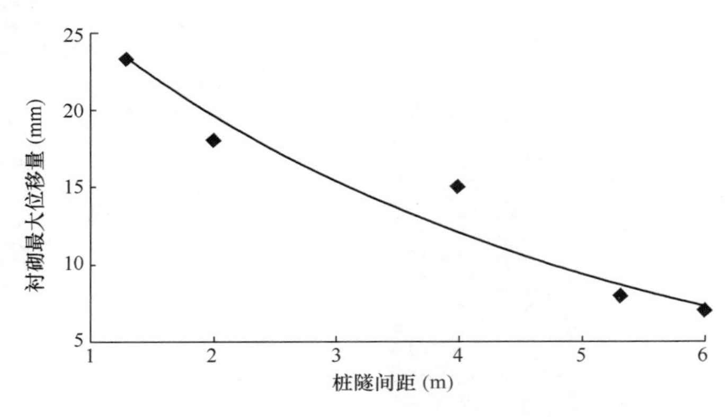

图 7.3.20　桩隧间距与衬砌最大位移量关系图

6. 研究结论

（1）管桩施工、地基土回填和上部建筑荷载的作用都会对截污干管隧洞产生影响，其中管桩的施工过程对截污干管隧洞的影响最大。

（2）对方案一中的管桩施工、地基土回填和上部建筑荷载进行数值模拟，结果表明：管桩施工随着深度的增大，对隧洞的影响增大，尤其是在桩端接近隧洞顶端时，隧洞变形显著增大，最大位移约 24mm，不满足隧洞的保护要求；地基土回填变形主要在地表附近，随着深度增加，影响逐渐减小，引起隧洞的变形约 8mm；上部建筑物荷载通过管桩传入强风化岩层，主要表现为长期效应，隧洞变形约 4mm。

（3）对方案二中的管桩施工，地基土回填和上部建筑荷载进行数值模拟，结果表明：管桩的施工对隧洞的影响随着深度的增大而增大，同方案一的情况类似，同样是在桩端接近隧洞顶部时，隧洞变形显著增大，最大位移约 8mm；地基土回填变形主要是发生在地表，由于桩的存在，局部减小了地基土的影响，地基土回填使得隧洞产生的变形约 5mm；上部建筑物荷载对隧洞的影响，主要表现在长期效应，引起隧洞的变形约 1mm。因此选择方案二的基础施工方案。

（4）在整个数值模拟过程中，近桩侧隧洞的变形要明显的大于远桩侧，造成隧洞断面的不均匀收敛，两侧的变形量相差最大约 4mm。

（5）通过不同隧洞间距打桩方案进行模拟分析和对比，发现桩隧间距越大，隧洞的位移量越小，其关系近似指数规律变化。桩隧间距 2m 时隧洞的最大位移量为 18mm；桩隧间距为 4m 时隧洞最大位移量为 15mm；桩隧间距为 6m 时隧洞最大位移量为 7mm。

7.4　利用离散元数值模拟方法评估滑坡灾害

某边坡坡底高程为 13.6～14.08m，坡顶高程为 60.34～70.6m，相对高差大约 50m，边坡坡度 20°～30°，局部 40°。地层坡度变化较大，边坡表层主要以残积土夹杂腐殖质土分布为主，其中通过分析可知该边坡 1-1 剖面土体参数强度降低引发滑坡，则滑坡后缘高程约为 60～65m，剪出口高程为 35～40m，相对高差为 20～30m，滑坡体平均厚度约为 2.5m。

由于设计需要，施工单位组织对坡顶进行建筑加载导致场地一区 1-1 剖面处滑坡体上部下滑力的增加，加之考虑降水工况下滑面强度的降低，一旦发生滑坡，对坡下的建筑存在潜在冲击破坏的风险。该风险很难通过试验来进行评价，对于边坡工程，采用颗粒离散元方法，基于滑坡能量统计和结构安全设计原理，研究不同介质和几何条件的滑坡对建筑物冲击力的影响，分析不同结构的致灾程度大小，用于滑坡灾害的风险评价，可为该滑坡体的致灾情况作出评价。

图 7.4.1　1-1 剖面滑坡现场图片

1. 模型构建及致灾理论分析

滑坡几何位置和相应地质情况的不同，会引起坡下建筑物损坏程度的不同。即使是同一滑坡对不同结构、不同类型的建筑物致灾破坏程度也会不同，因此滑坡的灾害是滑坡体与结构体的共同作用结果。滑坡灾害评估中仅仅对滑坡的稳定性进行分析是远远不够的，还应进行滑坡体对构筑物的冲击破坏程度的分析。滑坡体的冲击力大小与坡体的速度有关，而滑坡体的计算速度取决于多种因素。故构建受滑坡自身强度、滑面粗糙程度，建筑物的分布和类型等条件控制的滑坡体致灾程度分析模型具有重要意义。

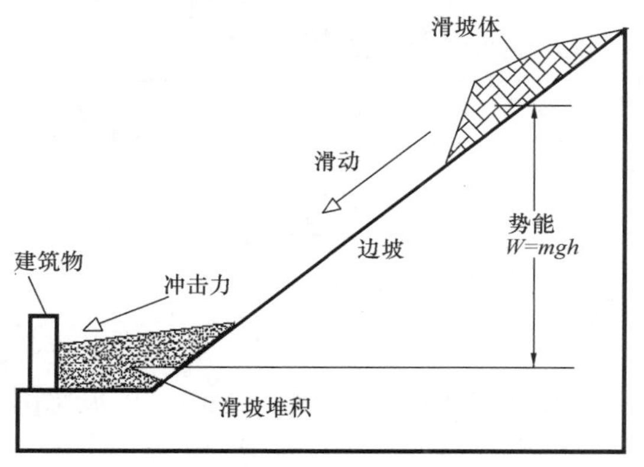

图 7.4.2　滑坡冲击简化模型

如图 7.4.4 所示，建筑物的安全性评价可用结构可靠性概率量度，即结构在设计使用年限完成预定功能的概率。结构可靠度的可靠与不可靠的界限即为极限状态，由于采用概率极限状态方法，需要大量的统计数据，且当随机变量不服从正态分布，极限状态方程是非线性的，计算比较复杂。而通过把影响因数折算到分项系数，即得到了简单表达方式：$S_1 \leqslant R \times F_1$；$E_{t1}$ 为各种外荷载和作用的总和；$E_{t1} = F \times t_1$ 为建筑物结构抗力，滑坡致灾分析时也可类似处理，即从致灾程度系数 R 的大小去衡量滑坡对建筑物的冲击破坏，致灾程度系数 R 即为滑坡等效冲击力 F 与结构最不利荷载 F_1 的比值，若 R 大于 1，则建筑物破坏，若 R 在 0～1 之间，则建筑物安全。

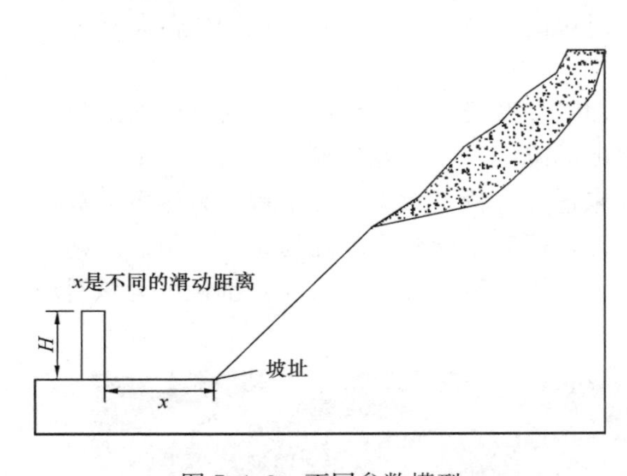

图 7.4.3　不同参数模型

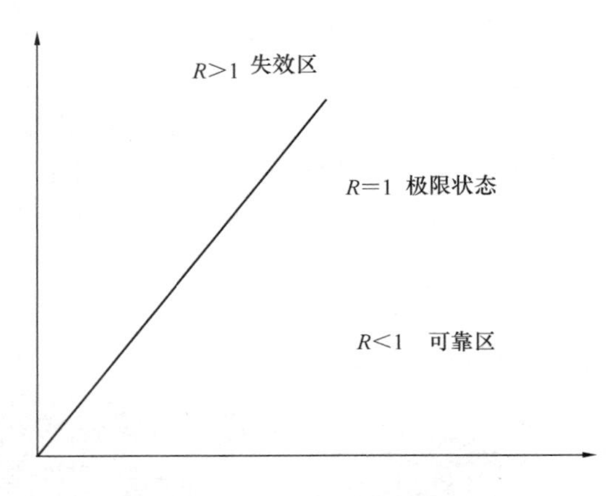

图 7.4.4　致灾评价模型

2. 颗粒离散元的基本原理

颗粒离散元基于分子动力学，把整个介质看作由一系列离散的独立运动的离子所组成的系统。单元运动受经典运动方程控制，期望通过各单元的运动和相互位置的更新来描述整个介质的变形和演化过程。能方便地处理非连续介质力学问题，以散体介质细观结构为基础，将材料力学响应问题从物理域映射到数学域，采用显式差分算法，反复运用力-位移定律和牛顿运动定律更新接触颗粒间接触力和颗粒位置，构建颗粒间新接触，从而模拟介质颗粒的运动及其相互作用过程，计算原理如图 7.4.5 所示。

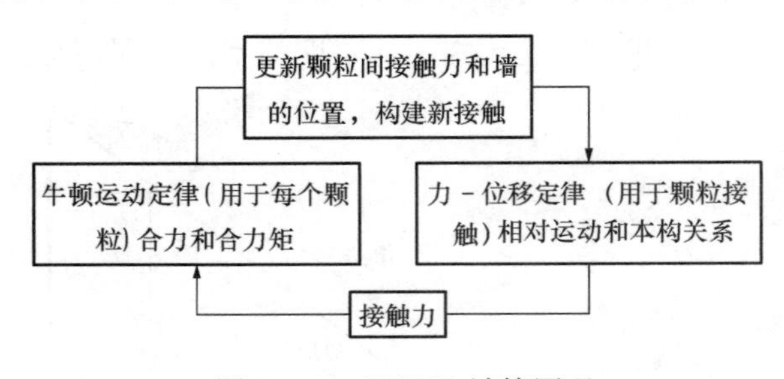

图 7.4.5　PFC2D 计算原理

3. 颗粒接触本构关系

在 PFC 中，颗粒材料的所有物理力学行为都是通过简单的接触本构关系来模拟，每个接触位置作用的接触本构模型一般由三部分组成：接触刚度模型、滑动模型和粘结模型。

（1）接触刚度模型

当颗粒单元处于平衡状态时，单元所受的接触力是一定的。颗粒之间的接触力与颗粒间的重叠量及颗粒刚度成比例关系，其中，法向刚度描述的是总法向力与总法向位移之间的关系，而切向刚度则描述的是剪切应力增量和剪切位移增量之间的关系。

$$\begin{cases} F_i^n = K^n U^n n_i \\ \Delta F_i^s = k^s \Delta U_i^s \end{cases} \tag{7.4.1}$$

式中：F_i^n 为总法向接触力；K^n 为法向割线接触刚度；U^n 为总法向位移；n_i 为单位法向量；ΔF_i^s 为剪切应力增量；k^s 为剪切切向刚度；ΔU_i^s 为剪切位移增量。

若接触实体间的接触刚度模型为线性接触模型，则法向刚度等于法向割线刚度。法向刚度表达式为：

$$k^n = \frac{dF^n}{dU^n} = \frac{d(K^n F^n)}{dU^n} = K^n = \frac{k_n^{[A]} \cdot k_n^{[B]}}{k_n^{[A]} + k_n^{[B]}} \tag{7.4.2}$$

切向刚度表达式则满足：

$$k^s = \frac{k_s^{[A]} \cdot k_s^{[B]}}{k_s^{[A]} + k_s^{[B]}} \tag{7.4.3}$$

式中：$k_s^{[A]}$，$k_s^{[A]}$，$k_n^{[B]}$，$k_s^{[B]}$ 分别表示不同实体的颗粒法向和切向刚度。

（2）滑动模型

滑动模型是相互接触实体的一种固有特性。当接触颗粒之间产生相对滑移时，剪切接触力和法向接触力之间关系即可采用滑动模型描述。通过检查最大容许剪切力检查接触，即若 $|F_i^n| > F_{\max}^s (F_{\max}^s = \mu |F_i^n|)$，则通过设定 $F_i^s = F_{\max}^s$ 允许出现滑动。

（3）粘结模型

PFC 允许颗粒通过接触粘结在一起，从而限定接触位置所能承受的总法向力和剪切力。当接触粘结只在接触点很小的范围内起作用，可采用接触粘结；而当颗粒接触在接触颗粒间圆形截面有限尺寸范围内起作用，则可采用能同时传递力和力矩的平行粘结。

4. 颗粒运动能量统计

在颗粒流平行黏结模型中，共有 6 类能量产生并参与系统转化，分别表示如下：

（1）体力做功

体力做功由所有颗粒的惯性力组成，由重力荷载及施加的力、弯矩做功构成，如下所示：

$$E_b = E_{b0} + \sum_{N_p} (mg_i + F_i)\Delta U_i + M_3 \Delta\theta_3) \tag{7.4.4}$$

式中，N_p、m、g_i、F_i、M_3、ΔU_i、$\Delta\theta_3$ 分别为颗粒数目、质量、重力加速度矢量，外部施加荷载，外部施加弯矩，计算的位移增量与转动角度增量，体力做功为正。E_{b0}、E_b 为上一荷载步与当前荷载步的体力做功累积值。

（2）动能

所有颗粒的总动能，由平动与转动分量构成，通常可由下式给出：

$$E_k = \frac{1}{2} \sum_{N_p} \sum_{1}^{3} m_{(i)} \nu_{(i)}^2 \tag{7.4.5}$$

（3）应变能

总应变能储存于所有的接触中，假设接触为线性的，则可由下式给出：

$$E_c = \frac{1}{2} \sum_{N_c} (|F_i^n|^2 / k^n + |F_i^n|^2 / k^s) \tag{7.4.6}$$

式中：N_c 为接触数目；$|F_i^n|$、$|F_i^s|$ 为法向与切向接触力的幅值；k^n、k^s 为法向与切向接触刚度。

(4) 摩擦功

摩擦功包含底滑面做功与颗粒间摩擦做功两部分。可由下式计算：

$$E_f = E_{f0} - \sum_{N_c} (\langle F_i^s \rangle (\Delta U_i^s)^{slip}) \tag{7.4.7}$$

式中，N_c 为接触数目；E_{f0}、E_f 为上一荷载步与当前荷载步累积的摩擦功；$\langle F_i^s \rangle$ 与 $(\Delta U_i^s)^{slip}$ 分别为当前荷载步平均剪切力与滑动位移增量。滑动位移增量可采用下式计算：

$$(\Delta U_i^s)^{slip} = \Delta U_i^s - (\Delta U_i^s)^{elas} = \Delta U_i^s + \frac{(F_i^s)^{t+\Delta t} - (F_i^s)^t}{k^s} \tag{7.4.8}$$

(5) 粘结能

粘结能以平行粘结的形式存储，可采用下式计算：

$$E_{pb} = \frac{1}{2} \sum_{N_{pb}} (|\overline{F}_i^n|^2/(A\overline{k}^n) + |\overline{F}_i^s|^2/(A\overline{k}^s) + |\overline{M}_3|^2/(i\overline{k}^n)) \tag{7.4.9}$$

式中，N_{pb} 为平行粘结数目；$\overline{F}_i^n$、$\overline{F}_i^s$ 分别为法向与切向力；$\overline{k}^n$、$\overline{k}^s$ 分别为法向与切向刚度；$\overline{M}_3$ 为弯矩。A 为粘结截面面积，如果采用圆盘厚度 t，$A = 2\overline{R}t$；I 为粘结截面惯性矩，如果采用圆盘厚度 t，$I = \frac{2}{3}t\overline{R}^3$，$\overline{R}$ 为粘结半径。

(6) 边界力做功

$$E_w = E_{w0} - \sum_{N_w} (F_i \Delta U_i + M_3 \Delta\theta_3) \tag{7.4.10}$$

式中，N_w 为边界 wall 数目；F_i、M_3 为边界运动在当前荷载步引起的接触力与弯矩；ΔU_i、$\Delta\theta_3$ 为当前荷载步引起的位移增量与转动增量；E_{w0}、E_w 为上一步与当前荷载步累积的边界力做功。

在这六类能量转化过程中，粘结能与应变能可以通过建立低应力、均匀孔隙率的数值模型以使之达到最小，从而降低其对滑坡能量的影响。在计算自重作用下滑坡时，边界 wall 可以固定，故边界力做功属于摩擦作用。此时滑坡过程中能量的转化主要为势能降低、运动过程中转化为势能与摩擦内能，其中摩擦内能由颗粒间摩擦做功及边界摩擦做功两部分构成。通过跟踪每个颗粒的运动状态，并累计各类能量的变化，即可实现滑坡过程冲击能的计算。

由于滑坡过程中岩体的崩解与岩体的细观力学参数息息相关，根据 Cundall 等提出的以双轴压缩试验进行参数标定的方法，可建立宏、细观参数的联系。由于颗粒离散元法允许颗粒间连接的断开，从而不受位移量的限制，故其在滑坡冲击问题研究中优势突出。

5. 滑坡冲击效应分析

1-1 剖面滑坡体的强度不仅受组成矿物成分的影响，而且还取决于组成矿物的颗粒大小，矿物粘结情况、矿物生成条件等。因此在模拟的时候要选取适当的连接模型，确定合理的参数，才能得到与实际情况相近的模拟结果。为了得到岩土介质的宏观特性，首先须进行 PFC 标定试验，实现由宏观力学参数向细观力学参数转变。在数值模拟之前，先设计一个标准试样以模拟堆积土体的室内双轴试验，获取岩土体的应力-应变曲线，然后利用优化方法，选择与宏观试验最贴近的细观参数，作为滑体细观力学特性的介质参数。

选择如图 7.4.6(a) 所示，颗粒模型，在 7m×14m 范围内以 0.1～0.16m 半径随机生成颗粒，粘结半径 $\overline{R}$=0.8，分别采用侧压力为 50kPa、200kPa、400kPa，颗粒间采用平行粘结本构模型，预先设定粘结强度进行试验，加载试样破坏如图 7.4.6(c) 所示，根据每次得到的破坏莫尔圆，进行参数的反演，最终确定颗粒间的 n _ bond＝1e5N、s _ bond＝0.5e5N、f＝0.4。参数确定后依据上述围压加载最终得出应力应变曲线如图 7.4.6(b) 所示，与实际 1-1 剖面滑坡体宏观参数相近。

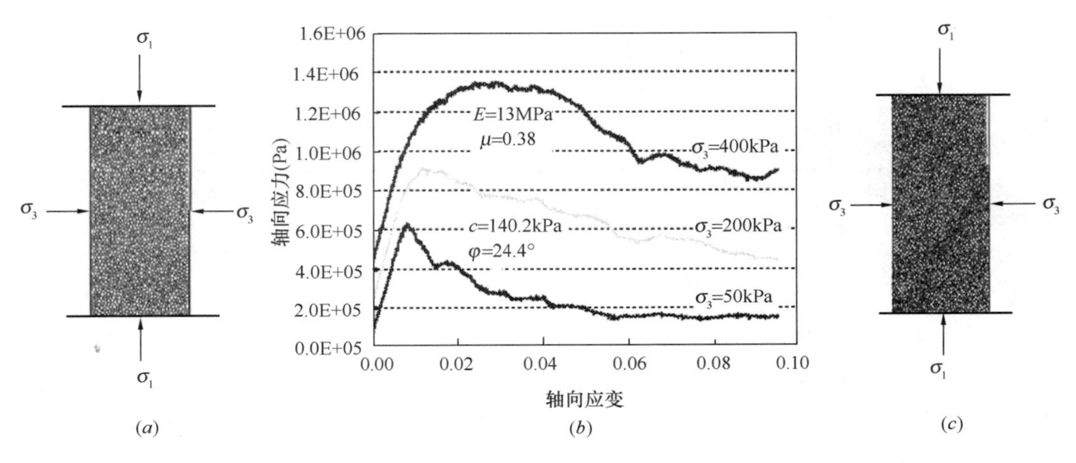

图 7.4.6　细观参数标定及双轴试验

6. 滑坡冲击分析

（1）1-1 剖面滑坡模型的构建

采用双轴试验得到的颗粒构成建立如图 7.4.7 所示的 1-1 剖面滑坡体模型，颗粒半径仍保持 0.1～0.16m 随机分布，共 2588 个颗粒构成，颗粒间的孔隙率采用 0.15，可以得到如图 7.4.8 所示典型冲击荷载曲线。该曲线表明，1-1 剖面滑坡体下滑过程可划分为起滑过程、冲击过程和相对静止过程，即时间段 t_1、t_2 和 t_3。受灾建筑物受到的冲击力先增大后减少，当滑坡体初始接触建筑物时，冲击块体较少故冲击力小，随后后续岩体挤压前方产生挤压力，岩体间出现崩解现象导致能量大量消耗，滑坡体动能降低，而冲击力进一步增加。当滑坡体冲击力达到最大值后，由于滑坡体内部耗能和滑面间的摩擦耗能，滑坡体的冲击力会逐渐降低到稳定值，此时的冲击力作用等于静止侧压力作用，冲击完成后滑坡体由原来的相对不稳定状态转化为新的稳定状态。

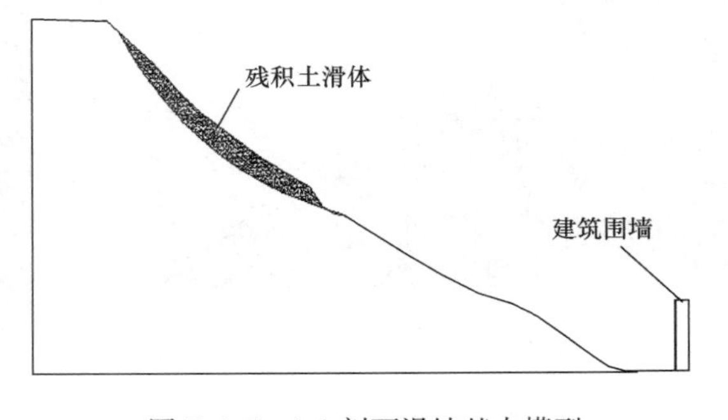

图 7.4.7　1-1 剖面滑坡基本模型

（2）滑坡机理分析

根据现场的勘测和地质分析可得，坡顶未施工和未连续降水工况时，滑坡体相对较稳定，在降雨工况下降水导致滑坡体强度参数的降低，坡顶建筑加载也会一定程度增加边坡塑性区的发展，引起 1-1 剖面滑坡的活跃。然而泥石流的形成，需要坡体表面残留有丰富的松散残积物和碎屑物，有陡峭便于集水、集物的适当地形以及短期内有突然性的大量流水来源，但坡面地形较缓，植被覆盖程度较好，残积土厚度较薄平均 2～3m，降雨工况下

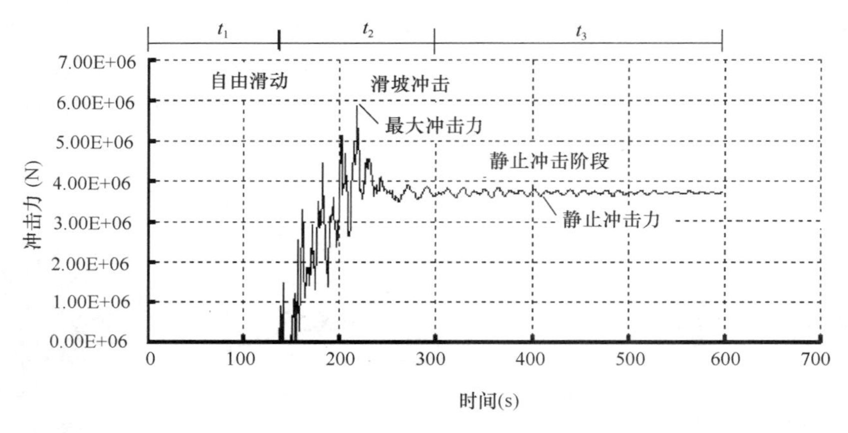

图 7.4.8　典型冲击荷载曲线

坡体参数折减程度达不到发生泥石流的下限要求，故 1-1 剖面发生泥石流的可能性较小。

依据 1-1 剖面各种工况的分析可知：滑坡后缘一般分布在 60～65m 之间，如图 7.4.9 所示，1-1 剖面高程 60～65m 位移明显较大，如图 7.4.10 所示，1-1 剖面塑性区分布；可知边坡 1-1 剖面处若形成滑坡，这该滑坡为推移式，结合图 7.4.11 可知建立的 1-1 剖面滑坡模型可准确的预测滑面的位置，用于该 1-1 剖面滑坡体的模拟具有一定的可行性和准确性。

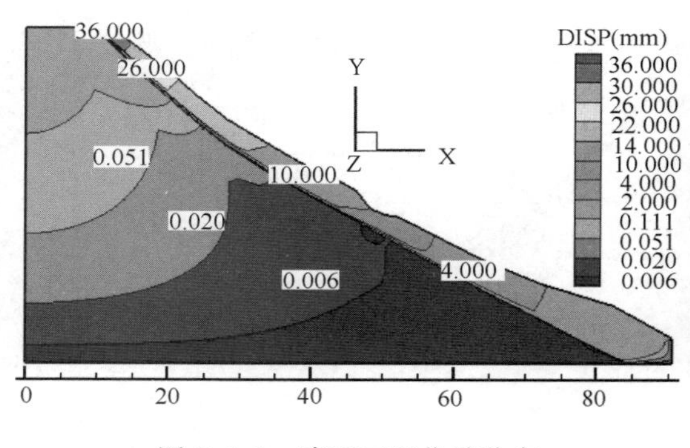

图 7.4.9　降雨工况位移分布

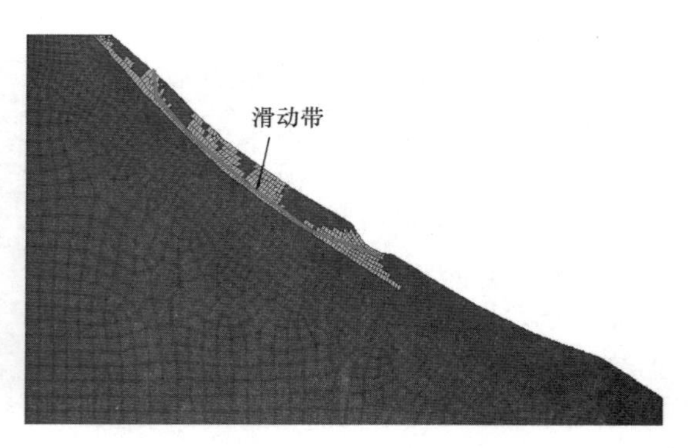

图 7.4.10　降雨工况塑性区分布

(3) 不同参数下 1-1 剖面滑坡冲击力的分析

为分析不同滑坡介质参数是否会影响滑坡破坏机理，滑坡模型颗粒选取三组不同的参数，当颗粒的法向粘结力与切向粘结力 n _ bond＝1.2e5，s _ bond＝0.5e5 时，对应弱粘结滑坡体，n _ bond＝2.5e5，s _ bond＝1.25.5e5 时，对应中强粘结滑坡体，n _ bond＝5e5，s _ bond＝2.5e5 时，对应强胶结滑坡体。图 7.4.11 表明，1-1 剖面滑坡体参数的不同，不仅影响冲击力的大小，而且随着胶结程度的增强，滑坡体在滑动中的崩解耗能和滑破面的摩擦耗能也会大大增加，滑动距离有明显降低的趋势。对于相同的滑坡模型，胶结强度的不同可导致滑坡破坏机理的不同，随着滑坡强度的增加，低强度下的推移式滑坡图 7.4.12(*a*) 可向高强度的牵引式滑坡图 7.4.12(*b*) 转变。

为了分析滑坡对不同位置建筑物冲击下的作用力，如图 7.4.13 所示在相同滑坡下距

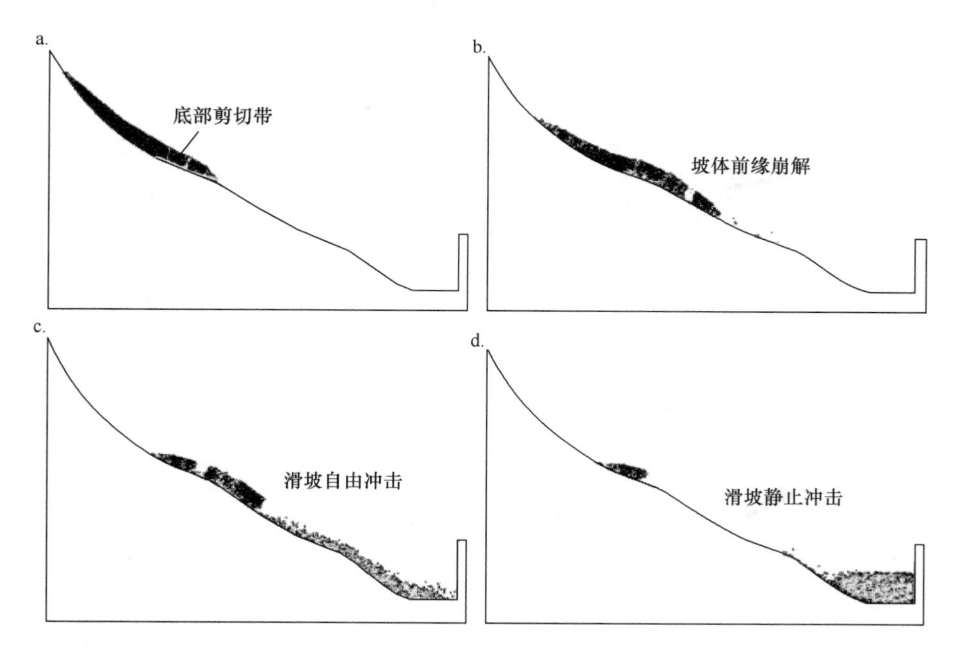

图 7.4.11　滑坡运动全过程图

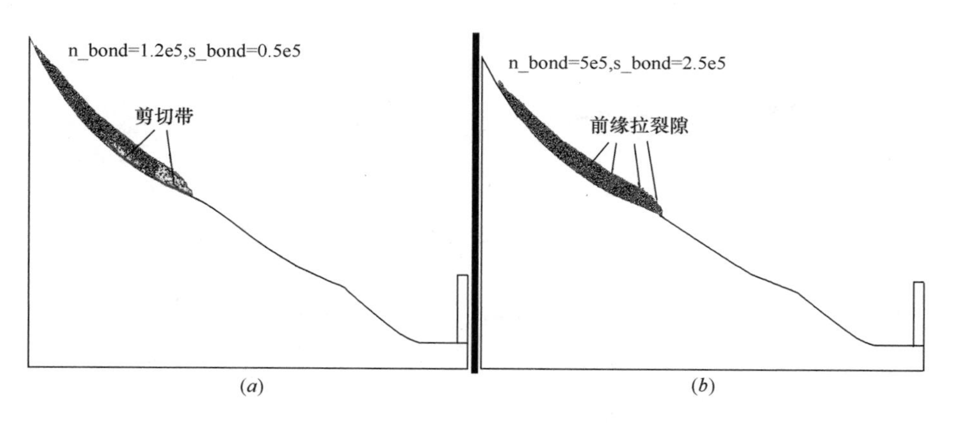

图 7.4.12　不同强度下 1-1 剖面滑坡破坏模式

(*a*) 推移式滑坡；(*b*) 牵引式滑坡

坡脚位置 0m、10m、20m、30m、40m 和 50m 处分别设置相同的刚体块，得到不同刚体位置所受冲击荷载最大值与稳定值曲线如图 7.4.14 所示，当滑坡几何特性和细观参数相同时，刚性体所受的最大冲击力和静侧压力均随着距离的增加而减小，当最大冲击力足以引起建筑物破坏时，滑坡会越过建筑物继续滑动，当最大冲击力不足以引起建筑物破坏，在冲击完成后，建筑物所受压力主要为滑坡的静侧压力，若此时建筑物破坏，则破坏是由滑坡的静侧压力导致的。由勘察可知现场的建筑，在 1-1 剖面滑坡影响范围内；可通过致灾程度系数来判断结构的损坏程度，为建筑物致灾定量分析提供可能。

在滑坡体的几何特性和坡脚建筑物的距离相同的条件下，滑坡体下的滑面的强度参数不同时，滑坡体的最大冲击力也会不同，滑面的不同强度通过滑面的摩擦系数 f 来反映，

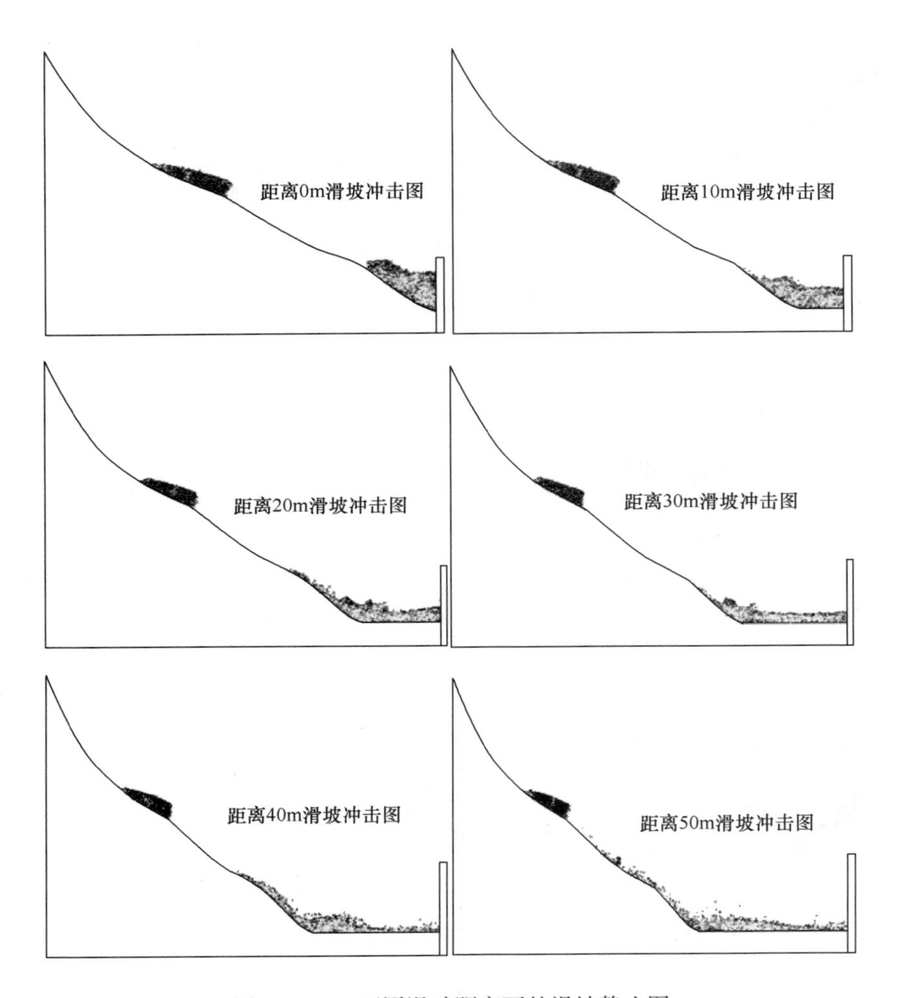

图 7.4.13 不同滑动距离下的滑坡静止图

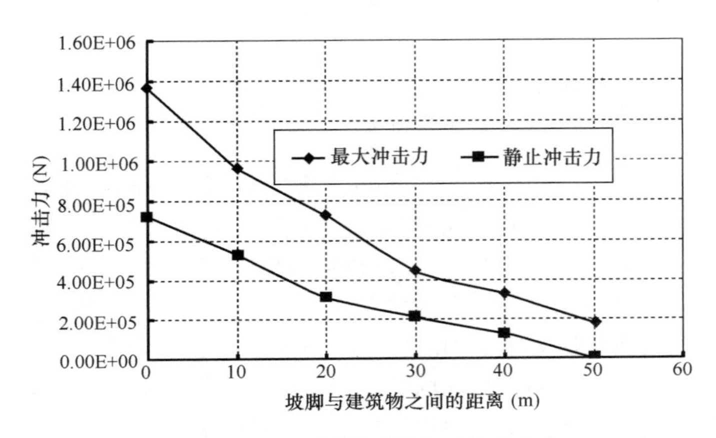

图 7.4.14 不同滑动距离下的冲击力

通过设置不同的摩擦系数 f 分别为 0.1、0.2、0.3、0.4 和 0.5，来描述降雨不同引起滑坡体滑面强度变化导致滑坡冲击力变化的情况，如图 7.4.15 所示为距坡脚距离 50m 的最大冲击力变化，当滑坡体具有相同势能时，滑面的强度越弱，滑坡对坡脚相同距离的相同建筑物的损坏越大，且随着滑面摩擦系数的增加，冲击力变化趋于平缓，表明滑坡的滑面性状对冲击力的大小有重要影响。

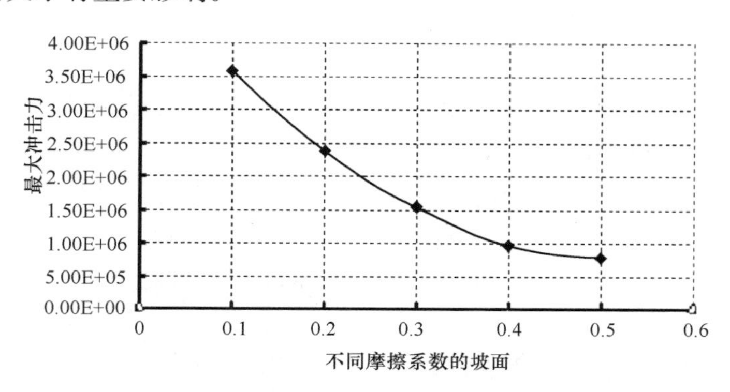

图 7.4.15　不同滑面摩擦系数下的最大冲击力

7. 结构破坏分析

滑坡冲击对建筑物损坏可从致灾程度的角度分析，根据典型冲击曲线，滑坡在冲击阶段时间 t_1 内冲量，可以从冲击曲线和时间轴的面积求出即 E_{t1}。考虑等效力在相同时间冲量相等的原理，可以求出时间 t_1 内，不随时间变化的等效冲击力 F 可表示为：

$$E_{t1} = F \times t_1 \tag{7.4.11}$$

滑坡体冲击建筑物时，如图 7.4.16 所示位于 1-1 剖面滑坡体底部的建筑物为砖混结构，根据现场勘察墙体采用 MU10 烧结砖和 MU7.5 水泥混合砂浆砌筑，墙体厚度为 370mm。由于一般砌体结构的脆性较大，故可认为冲击过程受灾建筑物不满足设计要求时即为破坏，假设滑坡体冲击作用方向与墙体表面垂直，当墙体表面作用水平荷载时，墙体同时承担弯矩和剪力，分析确定一定高度的等效最不利荷载，即可根据致灾公式（7.4.12）量度结构的破坏程度。故可以定义致灾程度系数为等效冲击力 F 和结构最不利荷载 F_1 的比值即：

$$R = \begin{cases} F/F_1 & F \leqslant F_1 \\ 1 & F > F_1 \end{cases} \tag{7.4.12}$$

取单宽墙体，分析墙体抗弯，砌体弯曲抗拉设计值 f_{tm} 已知，即可根据公式（7.4.13）确定墙体所能承担的最大弯矩。

$$M = f_{tm} W \tag{7.4.13}$$

式中：M 为弯矩值；f_{tm} 为砌体弯曲抗拉设计值；W 为截面抵抗矩。

考虑一定强度滑坡体的粘结效应和滑坡体与墙体间的相互作用，可以认为滑坡体冲击时间段内作用于墙体的均布荷载分布呈三角形型，

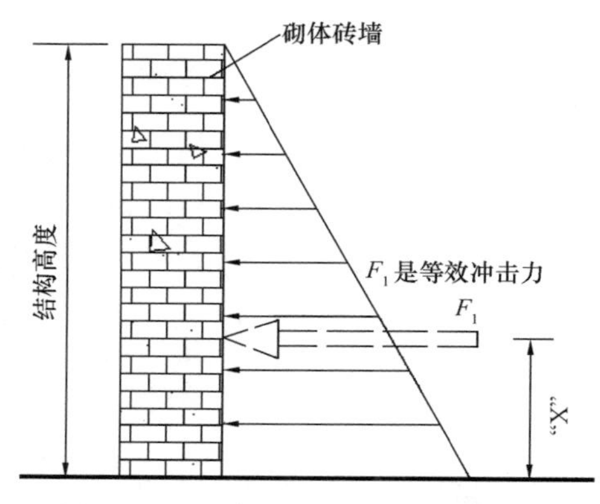

图 7.4.16　建筑物破坏风险分析模型

如图 7.4.16 所示。根据冲击最后阶段滑坡体的冲击高度和均布荷载分布形式，等效冲击力的作用位置即可确定，即在墙体承担一定弯矩的情况下，根据力的作用位置，最不利等效荷载也可求出。分析墙体抗剪时，砌体的抗剪强度设计值 f_v 已知，墙体承担的最大剪切力为 V，此时墙体能承担的最大剪切力即为剪切条件下的墙体最不利等效荷载：

$$V = f_v bz \tag{7.4.14}$$

$$z = \frac{I}{S} \tag{7.4.15}$$

式中：V 为最大剪力值；F_v 为砌体抗剪强度设计值；b 为截面宽度；z 为内力臂；I 为截面惯性矩；S 为截面面积矩；h 为截面高度。

等效冲击力一定的情况下，分别分析墙体在弯矩起控制作用墙体的最不利荷载 f_2 和剪力起控制作用下墙体的最不利荷载 f_3，取 f_2 和 f_3 中的较小值，确定墙体的破坏的控制条件，得出墙体的最不利荷载 F_1，则致灾程度系数 R 亦可确定。

滑坡的具体几何条件和相关参数确定后，处于滑坡影响范围内的建筑物，随着其位置的不同必定带来不同的损坏，根据不同滑动距离下的冲击力曲线，可以得到不同滑动距离下的等效冲击力。结合现场实际建筑结构形式，依据上述方法，得出结构的损坏程度系数，确定该滑坡的危害范围。如表 7.4.1 所示，若 1-1 剖面滑坡后没有区域高差，坡后较为平坦，则在坡后 50m 范围内皆为破坏性受灾区域，如图 7.4.17 所示。由现场勘测知，建筑处于破坏性受灾区域范围内，为了最大程度降低损失，建议应该加强对稳定性的监测。

1-1 剖面滑坡后不同距离范围内的致灾分析　　表 7.4.1

滑动距离 (m)	最大冲击力 (MN)	静止冲击力 (MN)	等效冲击力 (MN)	作用点位置 (m)	最不利等效荷载 (n)	致灾程度系数	注意：控制因素
0	1.370	0.753	0.843	2.164	1771.165	1102.525	弯矩控制
10	0.965	0.587	0.671	2.191	1749.338	424.349	弯矩控制
20	0.724	0.328	0.513	2.200	1742.182	362.393	弯矩控制
30	0.445	0.219	0.305	2.453	1562.495	231.506	弯矩控制
40	0.329	0.136	0.175	1.717	2790.332	162.734	弯矩控制
50	0.180	0.005	0.008	0.812	3453.330	21.974	剪力控制

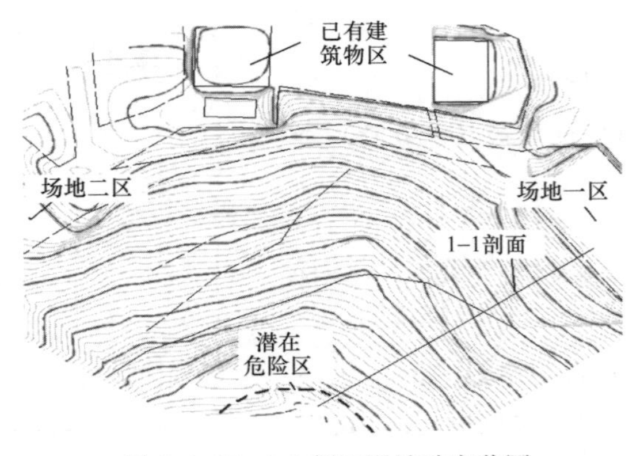

图 7.4.17　1-1 剖面滑坡致灾范围

7.5 本 章 小 结

岩土工程是一门理论性与实践性统一的交叉应用学科，在核电能源、土木采矿、交通水电等领域的研究对象虽然接近，但是外部环境完全不同。工程岩土体的力学响应表现出与应力路径、应力状态及在时间、空间上变化密切相关的特点。针对这一动态、复杂多变的工程岩土体，仅用解析法求解是非常困难的，必须借助于数值模拟方法来分析问题。

而在采用数值模拟分析问题时，必须根据研究对象的介质特点、外部环境进行数值模拟方法的选择，并与现场监测、地质判断等密切联系、相互印证，方可具有说服力。

第8章　岩土工程问题的反分析方法

在岩上工程问题中，根据工程基本情况确定几何条件、荷载条件、边界条件；通过地质勘探和室内外试验，确定地质条件、本构模型、力学参数等；通过解析法、半解析法或数值法，求解结构或岩土介质相关物理量（如应力、应变等）的一求解过程称为正演分析或正分析。

反演分析（Inverse Analysis）和反分析（Back Analysis）通常指的是同一个问题，即根据已知的系统模型和系统响应反演系统参数或根据已知的系统参数和系统响应推求系统模型，比如利用工程中的实测值（如应力、孔压、位移等），通过数值试算确定岩土介质的参数，或是本构模型。一般前者称为参数识别或模型参数反演，后者称为模型识别。对于参数的识别和估计，实际上都应隶属于系统识别的范畴。具体来说，根据现场量测到的不同信息，反分析可以分为应力（荷载）反分析法、位移反分析法和应力与位移混合反分析法。由于有限单元法等数值计算方法的发展，以及位移量测量信息相对比较容易获取，且精度较可靠，因此，目前在工程中应力反分析法、位移反分析法应用最为广泛。

8.1　反分析方法的发展

位移反分析法可分为解析法和数值法。解析法根据系统响应与待估参数之间的显示关系，直接得出待估参数的数学表达式，从而直接基于系统响应得出待估的参数值。解析法的优势在于概念明确、计算速度快，但是由于实际工程问题本身的复杂性，一般很难用公式来表示系统响应与待估参数之间的关系，因此只适宜求解简单几何形状和边界条件下的线弹性和线黏弹性等问题。在复杂岩土工程中，使用较广泛的是数值法。数值法则主要用于解决复杂工程形态和非线性问题。因此数值法对于复杂的岩土工程问题更具有普遍的适用性。根据求解过程的不同，是否考虑力学参数的非确定性、是否利用神经网络等智能方法等，数值法又可做进一步分类。比如就数值法的求解过程而言，它又可划分为逆解法（逆反分析）、直接法（正反分析）、正反耦合法、图谱法、神经网络法和模糊法等。

直接法是把参数的反演问题转化为一个目标函数的寻优问题，直接利用正分析的过程和格式，通过迭代最小误差数，逐次修正未知参数的试算值，直至获得“最佳值”。这类方法采用的计算过程和计算方法与正分析完全一致，具有很宽的适用范围，是本文的主要介绍对象。

在参数反分析中，当非线性反分析准则函数建立后，参数辨识问题实际上就划归为最优化问题，即选取某种优化方法来优化计算求解，得到使准则函数达到量小的反演参数值。从优化理论来讲，由于计算技术和计算能力的高度发展，优化计算方法得到了空前的进步，优化方法层出不穷，从而推动了反分析方法的不断更新和进步。

总之，工程中的岩土体本身是一个高度复杂的不确定或不确知系统，其物性参数、本构模型、计算边界条件等无法准确确定。从原位量测信息（位移、应力、温度等）出发，用反分析的方法来确定各类计算参数和模型，反分析方法自提出以来就得到了迅速的发展，目前已成为解决复杂岩上力学问的重要方法，在岩石坝基、高速公路路基、基坑、高边坡、地下洞室围岩和支护等诸多领域都有广泛应用。

如前文所述，在复杂岩土工程中，使用较广泛的是数值法。数值法就其求解过程的不同又可分为优化（正）反分析法、逆反分析法和正反耦合反分析法等；就其是否考虑力学参数的非确定性又可分为确定性反分析法与非确定性反分析法；根据是否利用神经网络等智能方法还可分为非智能反分析法与智能反分析法等。

逆反分析是采用与正分析相反的解析过程，利用数学方法直接反推得到逆方程从而解得待求反演参数，如初始地应力参数或其他力学特性参数等。显然，该法要求量测的位移数据的个数不能少于欲求未知量的个数，且当量测得到的位移数据个数大于欲求未知量个数时，需要采用优化的方法以期求得最佳值。它的优点是计算速度快，可一次求解出所有待定参数，但仅适用于线弹性等问题。

正反分析，即优化反分析是首先假设待求参数的值，然后利用正分析方法计算系统响应，将系统响应计算值与实测值按照一定的比较原则进行比较（该比较值常被称为误差函数），并使用一定的方法对此比较值进行优化，直到得出满意的参数解。该方法利用现有的正算程序，适应性强，适用于线性及各种非线性的复杂岩土问题的反分析，不足之处在于计算时间长，计算前须给出各待定参数的取值区间和试算值，且当欲求未知量较多时，收敛速度慢，解的稳定性差。

而正反耦合反分析是基于区域分裂法的原理，是将逆反分析和优化反分析相结合的算法。即将岩体弹性区域和塑性区域分开计算，弹性区域用反算法，塑性区域用正算法，再利用区域分裂法通过弹性区域与塑性区域之间的重叠部分将二者结合起来，从而使问题在整个计算区域得以求解。岩土工程中大部分发生的变形是弹性变形，将弹性、弹性区域划分开来，则反算的非线性有限单元数可大大减少，这对减少计算工作量、提高分析效率有着积极的意义。但由于其 El 算收敛的前提条件是每步计算的结果必须唯一。而目前又尚不能很好地解决反分析解的唯一问题，因此，该法在实际计算中常常难以收敛。

无论是直接求解的逆反分析法或者是优化求解的正反分析法，它们在工程上的应用都要求有较准确较完整的位移测量值。目前这个要求并不是很容易就能满足的，这需要从两个方面下功夫：一方面是改进位移测量的手段和方法，另一方面是进一步提高反分析方法的适应能力。

确定性反分析首先在岩上工程中得到了深入研究和广泛应用。经过国内外众多学者的研究发展及实际工程应用，在该领域已取得了众多的研究成果。

而由于实际问题的复杂性，多数情况下岩土工程研究所面临的是一个非确定性过程，存在着大量的不确定性信息，确定性模型难以概括复杂多变的岩土工程力学特性，因此，非确定性反分析方法应运而生。非确定性反分析考虑了岩上工程问题的一些先验信息，采用处理非确定性问题的相应方法，使反分析更能反映实际情况。

近年来，人工智能方法发展迅速。它们在反分析领域也有了较多的应用，而且前景光明。人工神经网络是一个高度复杂、非线性的动态分析系统，具有良好的模式辨识能力，几乎可模拟任何复杂的非线性系统，因而用神经网络模型模拟复杂的岩土工程问题无疑可收到好的效果。

8.2 反分析基本原理

在岩土工程中，充分了解工程材料的性质是十分重要的。为了获得工程材料的性质，通常的做法是进行现场试验。对于复杂的问题，还须辅助以理论分析。综合两方面的数据即可获得所需结果。对于已知某些数据，例如位移、应力和速度（这些数据可以通过实验得到），寻求所研究问题的材料性质，类似于这样的问题称为材料参数反分析问题，反分析是对应于一般意义下已知问题的材料性质和外力求位移、应力这种正常分析而言的。

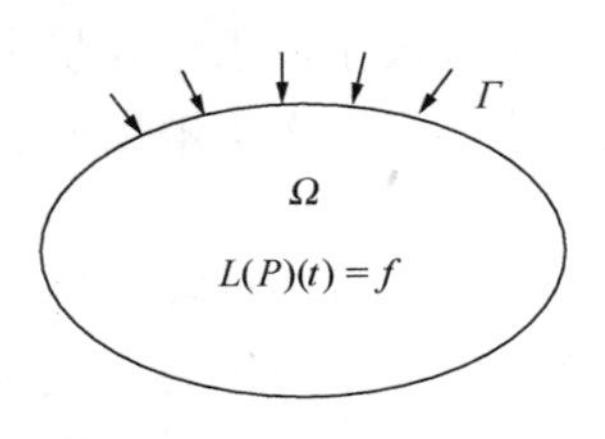

图 8.2.1 正分析问题

工程反分析问题包含的范围很广，在讨论其分类之前。先来看看一般意义上的正分析，如图 8.2.1 所示。

求解一个问题的未知量 ϕ，必须具备以下条件：

（1）给定的区域 Ω 及相应的边界 Γ。

（2）给定问题的控制方程。

（3）未知变量和相应各阶导数的边界条件或初始条件。

（4）外荷载。

（5）材料系数。

如果上述条件缺少任何一个，正分析则无法进行。反分析是在某些附加条件下反求上述条件的部分量。根据所求量的不同，反分析可分为：

1）区域反分析。

2）控制方程反分析。

3）边界条件或初始条件反分析。

4）外荷载反分析。

5）材料参数反分析。

由于岩土工程中的问题常常涉及非均匀介质，其材料性质在大多数情况下也是未知的。因此材料参数反分析方法在岩土工程中起着重要作用。

目前，一般的材料性质反分析共有三类：直接法、逆解法和对偶边界法。下面分别给予介绍。

1. 基本方程

（1）直接法

直接法具有如下三个特点：一是材料参数隐式地包含在有限元方程中，二是误差函数为测量位移与计算位移的泛函，三是在反分析过程中必须求解有限元方程。直接法反分析把参数反分析问题归结为目标数的寻优问题，常用的目标函数有最小二乘目标函数、Bayesian 目标函数、误差加权目标函数、极大似然法建立的目标函数等。而最小二乘目标函数是目前工程反分析中最常采用的形式。

1）误差函数

误差函数取为

$$\omega = \frac{1}{2}(u - \bar{u})^T(u - \bar{u}) \tag{8.2.1}$$

式中：u 为计算值；$\bar{u}$ 为测量值。

利用泰勒级数，可将第 $k+1$ 次迭代时的误差函数用第 k 次迭代已知值表示成

$$\omega(p^{k+1}) = \omega(p^k) + \left(\frac{\partial \omega}{\partial p}\right)^k \mathrm{d}p^k + \frac{1}{2}\left(\frac{\partial^2 \omega}{\partial p^2}\right)^k (\mathrm{d}p^k)^2 \tag{8.2.2}$$

式中：p 为待识别的材料参数。

令 $\omega(p^{k+1}) \rightarrow \min$，即由 $\frac{\partial \omega}{\partial (\mathrm{d}p)^k}=0$，得到

$$\left(\frac{\partial^2 \omega}{\partial p^2}\right)^k \mathrm{d}p^k = -\left(\frac{\partial \omega}{\partial p}\right)^k \tag{8.2.3}$$

利用式（8.2.1）可得

$$\frac{\partial \omega}{\partial p} = \left(\frac{\partial u}{\partial p}\right)^T (u - \bar{u}) \tag{8.2.4}$$

$$\frac{\partial^2 u}{\partial p^2} = \left(\frac{\partial u}{\partial p}\right)^T \frac{\partial u}{\partial p} \tag{8.2.5}$$

其中，在推导式（8.2.5）时，用到了 $\frac{\partial^2 u}{\partial p^2}=0$，这是因为求解 u 的有限元方程是用泰勒展开的一个近似式表示的。

将式（8.2.4）、式（8.2.5）代入式（8.2.3）中，得到求解 $\mathrm{d}p^k$ 的第 $k+1$ 次迭代方程为

$$\left(\frac{\partial u}{\partial p}\right)_{\mathrm{k}}^T \left(\frac{\partial u}{\partial p}\right)_{\mathrm{k}} \mathrm{d}p^k = \left(\frac{\partial u}{\partial p}\right)_{\mathrm{k}}^T (\bar{u} - u) \tag{8.2.6}$$

2）有限元方程

$$K(p)u = F \tag{8.2.7}$$

上式两边对 p 求导，则有

$$\left(\frac{\partial u}{\partial p}\right)_{\mathrm{k}} = -K^{-1}\left(\frac{\partial k}{\partial p}u\right)_{\mathrm{k}} \tag{8.2.8}$$

3）计算步骤

如前所述，常规最小二乘优化反演的基本思想是：找到一组参数取值，使得在该组参数取值情况下，结构响应的计算值与实测值之间误差的平方和最小。因为它比其他方法容易理解。并且在获得参数估计量时不需要任何的统计假设，所以在实际工程中，以此种方法应用得最为广泛。

1795 年，高斯首先提出的最小二乘方法。此后，该方法成为参数辨别的主要工具。在优化分析中，把一些实测值（如位移、应力等）与相应的数值分析计算值之差的平方和作为目标函数，而最小二乘目标数方程的求解多采用优化方法。

选择初值，具体步骤如下：

① 选择初始值 p^0。

② 由式（8.2.7）求得位移 u。

③ 根据式（8.2.8）计算 $\left[\frac{\partial u}{\partial p}\right]$。

④ 由式（8.2.6）计算 dp^k。

⑤ 计算：

$$p^{k+1} = p^k + dp^k$$
$$u^{k+1} = u^k + du^k \tag{8.2.9}$$

判别计算是否收敛

$$\frac{\| p^{k+1} - p^k \|}{\| p^{k+1} \|} \leqslant \varepsilon \tag{8.2.10}$$

若收敛，计算结束；否则转步骤①。

在上述迭代过程中，优化方法选择的不同决定了该迭代是否收敛以及迭代的效率。

（2）逆解法

逆解法由 Cividini. Jurina 等首次提出，该方法具有三个特点：一是材料参数显式地表示在有限元方程中，二是误差函数基于最小二乘法，三是不需要求解有限元方程。

在弹性力学问题中，弹性矩阵可表示为

$$D = BD_B + GD_G \tag{8.2.11}$$

式中：B 为体积模量；G 为剪切模量；D_B、D_G 为已知的系数矩阵。

有限元方程可以写为

$$(BK^B + GK^G)u = F \tag{8.2.12}$$

式中：$u = (u_1, u_2)^T$；u_1 为测量值；u_2 为未知量。

将式（8.2.12）写成分块形式，则有

$$\begin{bmatrix} K_{11} & K_{12} \\ K_{21} & K_{22} \end{bmatrix} \begin{Bmatrix} u_1 \\ u_2 \end{Bmatrix} = \begin{Bmatrix} F_1 \\ F_2 \end{Bmatrix} \tag{8.2.13}$$

从上式方程第二式解出 u_2，回代到第一式，得到

$$(K_{11} - K_{12}K_{22}^{-1}K_{21})u_1 = F_1 - K_{12}K_{22}^{-1}F_2 \tag{8.2.14}$$

其中 $K_{ij} = BK_{ij}^B + GK_{ij}^G (i, j = 1, 2)$

将 $K_{11} = BK_{11}^B + GK_{11}^G$、$K_{21} = BK_{21}^B + GK_{21}^G$、代入式（8.2.14）中，得到如下形式的方程

$$V_p = F_1 - CF_2 \tag{8.2.15}$$

式中

$$V = [(K_{11}^B - CK_{21}^B)u_1 \quad (K_{11}^G - CK_{21}^G)u_1]$$
$$p = \{B \quad G\}^T \tag{8.2.16}$$
$$C = K_{12}K_{22}^{-1}$$

利用最小二乘法建立误差函数

$$\omega = \frac{1}{2}(V_p - F_1 + CF_2)^T(V_p - F_1 + CF_2) \rightarrow \min \tag{8.2.17}$$

由 $\frac{d\omega}{dp} = V^{-1}(V_p - F_1 + CF_2) = 0$

得 $V^TV_p = V^T(F_1 - CF_2)$

逆解法求解步骤如下：

1）选择初值 p^0。

2）计算 V、C。

3）由式（8.2.17）计算 p^1。

……

第 i 次计算格式为

$$(V^T V)_i p^{i+1} = \{V^T(F_1 - CF_2)\}_i \tag{8.2.18}$$

4）判别计算是否收敛

$$\frac{\| p^{i+1} - p^i \|}{\| p^{i+1} \|} \leqslant \varepsilon \tag{8.2.19}$$

（3）对偶边界法

考察区域为 Ω，边界为 T 的弹性问题，如图 8.2.2 所示，边界 Γ 又可分为给定位移的边界 Γ_u 和给定面力的边界 Γ_σ 两部分。

对于线弹性问题，控制方程为：

$$\nabla\sigma = 0 \quad \text{in} \quad \Omega \subset R^n \quad (n = 1,2,3) \tag{8.2.20}$$

边界条件为

$$u = \hat{u}\hat{t} \quad \text{on} \quad \Gamma_u \tag{8.2.21}$$

$$\sigma n = \hat{t} \quad \text{on} \quad \Gamma_\sigma \tag{8.2.22}$$

式中：σ 为应力张量；u 为位移矢量；u 为边界外法线矢量。

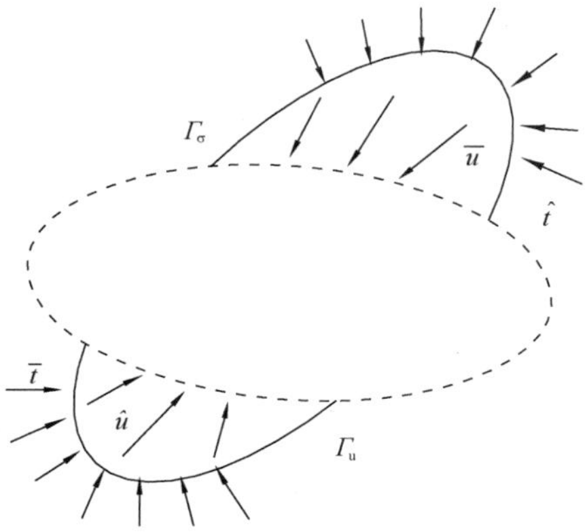

图 8.2.2　对偶边界法解反分析问题

物理方程

$$\sigma = D\varepsilon \tag{8.2.23}$$

其中

$$\varepsilon = \frac{1}{2}[(\nabla u) + (\nabla u)^T] \tag{8.2.24}$$

在对偶边界解法中，为了识别材料参数 p（p 为弹性模量 E 和泊松比 μ），采用如下办法：在边界 Γ_u 上施加一个给定位移 u，同时观察 $\Gamma_{u'}$（$\Gamma_{u'}$ 为 Γ_u 的子域）上对应的面力 $\bar{t}$；或者反过来，在边界 Γ_σ 上施加一给定面力 $\hat{t}$，同时观察 $\Gamma_{\sigma'}$（$\Gamma_{\sigma'}$ 为 Γ_σ 的子域）上对应的位移 $\bar{u}$，如图 8.2.2 所示，上述条件可表示为

$$u = \bar{u} \quad \text{on} \quad \Gamma_{\sigma'} \subset \Gamma_\sigma \tag{8.2.25}$$

$$\sigma n = \bar{t} \quad \text{on} \quad \Gamma_{u'} \subset \Gamma_u \tag{8.2.26}$$

利用上述附加条件，即可建立识别参数材料 p 的方程。

式（8.2.20）～式(8.2.22）等价于下列虚功方程

$$\int_\Omega \sigma^T \delta\varepsilon \, d\Omega - \int_{\Gamma_\sigma} \hat{t}^T \delta u \, d\Gamma \tag{8.2.27}$$

引入插值函数，可将域内任一点的位移用结点位移表示成

$$u = Na \tag{8.2.28}$$

将上式代入式（8.2.20），并利用物理方程，则得到有限元方程如下

$$K(p)a = F \tag{8.2.29}$$

其中

$$K=\int_{\Omega}B^{T}D(p)Bd\Omega \tag{8.2.30}$$

$$F=\int_{\Gamma_{\sigma}}N^{T}\hat{t}\,d\Gamma$$

式（8.2.29）和式（8.2.30）可用矩阵表示如下

$$S_{u}a=\overline{a} \tag{8.2.31}$$

$$S_{t}F=\int_{\Gamma_{u}}N^{T}\overline{t}\,d\Gamma=\overline{F} \tag{8.2.32}$$

式中：S_u 和 S_t 式对角矩阵。

例如第 i 个结点为位移观察值，第 j 个结点为面力观察值时，则有

$$S_{u}=\begin{bmatrix}0 & & & & 0\\ & \ddots & & \cdots & \\ & & 1 & & \\ & \cdots & & \ddots & \\ 0 & & & & 0\end{bmatrix}\text{第 } i \text{ 行} \tag{8.2.33}$$

$$S_{i}=\begin{bmatrix}0 & & & & 0\\ & \ddots & & \cdots & \\ & & 1 & & \\ & \cdots & & \ddots & \\ 0 & & & & 0\end{bmatrix}\text{第 } j \text{ 行} \tag{8.2.34}$$

式（8.2.29）可改写为

$$\psi=K(p)a-F\neq 0 \tag{8.2.35}$$

利用泰勒级数展开，可将第 $k+1$ 次迭代时的误差函数用第 k 次迭代时的已知值表示为

$$\psi^{k+1}=\psi^{k}+K\mathrm{d}a^{k}+I\mathrm{d}F^{k}+\left[\frac{\partial K}{\partial p}a\right]^{k}\mathrm{d}p^{k} \tag{8.2.36}$$

令 $\psi^{k+1}=0$，得到

$$K(p^{k})\mathrm{d}a^{k}-I\mathrm{d}F^{k}+\left[\frac{\partial K}{\partial p}a\right]^{k}\mathrm{d}p^{k}=F^{k}-K(p^{k})a^{k} \tag{8.2.37}$$

同理可将式（8.2.31）与式（8.2.32）写成迭代式

$$S_{u}\mathrm{d}a^{k}=\overline{a}-S_{u}a^{k} \tag{8.2.38}$$

$$S_{t}\mathrm{d}F^{k}=\overline{F}-S_{t}F^{k} \tag{8.2.39}$$

将式（8.2.35）到式（8.2.37）三式合写在一起，得到

$$G\mathrm{d}x=R \tag{8.2.40}$$

$$G=\begin{bmatrix}K(p^{k}) & -I\left(\frac{\partial K}{\partial p}a\right)^{k} & \\ S_{u} & 0 & 0\\ 0 & S_{t} & 0\end{bmatrix}$$

$$\mathrm{d}x=\begin{cases}\mathrm{d}a^k\\ \mathrm{d}F^k\\ \mathrm{d}p^k\end{cases}=\begin{cases}a^{k+1}-a^k\\ F^{k+1}-F^k\\ p^{k+1}-p^k\end{cases}$$
$$R=\begin{Bmatrix}F^k-K(p^k)a^k\\ \bar{a}-S_u a^k\\ \bar{F}-S_i F^k\end{Bmatrix} \tag{8.2.41}$$

由于式（8.2.38）是一个超定线性方程组，改求如下形式的普通方程组

$$G^T G\mathrm{d}x=G^T R \tag{8.2.42}$$

上式即为对偶边界法识别材料参数 p 的迭代方程。

在迭代步 k 中，引入线性搜索法。为此定义

$$\omega(p)=\frac{1-\omega}{2}(a-\bar{a})^T(a-\bar{a})+\frac{\omega}{2}(F-\bar{F})^T(F-\bar{F})$$
$$-\frac{1}{\varepsilon}E^- -\frac{1}{\varepsilon}v^- +\frac{1}{\varepsilon}(v-0.5)^+ \tag{8.2.43}$$

式中：$0\leqslant\omega\leqslant1$ 为给定常数；$0\leqslant\varepsilon\leqslant1$ 为罚常数。

式（8.2.40）中的最后三项是为了使，$E>0$，$0<v<0.5$. E、v 和 $(v-0.5)^+$ 定义如下

$$a^+=\begin{cases}a & a>0\\ 0 & a<0\end{cases}\quad a^-=\begin{cases}0 & a>0\\ a & a<0\end{cases} \tag{8.2.44}$$

再引入 a^k

$$a_t^k=\frac{\mathrm{d}p_t^k}{p_t^k} \tag{8.2.45}$$

问题转化为寻求 λ，使

$$\omega(p^k+\lambda a^k)\rightarrow\min \tag{8.2.46}$$

采用线性搜索法，将近似表示成

$$\omega(p^k+\lambda a^k)=\omega(p^k)+\left(\frac{\mathrm{d}\omega}{\mathrm{d}p}\right)^k\lambda a^k+\frac{1}{2}\left(\frac{\mathrm{d}^2\omega}{\mathrm{d}p^2}\right)^k\lambda^2(a^k)^T(a^k) \tag{8.2.47}$$

由 $\frac{\mathrm{d}\omega}{\mathrm{d}\lambda}=0$，得到

$$\lambda=-\frac{\left(\frac{\mathrm{d}\omega}{\mathrm{d}p}\right)^k a^k}{\left(\frac{\mathrm{d}^2\omega}{\mathrm{d}p^2}\right)^k(a^k)^T(a^k)} \tag{8.2.48}$$

式中，$\left(\frac{\mathrm{d}\omega}{\mathrm{d}\lambda}\right)^k$、$\left(\frac{\mathrm{d}^2\omega}{\mathrm{d}p^2}\right)^k$ 可由式（8.2.40）计算得到

$$\left[\frac{\mathrm{d}\omega}{\mathrm{d}\lambda}\right]^k=(1-\omega)\left[a\frac{\mathrm{d}a}{\mathrm{d}p}-\bar{a}\frac{\mathrm{d}a}{\mathrm{d}p}\right]^k+\omega\left[F\frac{\mathrm{d}F}{\mathrm{d}p}-\bar{F}\frac{\mathrm{d}F}{\mathrm{d}p}\right]^k$$
$$-\frac{1}{\varepsilon}\frac{\mathrm{d}E}{\mathrm{d}p}-\frac{1}{\varepsilon}\frac{\mathrm{d}\bar{v}}{\mathrm{d}p}+\frac{1}{\varepsilon}\frac{\mathrm{d}(v-0.5)^+}{\mathrm{d}p} \tag{8.2.49}$$

$$\left(\frac{\mathrm{d}^2\omega}{\mathrm{d}p^2}\right)^k=(1-\omega)\left[\frac{\mathrm{d}a}{\mathrm{d}p}\frac{\mathrm{d}a}{\mathrm{d}p}\right]^k+\omega\left[\frac{\mathrm{d}F}{\mathrm{d}p}\frac{\mathrm{d}F}{\mathrm{d}p}\right]^k \tag{8.2.50}$$

上式中，$\left[\frac{\mathrm{d}a}{\mathrm{d}p}\right]^k$ 可通过式（8.2.39）得到

一旦获得了 λa^k，即可求得 p^{k+1}

$$p^{k+1}=p^k+\lambda a^k \tag{8.2.51}$$

对偶边界法的收敛准则可选择为

$$\begin{aligned}\frac{\| a^{k+1}-a^k \|}{\| a^{k+1} \|}&\leqslant\varepsilon\\ \frac{\| F^{k+1}-F^k \|}{\| F^{k+1} \|}&\leqslant\varepsilon\\ \frac{\| p^{k+1}-p^k \|}{\| p^{k+1} \|}&\leqslant\varepsilon\end{aligned} \tag{8.2.52}$$

式中，$0\leqslant\varepsilon_1$，ε_2，$\varepsilon_3\leqslant1$ 为给定的精度，相应的范数为平方范数 $\| a \| =(a\cdot a)^{1/2}$。

2. 优化反分析方法

在岩土工程反分析中，优化反分析最常用，也是岩土工程反分析研究中一个最重要、最实用的研究方向。它是把参数反分析问题，归结为对一个构造好的计算值和实测值之间的误差函数（即目标函数）的寻优问题，利用正分析的过程和格式，通过迭代计算，逐次修正位置参数的试算值，使误差函数达到最小，从而获得“最优值”。

岩土工程优化反分析本质上是一个典型的复杂非线性函数优化问题，该目标优化函数是一个高度复杂的非线性多峰函数。这种优化迭代过程中常用的方法有：单纯形法、复合形法、变量替换法、共轭梯度法、罚函数法和 Powell 法等。这类方法的优点是采用的计算过程和计算方法与正分析完全一致，无须改变平衡方程，可用于线性及各类非线性问题的反分析，具有很宽的适用范围。

而普通的优化反分析多次调用正分析的特点使得整个算法的计算效率很低。要解决这类复杂优化函数，采用传统优化方法往往难以奏效，采用全局优化算法是解决这个问题的理想途径。

一般情况下，对那些试验方法难以准确测定，或因试验费用比较昂贵而不宜试验确定的特征参数，如：初始地应力场，应该采用直接求解法，而不适合采用优化法。这是因为进行正反优化分析时，必须首先设定待求参数的初值。如果初值的偏差太大，将消耗大量的时间，甚至会出现不收敛的情况，导致优化结果难以出现预期的精度，这是优化算法最大的不足；但在目前情况下，由于逆反分析的求逆技术还存在一些困难，而优化算法对力学模型以及待求参数类型的适应范围比较广，对于岩土介质的大部分变形和强度特征参数，通过适当的现场或室内试验技术，还能将测试结果的偏差降低到较小的程度，给优化算法中待求参数的初值的设定提供了一个较可靠的依据。后文的优化方法以及算例都是针对优化反分析方法而言的。

（1）确定性方法

确定性方法中，较常用的反分析优化算法是直接寻找最优解的单纯形法，以及由此演化而来的复合形法、可变容差法等。

1）单纯形最优化方法

单纯形法是常用的一种有效的优化方法。它是通过 n 维空间中的 $n+1$ 个顶点构成一个单纯形（三维问题是一个四面体），先求出各个顶点上的目标函数值进行比较，找出最差点，然后通过反射、扩张、收缩，或者缩小边长等搜索方法，找出较好的新点，代替原来的最差点，组成新的单纯形。照此重复进行，直到某一点的目标函数值达到满意的极小值为止。

2）复合形最优化方法

单纯形法一般只适用于无约束条件的优化问题，而强制的约束条件会破坏单纯形的结构，影响优化收敛的速度；而在此基础上发展而来的复合形法是解决有约束条件的非线性优化问题的有效方法，它也是一种直接法。由于该方法可以在全部可行域内寻找，性能较稳定、可靠、编程简单方便，对解决工程问题有较强的适应性，所以，在工程中应用较多。

复合形法的基本思路来自单纯形法，是在 n 维受非线性约束的设计空间内，有 $n+1<K$ 个顶点（常取 $K=2n$）构成多面体，称之为复合形。然而对复合形的各顶点函数值逐一进行比较，不断丢掉使目标函数值最大的顶点，代之既能使目标函数有所改进，又满足约束条件的断点，逐步调向最优点。复合形法的迭代步骤如下：

① 生成初始复合形法的顶点。首先认为给定在可行域内一点作为第一顶点，其余 $2n-1$ 个有伪随机法选点而产生：

$$x'_i = a_i + r'_i(b_i - a_i)(i = 1,2,\cdots,n; j = 2,3,\cdots,2n) \\ a_i \leqslant x_i \leqslant b_i \tag{8.2.53}$$

式中：a_i、b_i 为给定的上下限控制值；r'_i 为修正系数。

检查各个顶点是否在可行域内，若 $X^{(1)},X^{(2)},\cdots,X^{(4)}$ 均可行，$X^{(s+1)}$ 不可行，则按下式调整

$$X^{(s+1)} = \overline{X}^{(s)} + 0.5(X^{(s+1)} - \overline{X}^{(s)}) \tag{8.2.54}$$

$$\overline{X}^{(s)} = \frac{1}{S}\sum_{i=1}^{s} X^{(i)} \tag{8.2.55}$$

②构成复合形

形成以 $X^{(1)}$，$X^{(2)},\cdots,X^{(2n)}$ 为顶点的复合形，计算各顶点的目标函数值 $F(X^{(j)}),j=1,2,\cdots,2n$，再比较各顶点的函数值，找出最坏点 $X^{(h)}$ 和最好点 $X^{(l)}$，即

$$F(X^{(h)}) = \max_{1\leqslant j\leqslant 2n} F\{X^{(i)}\} \quad F(X^{(l)}) = \max_{1\leqslant j\leqslant 2n} F\{X^{(j)}\} \tag{8.2.56}$$

转入第⑥步。

寻求映像点。

③计算去掉最坏点的其他各定点中心，即

$$\overline{X}^{(0)} = \frac{1}{2n-1}\sum_{\substack{j=1 \\ j\neq h}}^{n} X^{(j)} \tag{8.2.57}$$

若 $\overline{X}^{(0)}$ 点可行，取 $\alpha=1.3$，由最坏点通过作 $\overline{X}^{(0)}$ 倍的映射点 $\overline{X}^{(\alpha)}$

$$\overline{X}^{(\alpha)} = \overline{X}^{(0)} + \alpha(\overline{X}^{(0)} - \overline{X}^{(h)}) \tag{8.2.58}$$

若 $\overline{X}^{(0)}$ 点不可行，则以 $X^{(l)}$ 为起点，$\overline{X}^{(0)}$ 为端点，重新构造复合形，转①。

④ 检查映像点的可行性。如果 $X^{(\alpha)}$ 是可行点，转⑤。

如果 $X^{(\alpha)}$ 不是可行点，令 $\alpha = 0.5\alpha$，直至 $X^{(\alpha)}$ 为可行点，再转⑤。

⑤ 比较映像点与最坏点的函数值。计算映像点 $X^{(\alpha)}$ 的目标函数值 $X^{(\alpha)}$，若 $F\{X^{(\alpha)}\} < F\{X^{(h)}\}$，则以 $X^{(\alpha)}$ 代替 $X^{(h)}$，转②，否则令 $\alpha = 0.5\alpha$，直到 $F\{X^{(\alpha)}\} < F\{X^{(h)}\}$ 为止。

当 $\alpha < \beta$(β 为最小的正数，通常取 1.0×10^{-4}) 时，$F\{X^{(\alpha)}\} < F\{X^{(h)}\}$ 仍未满足，以最好点 $F(X^{(l)})$ 为最优点输出。

⑥ 收敛准则。

$$\left\{\frac{1}{2n}\sum_{j=1}^{2n}[F(X^{(l)}) - F(X^{(j)})]^2\right\}^{\frac{1}{2}} < \varepsilon \tag{8.2.59}$$

复合形诸顶点的函数值满足上述准则，则结束迭代，以最好点输出，否则，转③。

（2）随机方法

对于材料参数反分析中非确定性模型，主要集中在考虑随机因素方面，这种反分析方法称为参数随机反演。如果将待估参数、实测系统响应以及系统外荷均视为随机量对参数反演进行研究，显然更具有科学性和合理性。

概率统计中主要有以下几种参数估计理论：Gauss-Markov 参数估计，极大似然法参数估计，Bayes 参数估计（最大验后估计）。可以证明，当假定各实测资料之间不相关且系统输出值误差服从标准正态分布时，极大似然参数估计和 Gauss-Markov 参数估计所得出的误差函数是完全相同的。因此，可以将这两种参数估计理论的参数反演合并到一起进行研究，为了便于推演，可仅考虑线弹性材料弹模 E、μ 的反演。

1）极大似然（Gauss-Markov）参数优化反演

对线弹性材料弹模 E、μ 反演的极大似然参数估计误差函数将成为如下形式

$$J = (U^* - U)^T C_{U^*}^{-1} (U^* - U) \tag{8.2.60}$$

式中：U^* 为实测位移；U 为有限元计算的位移；$C_{U^*}^{-1}$ 为的协方差矩阵。由于实测资料 U^* 的各分量之间不相关，故 U^* 的协方差矩阵 $C_{U^*}^{-1}$ 为对角矩阵。

同时，为了应用梯度优化方法，需获得误差函数对材料参数 X 的偏导公式为

$$\frac{\partial J}{\partial X} = 2(U - U^*)^T C_{U^*}^{-1}\left(\frac{\partial U}{\partial X}\right) \tag{8.2.61}$$

上式中 $\frac{\partial U}{\partial X}$ 为结构位移 U 对材料弹模 E、泊松比 μ 的偏导，这即是误差函数 J 的极小化问题，可利用梯度优化方法进行。

2）Bayes 参数优化反演

假定已知材料参数 X 服从正态分布，且其先验信息的均值和方差分别为

$$E(X) = X_0 \quad Cov(XX^T) = C_X^0 \tag{8.2.62}$$

当基于位移观测数据对线弹性材料参数 X 进行反演时，其误差函数为

$$J=(U^{*}-U)^{T}C_{U^{*}}^{-1}(U^{*}-U)+(X+X_{0})^{T}(C_{X}^{0})^{-1}(X-X_{0}) \tag{8.2.63}$$

由上式可推导得误差函数 J 对参数 X 的偏导函数为

$$\frac{\partial J}{\partial X}=2\left(\frac{\partial U}{\partial X}\right)^{T}C_{U^{*}}^{-1}(U-U^{*})+2(C_{X}^{0})^{-1}(X-X_{0}) \tag{8.2.64}$$

用式（8.2.63）和式（8.2.64），采用前述参数反演的梯度优化方法，可以得到待反演材料参数 X 的均值。对于参数 X 的方差，可采用直接迭代求材料参数 X 方差的迭代公式，同时结合梯度优化反演方法，可得其计算公式如下

$$C_{\hat{X}}=[I-MS]C_{X}^{0}[I-MS]^{T}+MC_{U^{*}}^{-1}M^{T} \tag{8.2.65}$$

式中：I 为单位矩阵；$C_{U^{*}}^{-1}$ 为的协方差矩阵的逆矩阵。

$S=\frac{\partial U}{\partial X}$，$M=[S^{T}C_{U^{*}}^{-1}S+(C_{X}^{0})^{-1}]^{-1}S^{T}C_{U^{*}}^{-1}$ 根据 C_{X}^{0}、$C_{U^{*}}$ 的对称非奇异性，可以证明，上式可被进一步写为

$$C_{X}=C_{X}^{0}=A_{0}SC_{X}^{0}=[(C_{X}^{0})^{-1}+S^{T}C_{U^{*}}^{-1}S]^{-1} \tag{8.2.66}$$

式中 $A_{0}=C_{X}^{0}S^{T}(SC_{X}^{0}S^{T}+C_{U^{*}})^{-1}$。

8.3　变形参数反分析

田湾核电站 3、4 号机组工程项目引水隧洞长度 3123.31m、3174.12m，两条进水隧洞直线段中心间距约 29.5m。3 号机组和 4 号机组取水隧洞一期施工完成的取水隧洞衔接位置中心标高均为－7.5m，隧洞直径为 6.5m。

因此针对田湾核电站 3、4 号机组引水隧洞，利用现场监测资料和现代连续、非连续数值仿真等综合研究手段，在现有规范规定的基础上，开展变形参数反分析，研究监测预警指标，有助于深化理解隧洞围岩-结构体系的力学特性。

1. 典型隧洞开挖变形趋势分析

岩体弹性模量取 19.1GPa，泊松比为 0.21，密度为 2650kg/m^3。隧洞直径取 6.5m，模型长、宽、高均取 30m，在模型顶部施加不同的法向压力，以模拟不同厚度上覆岩土体的影响，如图 8.3.1 所示。

取模型上覆岩土厚度为 100m（距离隧洞顶约 130m），该模型相当于 3D1＋814 桩位置。在模型中部隧洞顶隔 3m 布置 3 个竖向位移监测点。

弹性模型作用下，隧洞开挖引起的变形主要受弹性模量影响，泊松效应并不明显。当隧洞开挖至中部时，其纵剖面变形如图 8.3.2 所示。

同时，以掘进面为零坐标，已掘进处距离为正，未掘进处距离为负，沿着如图 8.3.2 所示洞顶线统计洞顶最大位移，可得如图 8.3.3 所示变形趋势线。

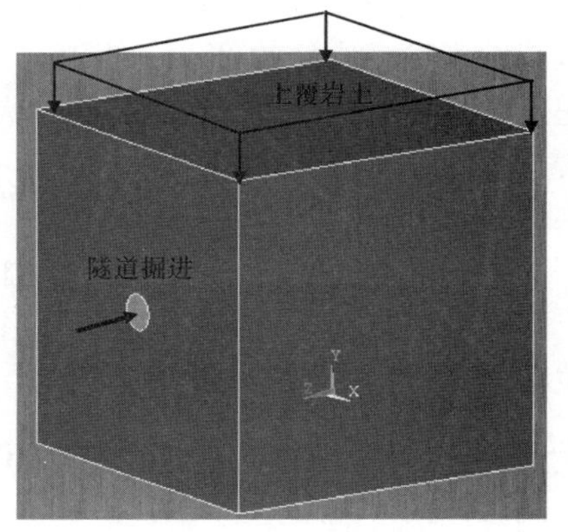

图 8.3.1　引水隧洞掘进概念模型示意图

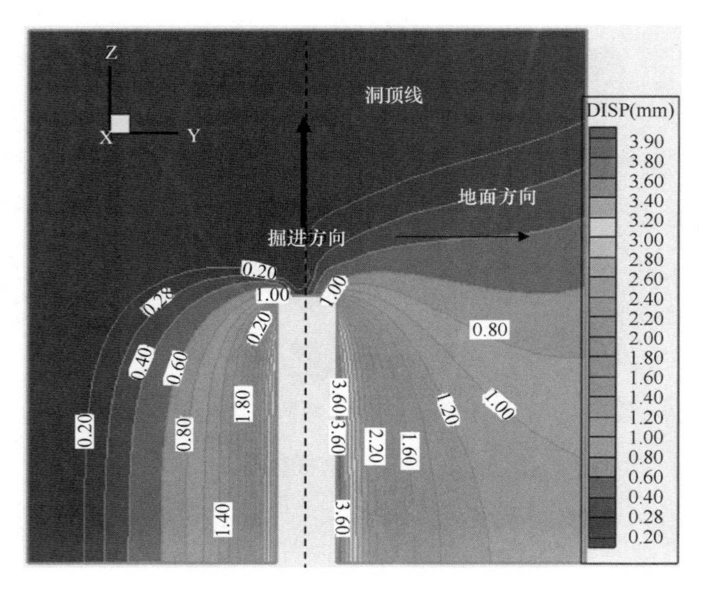

图 8.3.2　隧洞掘进时纵剖面变形趋势图

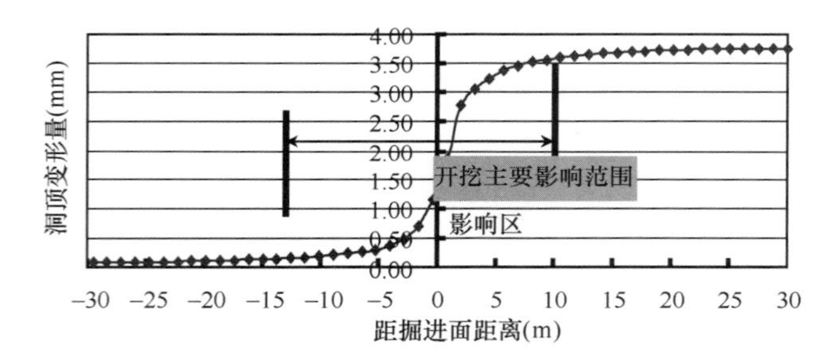

图 8.3.3　沿隧洞掘进洞顶线变形趋势

趋势图 8.3.3 表明，在该参数（弹性模量取 5.1GPa，泊松比 0.21）下，最大变形量约 3.9～4.0mm，而掘进掌子面（距离 0）处的变形量约为最大变形量的 1/4。

这一趋势与强度参数关系不大。因此可近似认为在隧洞纵向开挖，开挖面处的位移与隧洞约为最终位移的 25％。开挖主要影响掌子面前后各 2 倍洞径范围，在掌子面前方，超过 2 倍洞泾范围，变形量已达最大值，在掌子面后方 2 倍洞径外仍保持为原岩应力。随着开挖的逐步进行，这一趋势保持不变。可以通过掌子面变形或者隧洞最大变形估算另一值。

隧洞横截面变形（距离掘进面 15m）见图 8.3.4。

隧洞横断面结果显示，在自重作用下（不考虑构造应力），侧壁中部变形量小于洞顶位移，该截面中侧壁变形 0.9mm，而洞顶为 3.8mm，二者的比例约等于侧压力系数 $\frac{\mu}{1-\mu}$，这说明，隧洞变形由应力场控制。当水平向应力较大时，即侧压力系数大于 1.0，则侧壁变形可能大于洞顶变形。

如果随着隧洞逐步开挖，不同坐标位置的洞顶变形就如图 8.3.5 和图 8.3.6 所示。其最大值逐步趋向于定值。

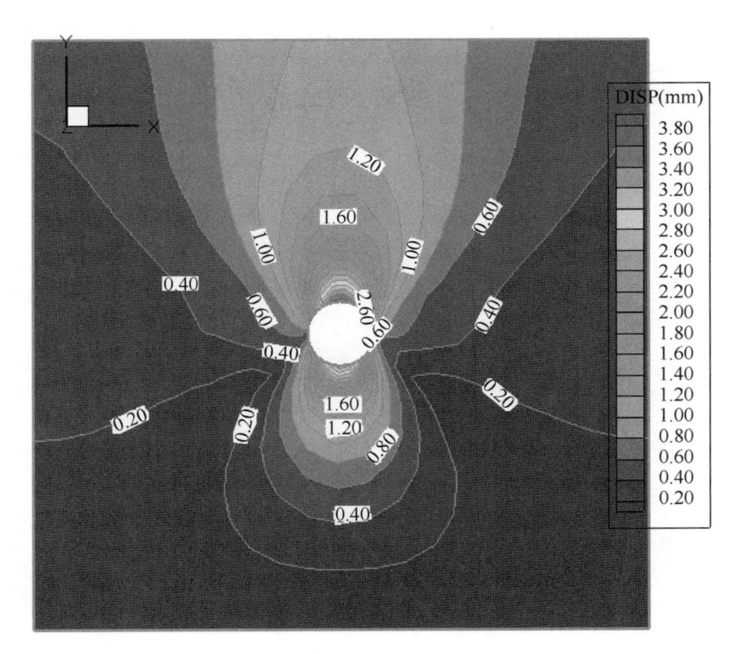

图 8.3.4　隧洞横截面变形（距离掘进面 15m）

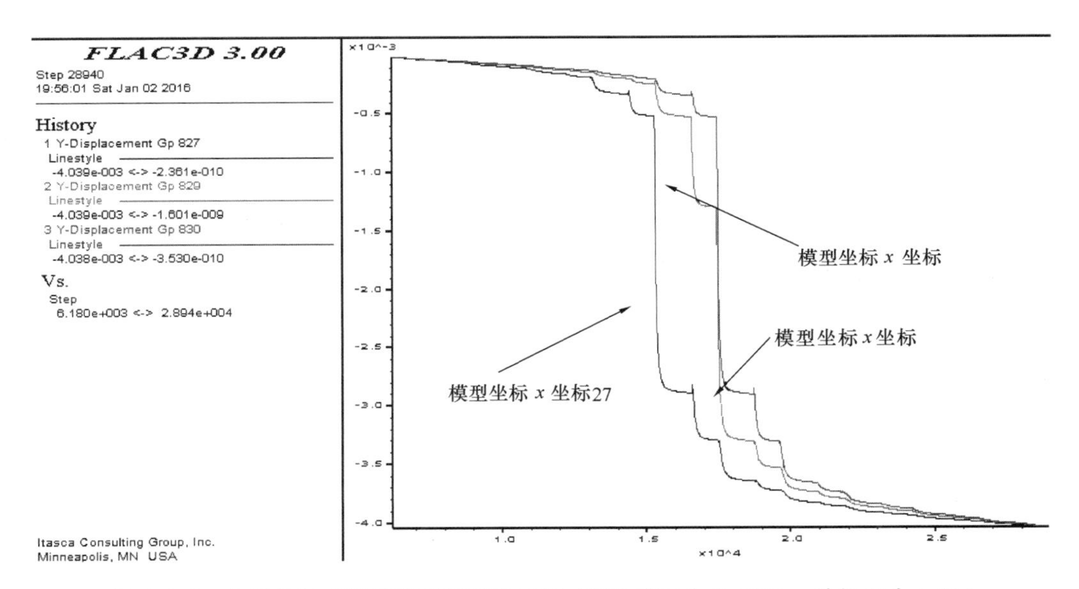

图 8.3.5　典型监测点随开挖进展变形过程（弹性模量为 5.1GPa，泊松比为 0.21）

改变弹性模量，隧洞变形趋势非常接近，可以忽略不计。但是最大变形量随弹性模量增加而降低。其中当弹性模量为 19.1GPa，泊松比为 0.21，其监测点变形趋势如图 8.3.6 所示。该图中弹性模量与图 8.3.5 相比弹性模量为其 3.74 倍，最大变形量 1.07mm，仅为图 8.3.5 中的 1/4。

因此从弹性力学角度，可以得出主要结论如下：

（1）弹性模量与侧压力系数是影响隧洞开挖变形的主要因素，在地应力影响不明显时

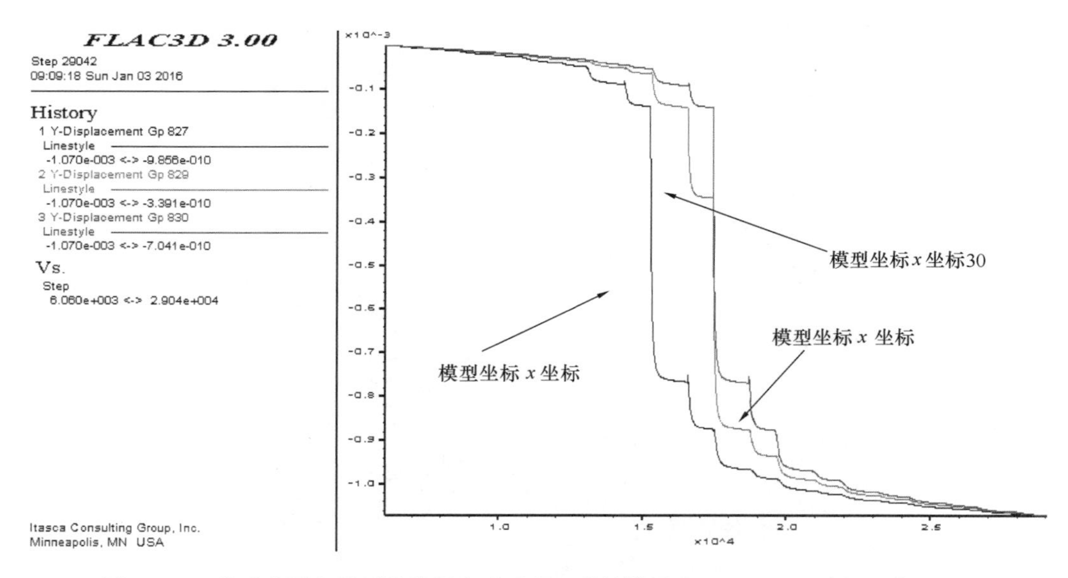

图 8.3.6　典型监测点随开挖进展变形过程（弹性模量为 19.1GPa，泊松比为 0.21）

主要受弹性模量影响。

（2）开挖主要影响掌子面前后各 2 倍洞径范围，在掌子面前方，超过 2 倍洞径范围，变形量已达最大值，在掌子面后方 2 倍洞径外仍保持为原岩应力。在前后各 2 倍洞径范围，变形量近似比例变化。

（3）可以通过洞周各点位移的变化量估算地应力的大小，反演岩体力学参数。

2. 待反演参数的选择

根据岩石力学与工程实践可知，影响地下洞室变形的因素有：岩石的变形参数（弹性模量、泊松比），岩石的强度参数（摩擦角、黏聚力），初始地应力场等。

（1）初始应力场

地下洞室工程中，洞室的变形尤其在高地应力情况下往往取决于侧向约束条件，而不是变形参数，因此必须考虑初始应力场。由于该区域缺少地应力监测资料，假定该区域垂直向应力以自重为主，两个侧压力系数：$K_{\mathrm{h}}=\sigma_{\mathrm{h}}/\sigma_{\mathrm{z}}$ 和 $K_{\mathrm{H}}=\sigma_{\mathrm{H}}/\sigma_{\mathrm{z}}$，并假定两个侧压力系数相等。在反演研究区域初始地应力时，实际只考虑一个侧压力系数。

（2）变形参数

岩石的变形取决于岩体弹性模量 E 和泊松比 μ。其中二者中以弹性模量最为敏感，而地下洞室变形侧向变形主要取决于应力场的变化，泊松比的变化对洞室变形不敏感。因此变形参数中可只选择弹性模量 E 作为反演参数，泊松比 μ 采用确定性参数。

由于隧洞围岩类型均非常接近，因此只需要考虑一个弹性模量 E 即可。

（3）强度参数

岩石的强度参数决定地下洞室开挖过程中塑性区的扩展，在断层出露位置也会因塑性屈服产生大变形。3、4 号引水隧洞围岩质量较好，可不考虑由于塑性屈服带来的大变形，即强度参数采用确定值，不参与反演。

根据以上论述，围岩参数需要反演的参数包括一个侧压力系数（K_x），岩体的弹性模量（E_1）。根据地质资料和隧洞结构建立计算模型，由实测位移资料可以反推出岩体力学参数和地应力。采用正交设计法安排参数的试算初始值，由反演参数确定原则。共有 2 个参数参与反演，因此确定 2 个因素作为正交试验的影响因素，根据设计院提供的力学参数建议区间以及实测地应力所计算的侧压力系数区间，考虑到反演参数较多，采用三个水平，同时不考虑因素之间的交互作用，即选用 $L_0(3^2)$ 正交表，表示 2 个因素、3 个因素水平，需要做 9 次试验。各水平参数组合正交试验方案如表 8.3.1 所示。

各水平参数组合正交试验方案表　　**表 8.3.1**

方案＼参数	侧压系数 K_x	微新层弹模 E_1/GPa
1	0.1	5.00
2	0.1	15.00
3	0.1	25.00
4	0.5	5.00
5	0.5	15.00
6	0.5	25.00
7	1.0	5.00
8	1.0	15.00
9	1.00	25.00

根据数值模拟正算的结果，用逐步回归方法建立位移增量与各参数的数学关系。利用数学函数式和各测点实测位移计算的位移增量值，建立下列目标函数：

$$E(X) = \sum_{i=1}^{n}(f_i(x) - u_i) \tag{8.3.1}$$

式中：$f_i(x)$ 为测点 i 的位移增量与参数间的函数关系式；x 为反演参数组合，这里 $x = \{K_x, K_y, E_1, E_2, E_3, E_4, E_5\}$；$u_i$ 为测点 i 实测位移值计算的位移增量；n 为测点个数。最后利用优化方法找出使目标函数达到最小值即全局最优值的最佳参数组合。同时可求出计算与实测位移增量间的相对误差：

$$K(X) = |E(X)| / \sum_{i=1}^{n} u_i \times 100\% \tag{8.3.2}$$

根据以上参数确定的正交方案组合，再采用 BP 人工神经网络方法反演出待反演参数，具体过程为：

① 根据各围岩力学参数建议值范围，利用正交设计的参数组合方案，进行正演求解，除正交设计参数组合外，利用插值方法共进行了 400 个方案组合的正演计算，得到反映引水洞系统输入（参数组合）和输出关系（对应目标函数）的样本。

② 采用 BP 神经网络对上述样本进行学习训练，在一定收敛条件下得到相应的权值矩阵和阈值向量。

③ 采用训练后的 BP 神经网络，对实测位移增量进行网络仿真，得到使目标函数达到最小值即全局最优值的最佳参数组合。

这里采用有限元法进行正演分析，该方法对于分析实际工程问题具有较好的适应性和精度，另一方面是计算效率较高，可以满足洞室施工监控量测的需要。

3. 有限元计算模型

针对 3-1 主断面模型（桩号 3D1＋814），建立如图 8.3.7 所示模型。引水隧洞为圆形，直径为 6.5m，围岩级别为Ⅱ类，洞身为微风化含岩块二长浅粒岩，岩质坚硬，洞顶有约 130m 厚的微风化基岩覆盖，块状结构，围岩基本稳定，预计洞室地下水活动为干燥，绿泥石片岩处预计为线状流水。采用 C40 钢筋混凝土衬砌，衬砌厚度为 40cm。

岩石采用摩尔库仑准则。其中待反演参数采用表 8.3.1 的数据，其他参数采用中等风化岩石建议值。

如图 8.3.7～图 8.3.9 所示为采用方案 4 的计算结果。由于监测资料为施加衬砌后的蠕变变形，而弹性变形缺少全生命周期的位移监测资料，因此根据三维数值模型对比，及课题组其他工程课题类比，假定在隧洞开挖后期，蠕变变形约为瞬态弹性位移的 20%～25%。因此，弹塑性开挖引起的位移取为监测位移的 4 倍。

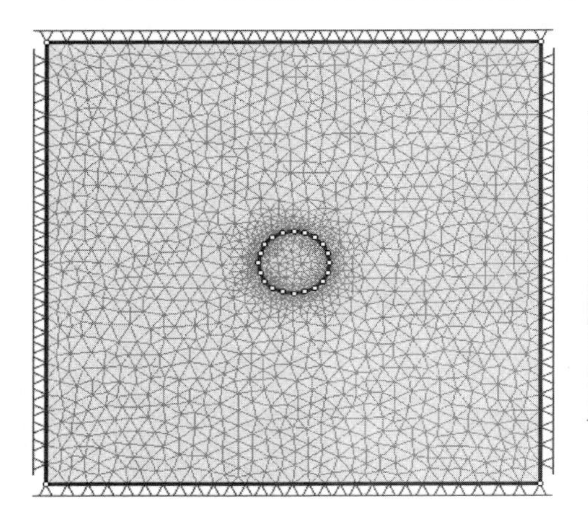

图 8.3.7　初始计算模型

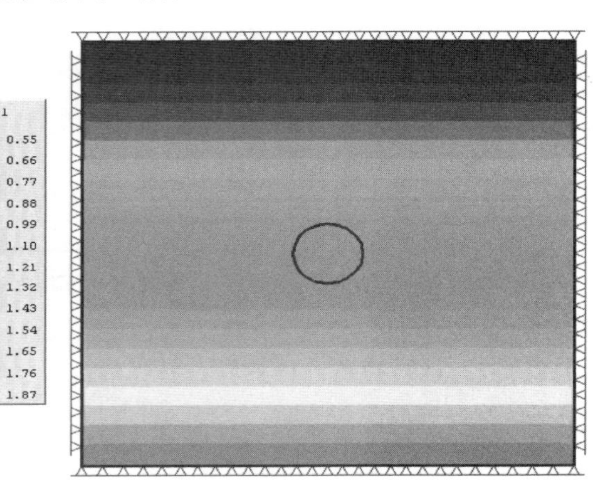

图 8.3.8　最大主应力云图

图 8.3.9 为假定 3D1＋814 断面处的监测资料，该图表明，隧洞最大位移约 0.9mm，洞顶与洞底部大，中部小，表明构造地应力不明显。而洞顶变形量估计在 1.2mm 左右，由于监测值均为蠕变位移，故瞬时弹塑性变形假定为 4.5～4.8mm。

（1）初始平衡阶段

见图 8.3.10～图 8.3.13。

（2）隧洞开挖模拟

见图 8.3.14～图 8.3.17。

（3）施加衬砌模拟

见图 8.3.18～图 8.3.21。

4. 反演成果分析

根据正演计算结果，得到各参数组合下测点处计算出的残差（目标函数），作为 BP 神经网络的训练样本，见表 8.3.2，这里只列出正交设计方案正演得出的训练样本，其余设计方案略。

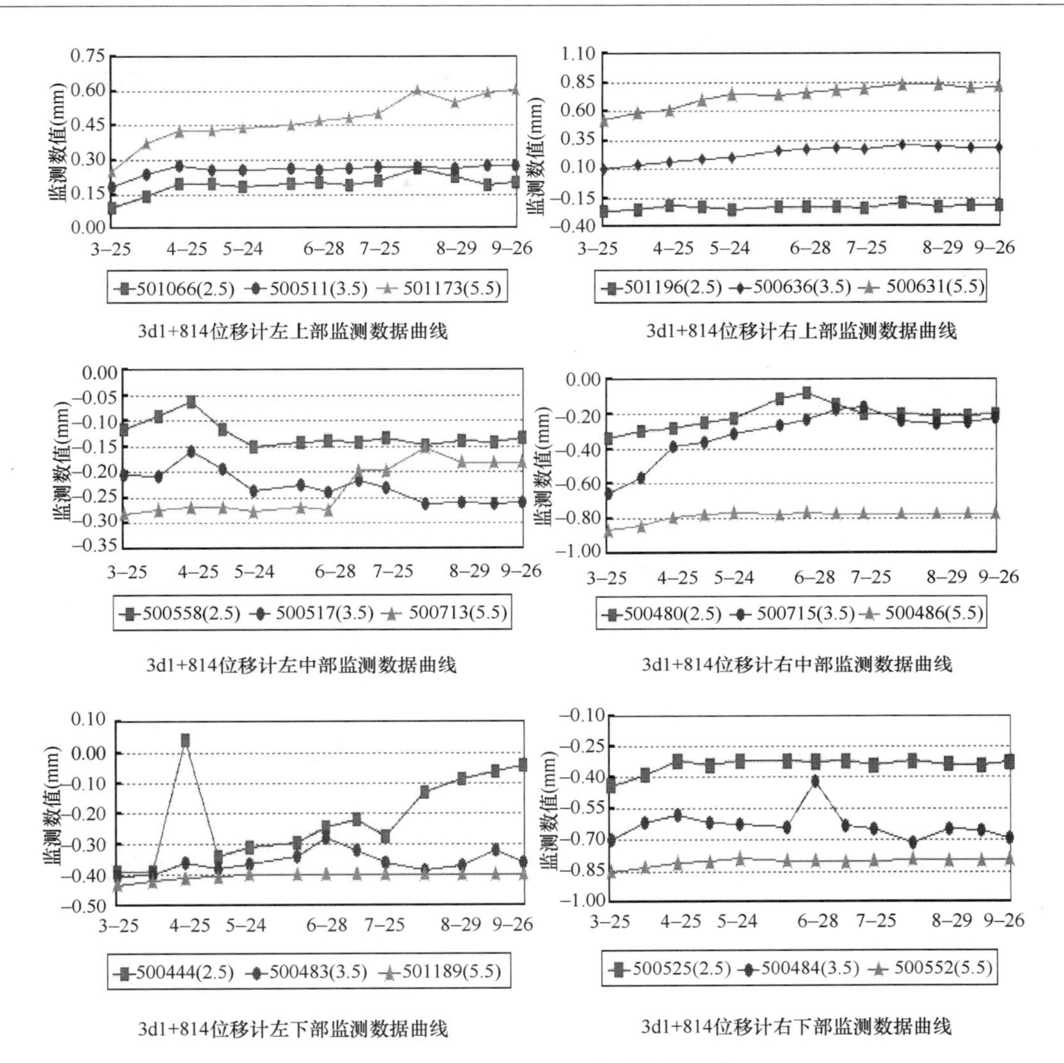

图 8.3.9　隧洞断面监测位移变化曲线

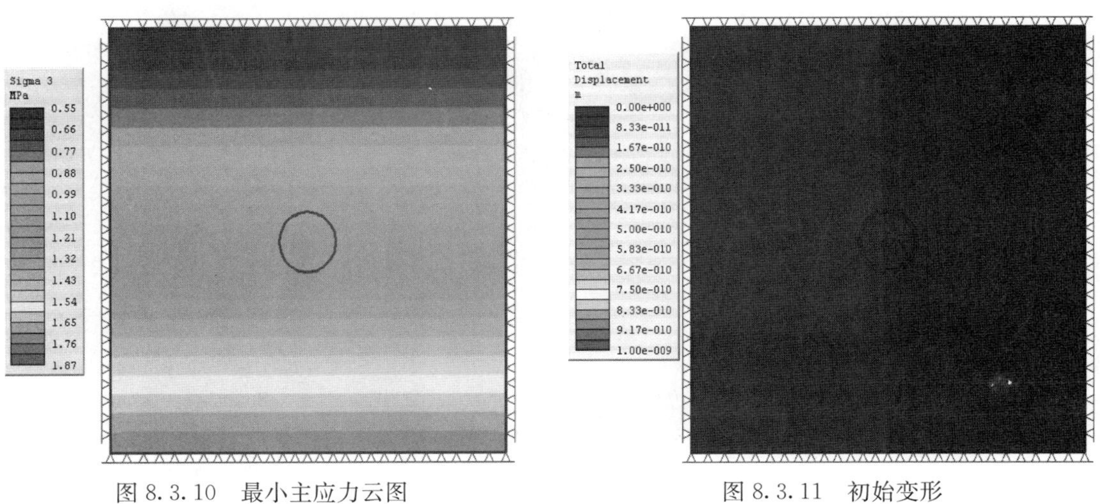

图 8.3.10　最小主应力云图

图 8.3.11　初始变形

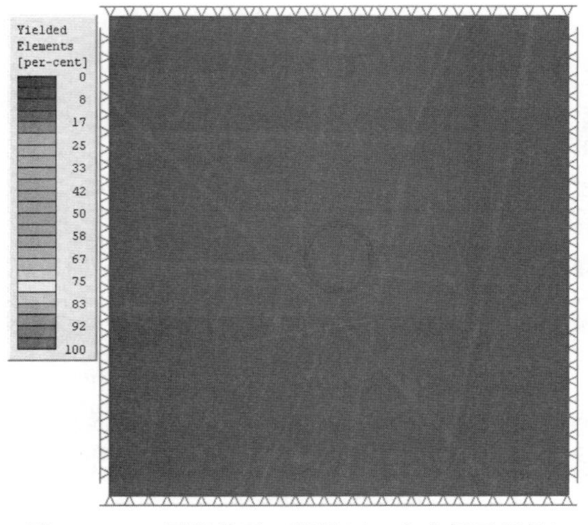

图 8.3.12　屈服单元（塑性区，应力场无塑性）

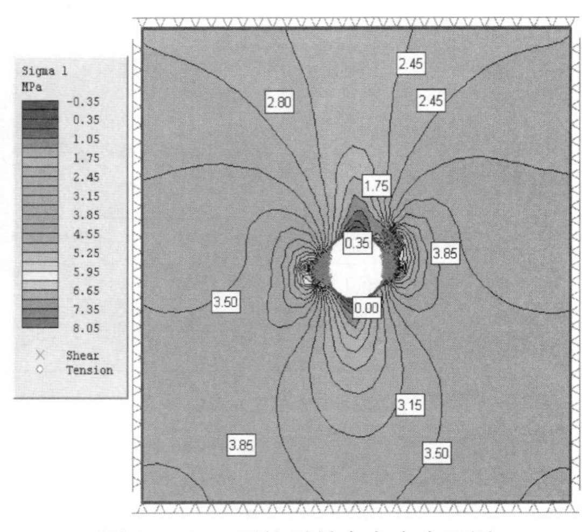

图 8.3.13　开挖后最大主应力云图

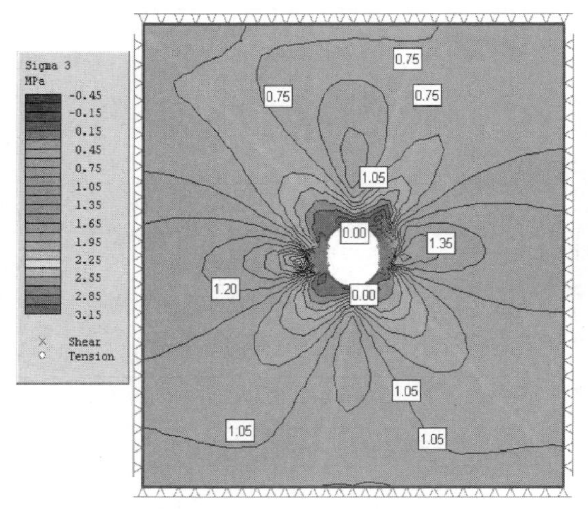

图 8.3.14　开挖后最小主应力云图

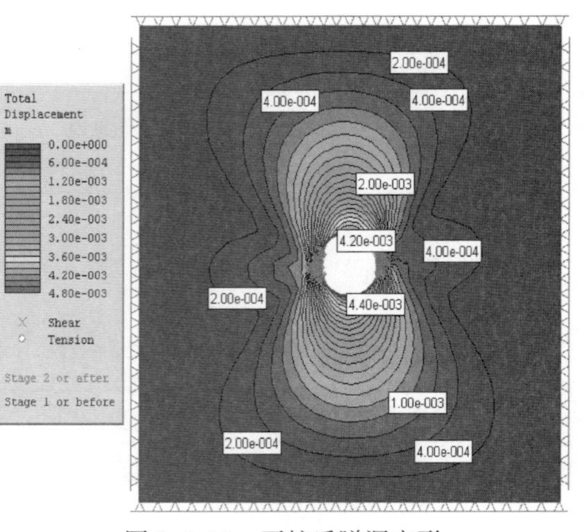

图 8.3.15　开挖后隧洞变形

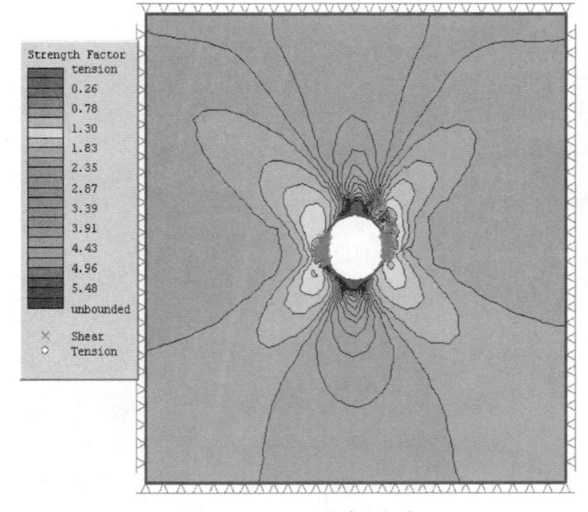

图 8.3.16　强度因子

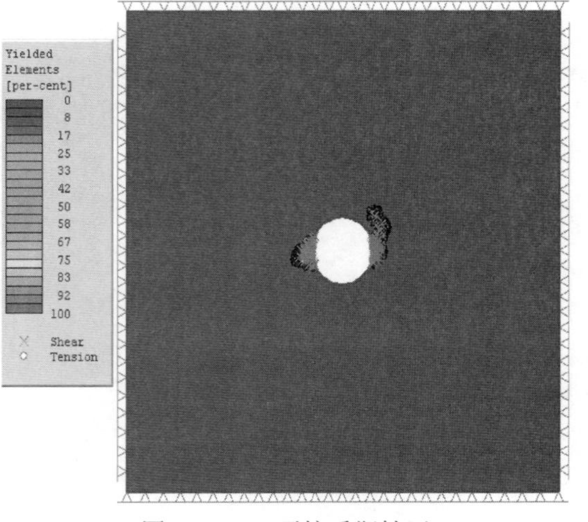

图 8.3.17　开挖后塑性区

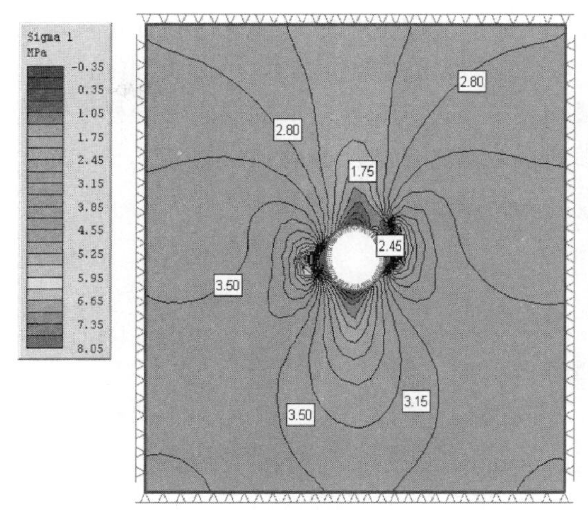

图 8.3.18　施加衬砌后最大主应力云图

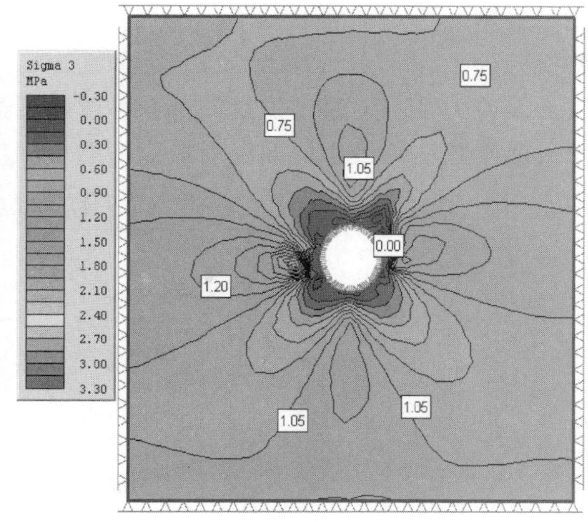

图 8.3.19　施加衬砌后最小主应力云图

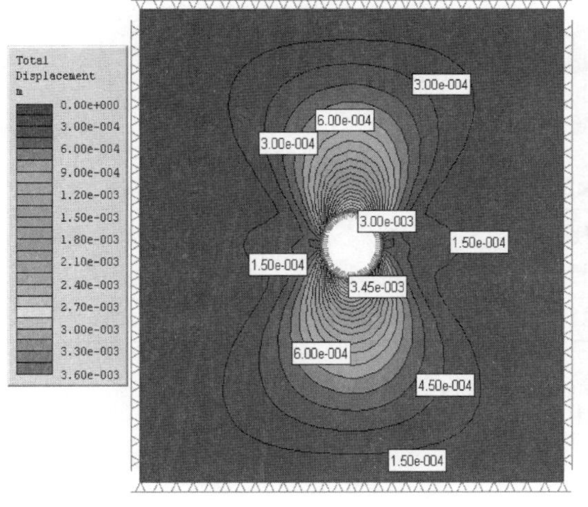

图 8.3.20　施加衬砌后隧洞的变形

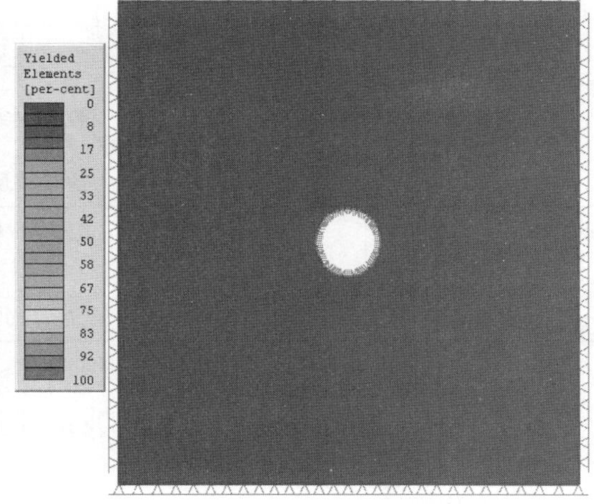

图 8.3.21　施加衬砌后塑性区

BP 神经网络部分训练样本　　　**表 8.3.2**

参数 方案	侧压系数 1 K_x	微新层弹性模量 E_1/GPa	残差 (mm)	计算位移增量相对实测位移增量误差
1	0.1	5.00	12.06	45.25%
2	0.1	15.00	9.04	33.92%
3	0.1	25.00	7.39	27.73%
4	0.5	5.00	5.39	27.73%
5	0.5	15.00	12.02	45.10%
6	0.5	25.00	9.07	34.03%
7	1.0	5.00	9.03	33.88%
8	1.0	15.00	7.44	27.92%
9	1.00	25.00	12.00	45.03%

采用训练完毕的 BP 网络，对任意输入的 10000 个参数组合样本进行仿真计算，取误差指标为 10^{-3}，学习率为 0.001，训练 2000～5000 步即可收敛，图 8.3.22 为训练步数与收敛误差关系图。通过仿真训练，可以得到最小残差，该残差所对应的参数组合样本即为使目标函数达到最小值即全局最优值的最佳参数组合，各参数反分析成果见表 8.3.3。

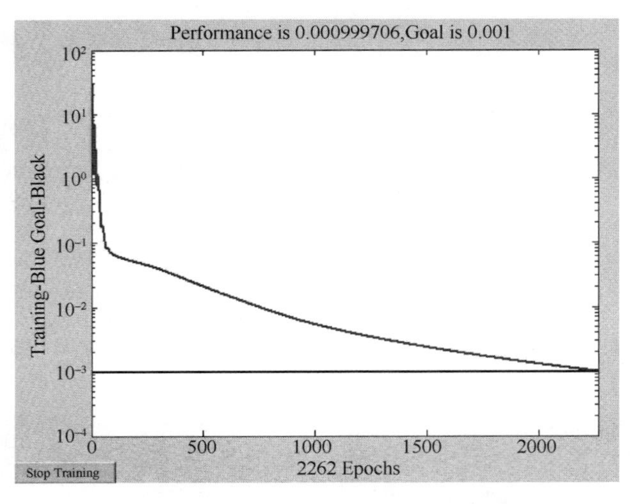

图 8.3.22　收敛误差和训练步数的关系

各参数反演结果　　表 8.3.3

待反演参数	侧压系数 K_x	微新层弹性模量 E_1（GPa）	残差（mm）	计算位移增量相对实测位移增量误差
反演结果	0.3226	5.1624	4.09	15.35%

8.4　基于滑坡征兆进行强度参数反分析

1. 工程概况

某堆积体边坡如果失稳，将会严重影响到进水口等构筑物的安危。在施工过程中，第一次削坡开挖于 2005 年 5 月完成后，由于未及时进行支护且经过雨期。至 2005 年 9 月底，1 号无名沟附近的洪积层在开挖坡顶已发生变形，其中：下游侧堆积体上部的洪积物，在开口线附近出现较为明显的浅层变形。变形范围约 10m（垂直河谷方向）×15m（顺江方向），变形体的前缘位于洪积物与堆积物的界面附近，并有一定程度的向外鼓出，为潜在的剪出口；变形体的后缘出现拉陷槽，深约 30～50cm，后侧陡坎最大高度达 120cm；上游侧变形范围主要集中在开口线外侧截水沟附近的地形转折处，拉裂缝宽 5～10cm，延伸较长，后侧有高 30～50cm 的错动台坎，部分裂隙面如图 8.4.1 和图 8.4.2 所示。

2. 稳定性计算

堆积体受长期的地质作用，在近地表部位，尤其是古滑坡体与冰水堆积体分界面较为复杂，典型剖面如图 8.4.1 和图 8.4.2 所示。在采用刚体极限平衡计算时最危险滑面位于表层洪、坡积层内，与初始的地质判断存在较大的误差。故建立如图 8.4.3 所示数值模型，采用如表 8.4.1 所示岩土力学参数进行数值模拟后，用极限平衡有限元方法计算边坡稳定性。

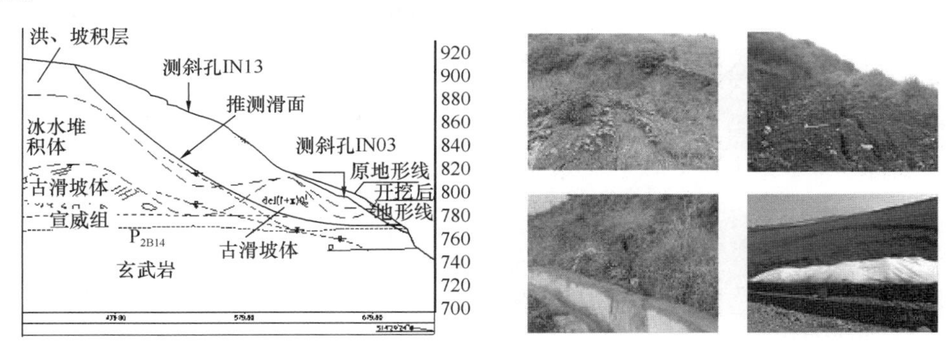

图 8.4.1　典型地质剖面　　　　图 8.4.2　拉裂隙分布

采用如表 8.4.1 所示岩土力学参数进行数值计算发现：堆积体最危险滑面应沿着洪坡积层深部、中间穿越冰水堆积体与古滑坡体，与宣威组砂岩上部的一层滑动带贯通（图 8.4.3 和图 8.4.4），安全系数为 1.05。但同时洪、坡积层的浅层滑面以堆积体上部边界剪出为主，后缘位置分布较广，多条浅层滑动面安全系数变化很小，均在 1.10 左右，在经历雨季时，地表水渗透可导致浅层滑动安全系数降至 1.0，故该滑坡体在雨季后表层变形较明显。这与 2005 年观测到的现象一致。

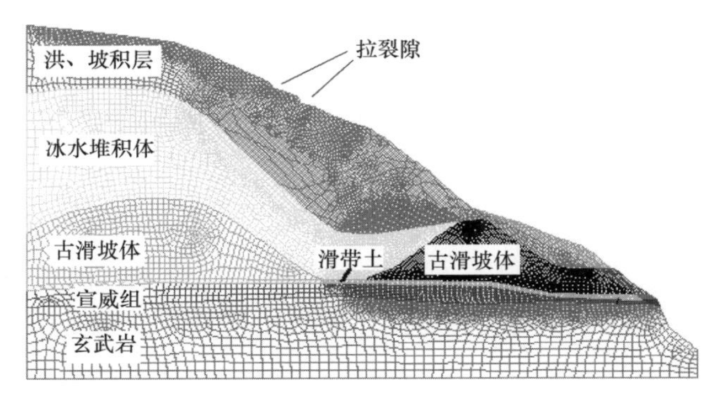

图 8.4.3　地质剖面与数值模型

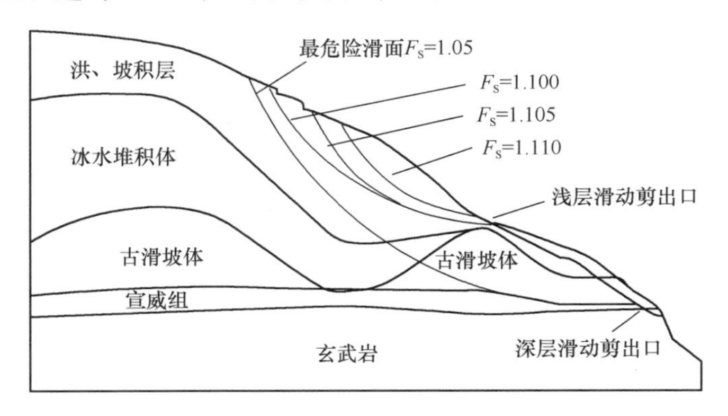

图 8.4.4　滑面位置及安全系数

深层滑动面上法向、切向应力分布（图 8.4.5）表明，法向与切向应力随深度近似线性增加，但在滑面剪出口部位均急剧下降，法向与切向应力的比值则自后缘到剪出口经历了先逐步递减再逐步增加的过程。在后缘部位滑面陡峭，故剪应力偏小，而在洪、坡积层深层法/切应力比逐步减小，表明在表层滑坡为推移式；而在滑带土内，由于滑面接近水

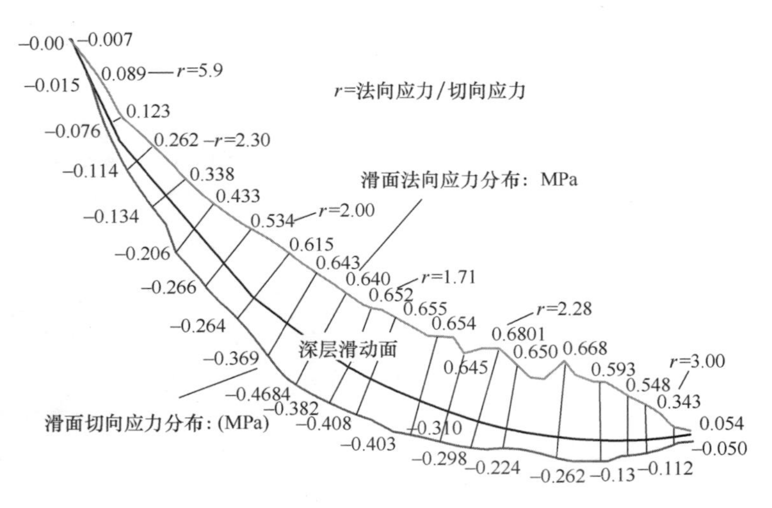

图 8.4.5 沿滑面法向与切向应力分布规律

平，应力比开始逐步增加，表明其受后方不平衡力的影响。故该滑坡堆积体为复合型滑坡运动模式，深层滑动受降雨影响小，处于推移式缓慢蠕滑状态；浅层则受降雨影响明显，滑动面的后缘位置与裂隙面统计位置基本一致可以证明这一点。故对深层滑面应以滑带土锚固治理为主，而浅层应以隔绝地表水入渗、坡内排水为主。

岩土力学参数 **表 8.4.1**

岩性	密度 (kg/m³)	变形模量 (MPa)	剪切模量 (MPa)	黏聚力 C (kPa)	摩擦角 (°)	抗拉强度 (MPa)
洪、坡积层	1950	83.0	27.8	45.0	22.0	0.0
冰水堆积体	2050	830.0	385.0	80.0	33.0	0.1
滑坡堆积体	2000	750.0	346.0	50.0	26.5	0.1
滑带土	2000	56	19.0	30.0	18.0	0.0
宣威组	2500	4500.0	233.0	300.0	35.0	1.0
玄武岩	2800	13333.0	8000.0	1000.0	45.0	10.0

3. 滑动面与监测资料对比

该剖面较为接近的钻孔倾斜仪有两个。IN03 钻孔倾斜仪，于 2006 年 7 月 13 日取基准值，截至 2006 年 12 月底，各钻孔测斜仪 A 向（左右岸方向）位移（图 8.4.6）均远远大于 B 向（上下游方向）位移，说明变形主要表现 Y 方向为向临空面方向，即向河谷方向位移，与变形监测点监测结果一致。

IN13 钻孔倾斜仪于 2007 年 5 月 6 日取得基准值，2009 年 4 月被人为堵塞，2010 年 8 月 7 日对该孔钻孔测斜仪进行了重新安装，有效观测深度为 106.5m。从截至 2011 年 10 月的监测资料和虚拟地质钻孔取样图来看（图 8.4.7），该部位的滑动面主要位于 99.5～103.5m 区段（玄武岩与古滑坡堆积交界处），这与历史监测资料所揭示的滑动面位置一致，最大错动量发生在 101m 深处，左右岸方向（A 向）位移为 6.69mm，滑动面上下游方向（B 向）错动量不大，滑动面位移无加速增长趋势。

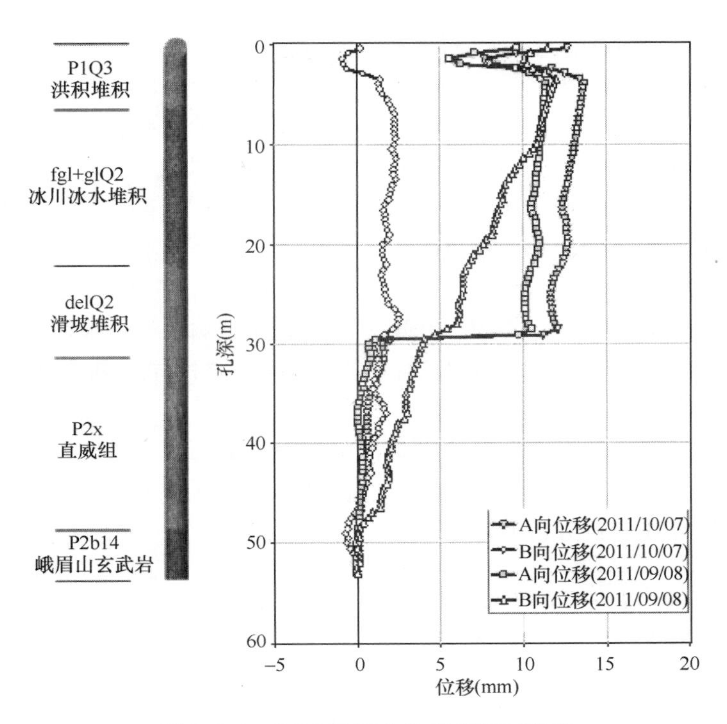

图 8.4.6　IN03 测斜孔位移-深度过程线

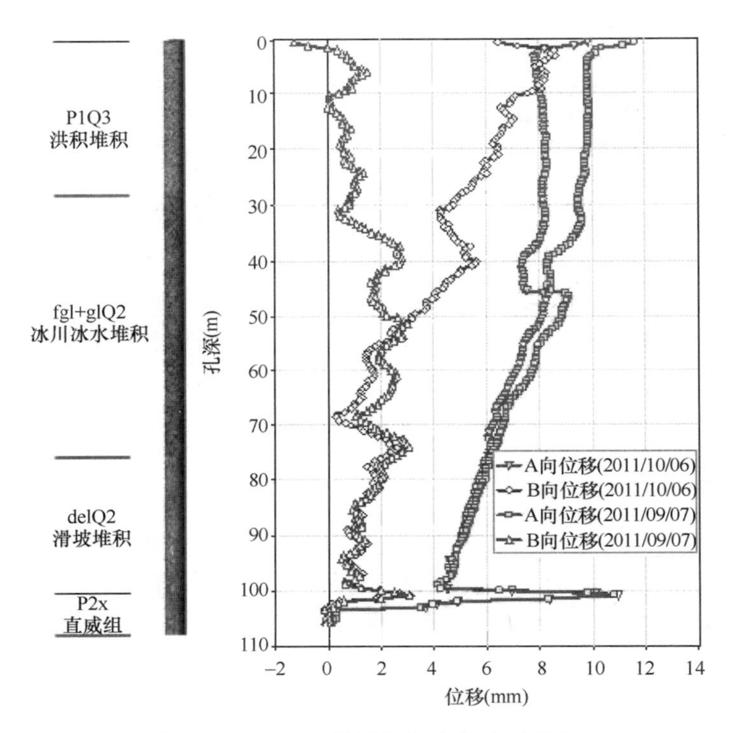

图 8.4.7　IN13 测斜孔位移-深度过程线

两个测斜孔变形数据表明，该堆积体的最危险滑面位于滑坡堆积体与宣威组上部交界位置，与极限平衡有限元搜索出的滑面一致。而位于坡剪出口部位的滑体变形较为一致，仅在表层 3～5m 内产生了变形突变。而 IN13 位于滑坡体后部，除底部滑面附近非常明显外，洪、坡积层变形呈现出上部大、下部小的趋势，表明洪坡积层在滑坡过程变形趋势也在发展，有产生局部浅层滑动带的趋势。

由于滑坡体沿着深层蠕滑、浅层受降雨影响局部也存在滑移，在堆积体表面有后倾的趋势，故位移会突然减小的趋势，这也佐证了堆积体是复合型滑坡的判断。

4. 强度反分析思路

滑坡堆积体很容易在自重、降雨、开挖等因素共同影响下产生破坏。由于滑坡体介质的不均匀性、非连续性，少量的岩土力学试验代表性较差，导致其力学参数往往难以确定。同时由于地质专业基于设计上的保守考虑，提出的岩土力学参数往往进行了不同程度的折减，导致基于条分法的极限平衡法很难得出合理的结果，常出现安全系数小于 1.0 而无任何滑坡征兆的情况。因此针对滑坡堆积体，基于极限平衡有限元计算方法的优越性，此处提出根据滑坡征兆进行分析的堆积体稳定性分析思路（图 8.4.8）。

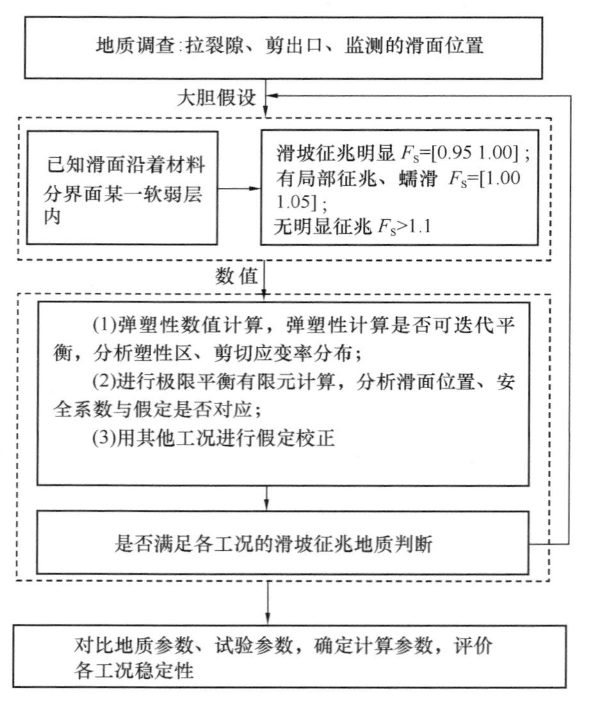

图 8.4.8 滑坡堆积体极限平衡有限元稳定分析流程

基于该思路，滑坡稳定性评价过程可表示如下：

（1）首先对滑坡堆积体进行地质勘查，统计其拉裂隙分布、剪出口等宏观表面特征及钻孔解释的内部变形特征。

（2）然后基于变形特征假定某一工况或沿某一滑动面的安全系数范围，如滑坡征兆非常明显，二维计算安全系数可假定为 0.95～1.00，而缓慢蠕变滑坡体可假定为 1.00～1.05 之间，如无滑坡征兆，则稳定性在 1.10 以上。

（3）在地质参数基础上进行调整，使该滑面所处的强度能满足假设的稳定性，然后调整变形参数使得数值计算可以达到弹塑性力学平衡，以保证开挖、降雨等工况的位移计算准确性。

（4）采用极限平衡有限元方法搜索最危险滑面、特殊部位的滑面，分析计算出的安全系数与地质判断是否符合；同时可利用变形监测数据判断搜索出的滑面是否合理；利用不同区域、不同工况的安全系数对比判断是否符合假定条件。如符合则表明假设较合理，如不符合则修改假定重复以上步骤。

（5）将满足各类条件的岩土力学参数与地质参数、试验参数对比，综合提出合理的岩土力学计算参数。

采用该流程得出的岩土力学参数可以符合地质判断、稳定性分析要求，避免了直接采用地质参数计算安全系数小于 1.0 情况，无疑可以为堆积体治理措施的确定提供有利的支撑。

8.5　小结与讨论

反演理论的基本知识、反演分析的涵义、参数反演原理及优化反演研究方法等对岩土工程非常重要，反分析研究具有重大的社会经济效益和科学价值。本章介绍了岩土工程参数反分析的基本理论和方法，其重点在于应用优化反分析方法反演岩土工程材料的相关参数。一般来讲，完成一个完整的反分析过程：一是要有有限元等正分析手段做工具，二是要有相应比较完备的如位移等原型监测资料，三是要选择合适的优化方法。这三点中任一点的改进和完善，都会促进反分析方法的进步。当然改进的重点还是根据不同的岩土工程的特点（如边坡、基坑或者堤坝等），结合不同的反演对象（如弹性模量、渗透参数、地应力或者其他热力学参数等）采用不同的优化算法，在实际工程的反复试算中来验证和改进，才能获得一个针对具体不同问题的最佳的优化反分析方法和最优的反演参数结果。

反演分析或反分析对于促进岩土工程数值分析的可靠性和提高精度意义重大，而且发展前景广阔。物理概念分析和数学方法的交叉应用将会使反演分析更加完善、精度更高、应用范围更广。应该指出，反演分析的基础资料来源于试验和原位实测，因此也必须加强试验和原位实测方法的研究，一方面应该广泛积累资料；另一方面应努力提高测试精度。

第 9 章　岩土工程控制与分析方法探讨

9.1　常见岩土工程控制面临的问题

纵观我国核电、水电、交通土建等工程建设中的岩土力学问题，归纳起来主要存在如下几类问题：

1. 岩石损伤、断裂及其细观力学研究

损伤是指一种材料与结晶结构中有原始缺陷存在，这些缺陷随着时间推移或者外力的变化产生扩展与积累。损伤一般可以分成初始损伤、弹塑性损伤、疲劳损伤、蠕变损伤、动力损伤等，是岩土工程中研究的热点问题。这方面的研究内容有：

（1）建立岩体裂隙及其分布统计概率模型，如用蒙特卡洛法模拟裂隙分布。

（2）从实测与统计资料计算节理岩体的初始损伤张量。

（3）建立节理材料损伤本构模型，研究损伤的扩展及其演化过程。

（4）利用数值计算研究岩体强度、变形，确定岩体的稳定状态。

断裂力学则着重于研究：①裂隙岩体的受力与变形。②在给定荷载作用下岩体裂隙扩展规律。③寻求能反映材料抵抗裂纹扩展的测试与试验手段。④用断裂力学对有裂隙岩体进行安全性评价。

细观力学：是指岩土结构晶体或者分子团尺度，用这样的尺度研究裂纹端部损伤积累演化和扩展等。

2. 高地应力

地应力场作为岩体工程建设的一种基本荷载已被工程界广泛重视，一般情况下地应力导致工程问题多发生在深埋条件下，而不是地表地面工程。然而，在一些深切河谷深埋岩体工程中，高应力问题在这些浅部岩体中开始体现出来，很多地下工程开挖中的强烈破坏等实际上都直接与高应力条件有关。这方面的内容包括：

（1）高地应力分类及其展布机理。

（2）高地应力岩体工程实测资料统计分析。

（3）高围压条件下岩体强度与变形特征。

（4）高地应力岩体稳定与工程思考。

（5）高地应力围岩与支护间的关系。

（6）软岩结构面剪切蠕变效应黏弹塑性分析。

（7）高地应力围岩-支护系统非线性耦合流变效应。

（8）渗水膨胀围岩模拟及耦合流变机理。

3. 岩（土）性与岩土力学问题

岩（土）性与岩土结构问题是岩土稳定性的控制因素，岩土体的破坏模式与稳定性与之息息相关。受地质复杂性的影响，各核电站、水电站、交通工程等岩性问题复杂多变，参数确定复杂、各向异性显著，现有的研究工作尚不系统，还有待深入。这主要体现在：

（1）岩土材料本构关系研究。

（2）地层与结构相互作用分析方法研究。

（3）工程现场监测和实验室研究。

4. 复杂的地质物理环境荷载与工程结构耦合作用

岩土工程可能承受静载、动载、水、核辐射等荷载的共同影响，其力学响应包含瞬态、长期效应。在不同的力学荷载作用下，岩土工程的变形和稳定性状态演变各异，力学机理复杂，值得进一步研究。这主要体现在地应力场、地下水渗流场和地热场三者之间的线性或非线性耦合关系，而工程结构既包括了岩体本身结构，也包括人造工程结构。它通常包含如下过程：

（1）建立结构分析模型，研究其力学性质。

（2）建立地层分析模型，研究其力学性质。

（3）研究地层与结构面的工作条件。

（4）研究地层与结构的耦合问题。

5. 工程设计施工

许多岩土工程的规模、高度、复杂性都超出了当前的设计规范的规定，并没有统一的标准可以参照。不同的设计理念虽然都可以使得边坡处于稳定，但其质量保证体系缺少实践的验证。

目前，针对岩土稳定性的分析和力学计算已经有许多计算程序和相应的方法，而缺少的是综合利用这些成熟的手段，为工程设计服务的能力和提高安全质量水平的设计思路。

不同工程面临的问题不同，如有高低温、瓦斯及有害气体的工程，核废料处理工程，不仅牵扯岩土工程，还与区域地质、地下水渗流、放射性元素迁移、热力学等密切相关，这都是工程设计中必须考虑的问题。

6. 工程软科学研究

软科学是指自然科学、社会科学、数学、哲学的理论和方法应用到现代科学技术和生产上解决以上相关问题。大致分为不确定性分析方法、系统分析方法和智能综合分析方法。

（1）不确定性分析方法。主要有如下四类：

概率论与数理统计分析方法：包括一次二阶矩法、蒙特卡洛法、随机有限元法等。

随机过程法：将岩土状态变量如位移、应力和材料特性参数看成与实践有关的随机变量。描述变形位置在时间、空间上的变化。

模糊数学法：这在岩土工程中将一些概念模糊化，比如将洞室稳定，结构面发育等在数学上用隶属度0～1来描述，进而实现模糊评判、模糊推理、模糊概率和模糊可靠度计算等。

灰色系统法：岩土工程多数问题都是灰箱理论，包括灰色预测、灰色统计、灰色决策、灰色聚类分析、灰色控制等。

（2）系统分析法。这类方法是把岩体视为一个系统，通过系统识别、系统工程、信息论、控制论、突变理论、协同理论等，分析系统各个部分及其过程间的关系，通常用于岩土参数反分析等。

(3) 综合智能分析。该系统包括专家思维、判断、分析和计算机软、硬件处理。它由知识库、数据库、逻辑推理机、解释机和学习机等组成。知识库用于解决某一类问题的知识、程序、试验分析、专家经验；数据库用于用户与系统对话；推理机用于模拟专家思维、判断、分析与综合机制能力；解释机用于回答用户不清楚的知识；学习机不断充实知识库知识，并删除旧的知识，如围岩分类专家系统等。

9.2 全生命周期岩土工程设计

近年来，大量核电、水电等能源工程的兴建，岩土工程的稳定及设计问题越来越受到重视。目前在稳定性分析、数值模拟、反演反馈等方面已经有大量成果可以借鉴与应用。但这些成果多是限于理论方面的研究，且限于各自研究领域，跟具体的工程结合尚不够密切。目前最热的工程设计理念是全生命周期工程设计。

所谓全生命周期，是一个相对概念。它具有很强的时间、地域和资源性。它的最终目标是尽可能在质量、安全、经济等约束条件下缩短设计时间并实现岩土工程的寿命周期最优。以往的设计通常包括技术设计、可靠性设计和可维护设计，各块是分离的，而全生命周期的边坡设计、监测方法不仅从技术角度入手，还包括耐久性，可维护性、安全性，使得边坡设计、监测方法程序化，避免了不同设计人员导致施工方式差异造成的质量问题。它主要采用以下步骤实现：

(1) 加强地质勘查工作，设计方案尽量避开地质不良段，贯彻生态路线，尽量减少工程处理措施的工作量，降低工程总造价。

(2) 综合考虑工程的施工建设、日常养护、维修成本，进行全生命周期成本分析。

(3) 贯彻动态设计的理念，在工程施工过程中应该根据实际的工程地质条件、施工组织，对工程设计方案进行动态优化，从而使得设计方案在保证安全的前提下更符合实际、更恰当。

(4) 监测贯穿全过程的地质勘探、施工、运行期各阶段，根据监测信息及时预警、预报，调整设计方案，保障工程安全。

(5) 重视科研工作，施工前根据地质参数进行边坡设计的合理性分析，施工过程根据监测资料进行反馈分析和正演指导工程，运行期根据监测资料预报预警。

通过以上几个步骤使得岩土工程的设计、研究贯穿始终，处于全生命周期监控中，可以大大减少事故的发生，保证了质量和安全。

(1) 在施工期，采用反馈设计方法对可能产生的岩土失稳问题进行预测，提前优化方案和采取措施，使得施工过程降低事故与灾害。

(2) 监测已建成工程的变形，如果处于稳定状态，表明采用的设计方案和研究方法合理可信。

(3) 采用全生命周期的设计与监测方法，使得岩土工程设计思想更为系统和程序化，更加易于控制设计的质量、安全性。

9.3　理论联系实践的工程分析

现有的岩土计算方法中有刚体极限平衡分析、连续数值模拟方法（有限单元法、有限差分法等）、非连续数值模拟方法（块体离散单元法、颗粒离散单元法、DDA法等）。经过多年的发展，这些经验方法、半经验方法、数值模拟方法已经形成了相对完善的软件，供研究者与设计者使用。在采用这些分析方法来研究岩土工程问题时，应特别注意并理清如下几个主要环节：

（1）研究分析对象，明确计算目的和拟解决的关键问题，确定建模方案（采用块体组合建立数值模型，建立需要考虑的不同尺度结构面、断层等）。

（2）确定运用的本构模型，合理选择参数。

（3）确定边界条件与初始条件。

（4）模拟荷载及荷载的动态变化。

（5）确定计算的收敛评判依据。

（6）考察各环节简化的合理性，否则应调整建模，并审查有关计算模型与参数。

（7）确定后处理方法及成果整理的内容与分析方案。

应该指出，虽然岩土工程数值分析在多数情况下只能给出定性分析结果，但只要模型正确、参数合理，就能得到有价值的量化结果。岩土工程数值分析方法和应用范围很广且将不断扩大。

计算软件的存在，客观上为解决工程问题提供了重要工具。但是，任何软件的计算结果均依赖于计算条件，理论方法上存在大量的假设，一旦实际工程条件与假设存在差异，就可能导致结果存在较大误差，任何软件都是如此。因此在学习计算软件或者自己发展的分析方法解决工程问题时，必须遵循以下几个原则：

（1）任何方法都不是万能的，不要希望一种方法能与工程实践完全吻合。要充分尊重计算条件与假定条件，一切计算都是依托于既定的假设条件。

岩土体属于高度非线性复杂介质，由于构造运动或沉积风化造成的不连续结构面将岩体切割为无数细小的块体，其力学性质千变万化。而在研究工程地质问题的时候，常常根据多项假设条件采用连续介质力学来分析岩土力学问题，由于连续介质力学假定物体是连续的，从而其力学行为都应该是连续的，而自然界这样的理想物质并不存在，这显然会带来误差。因此在选择计算方法前，必须对岩土体的性质、结构和赋存环境进行分析，并按照工程地质原理和方法判断岩土体的本构关系和结构类型，考虑岩土体连续性假设的合理使用范围和各物理量的适用定义，从而完成地质模型向数学模型的转化。

（2）处于天然地质环境中的岩土体，不需要经过改造而直接可为工程建筑物所利用的情况较少，一般需要对岩土体进行改造，如支护、灌浆、锚固、桩基、夯实、抽水固结等。这必然会挠动岩土体的特征，如果在分析中未考虑这种挠动效应，那么计算结果就会有较大的误差，这也是岩土工程计算分析不同于一般数学方法的地方。

（3）针对同一工程问题，应尽量采用多种方法、多个角度开展研究，以相互验证结论的正确性。忌单一采用数值计算说明问题，数值计算的作用是在假定条件、已知参数与荷载条件下反映外力变化下的力学响应，其中的参数确定、变形、内力变化一定要借助室内试验、现场监测、工程类比等因素方能给出，因此将试验＋数值模拟＋监测的综合分析方法更应受计算者重视。如果是自定义开发的模型、方法，必须先利用典型案例或公认的成果进行验证，分析所提出方法与已有方法的差异，方可用于课题研究与分析。

（4）定性分析的控制作用。当前岩土工程中提出的一些计算方法与经验公式，在应用于工程实践时都会遇到一个问题即：适用条件，如果没有把握一种计算方法的适用条件，应用时就可能得出错误的结论。这就需要定性分析进行指导，具体表现在工程地质工作者在对一个工程场地进行广泛调查研究基础上，结合一些测试结果，对该场地的工程地质问题从机制上做出判断，然后选择合适的计算方法来证实某些结论或从量级上进行评价。其中定性判断尤其重要，如果这种判断是错误的，根据这种判断进行的计算结果也将不可靠，后续的工程结构设计也无从谈起。比如某个核电地下洞室的变形分析，首先需要一种正确的判断，即变形机制是什么？是材料变形还是结构变形？如果为材料变形是弹性、塑性、黏性变形？如果为结构变形，应属于什么结构类型？等等。在这个过程中，只能说定性分析有一定的指导作用，对定量计算的其他方面，如边界条件、计算参数、误差控制等都有控制作用。这充分说明，定量分析只是工具，如何利用这些工具需要工程地质定性分析来指导。当然，定量计算结果可以反过来证实或者修正定性分析，二者取长补短。

（5）考虑施工过程。大多数工程都可以看作是一个开挖与构建问题。在分析计算工程涉及岩土稳定时，计算方法须考虑这种开挖和构建过程，以正确地反映实际岩土体受力过程，使分析结果更趋于合理。如地下工程的稳定性问题，无论用何种方法，恐怕都需要考虑不同开挖阶段及支护设置时间的影响。由于原样岩石经过了长期的地质作用，当取样进行测试分析时，测试结果不一定能代表实际岩土体的受力历史过程，在分析时，分析者要考虑这一问题，利用变形监测结果来进行修正。

（6）每一种计算方法除了选择合适的计算模型及边界条件外，需要考虑的问题就是边界初始参数值的合理选取。虽然从理论上讲，只有这些参数给定后才能得到结果，且参数的准确与否直接影响计算结果与实际的符合程度。但是许多计算所需要的参数在现场或者实验室难以获得，有的时候是现场条件、时间和经济不允许，这造成了岩土工程中最困难的两个基本问题“地应力测不准”、“计算参数给不准”。

工程地质学家早就发现实验室取得的参数不能真实反映实际岩土体的形态，而现场测试花费很大、周期长，一般较为困难。在这种背景下位移反分析法为计算参数的确定提供了一条好的途径。

在计算方法中，应尽量将本构方程以及破坏判断依据写成常用的力学数学表达式，各种非线性模型最好也能用线性参数表达，只有这样才能被工程界所接受，在实际工程中发挥作用。

（7）在岩土计算与分析过程中，合理建立几何模型、选用本构模型和相应的模型参数是提高分析精度的关键。对非线性分析，控制迭代所形成的误差也很重要。但在解决工程实际问题时，需要重视计算精度与费用的矛盾。一般而言，所需要考虑的因素越多，计算精度相对要高些，但投资往往也需要较多。工程地质问题本身的特点决定了定量计算的各个环节都有许多不确定因素，在人为的使这些不确定因素量化时，难免需要引入一定误差，结果也不可能精确。因此，最好以定性为基础，抓住主要因素，使用简化模型进行简单试算，再逐步增加因素，找出最相关的因素，这样既可以达到工程能接受的精度，花费也不多。

当然计算方法中有关输入、输出、结果分析也会影响一种方法的实用性。随着技术的发展，现在计算机自动化程度较高，许多单位已经建立了相关图形工作站，且不少计算软件都有完善的前后处理功能，如工程地质中的节理裂隙极点图、剖面图、主应力图、等值线图、三维立体图等均较容易实现，这为定量计算的具体应用带来了许多便利，也大大缩短了计算周期，在工程中应大力推广。

参考文献

[1] 王金安，王树仁，冯锦艳等．岩土工程数值计算方法实用教程[M]. 北京：科学出版社，2010.

[2] 卢廷浩，刘军．岩土工程数值方法与应用[M]. 南京：河海大学出版社，2008.

[3] 刘汉东，姜彤，刘海宁，杨继红．岩土工程数值计算方法[M]. 郑州：黄河水利出版社，2010.

[4] (美)C. S. 德赛．J. T. 克里斯琴．岩土工程数值方法[M]. 卢世深，潘善德，王钟琦等译．北京：中国建筑工业出版社，1981.

[5] 钱家欢，殷宗泽．土工原理与计算(第二版)[M]. 北京：中国水利水电出版社，1996.

[6] 谷德振．岩体工程地质力学基础[M]. 北京：科学出版社，1979.

[7] 建设部综合勘察设计研究院．GB 50021—2001 岩土工程勘察规范[S]. 北京：中国建筑工业出版社，2009.

[8] 王泳嘉，邢纪波．离散单元法及其在岩土力学中的应用[M]. 沈阳：东北工业学院出版社，1991.

[9] 龚晓南．对岩土工程数值分析的几点思考[J]. 岩土力学，2011，32(2)：321-325.

[10] 石崇，徐卫亚．颗粒流数值模拟技巧与实践[M]. 北京：中国建筑工业出版社，2015.

[11] 杨林德．岩土工程问题的反演理论与工程实践[M]. 北京：科学出版社，1996.

[12] 张咸恭，王思敬，张倬元．中国工程地质学[M]. 北京：科学出版社，2000.

[13] 孙广忠．岩体结构力学[M]. 北京：科学出版社，1998.

[14] 孙玉科，倪会宠，姚宝魁．边坡岩体稳定性分析[M]. 北京：科学出版社，1988.

[15] 秦四清，张倬元，王士天，等．非线性工程地质学导引[M]. 成都：西南交通大学出版社，1992.

[16] 陶振宇，唐方福，张黎明等．节理与断层岩石力学[M]. 武汉：中国地质大学出版社，1992.

[17] E Hoek，J W Bray. 岩石边坡工程[M]. 北京：冶金工业出版社，1983.

[18] 王思敬．地球内外动力耦合作用与重大地质灾害的成因初探[J]. 工程地质学报，2002，10(2)：1-3.

[19] 魏群．散体单元法的基本原理数值方法及程序[M]. 北京：科学出版社，1991.

[20] Evert Hoek. 实用岩石工程技术[M]. 郑州：黄河水利出版社，2002.

[21] 石根华．数值流形方法与非连续变形分析[M]. 裴觉民译．北京：清华大学出版社，1997.

[22] 冯夏庭，李小春，焦玉永等译．工程岩石力学　上卷：原理导论[M]. 北京：科学出版社，2009.

[23] 陈祖煜．土质边坡稳定分析-原理・方法・程序[M]. 北京：中国水利水电出版社，2003.

[24] 张有天．岩石水力学与工程[M]. 北京：中国水利水电出版社，2005.

[25] 刘建航，侯学渊．基坑工程手册[M]. 北京：中国建筑工业出版社，1997.

[26] 张贵科．节理岩体正交各向异性等效力学参数与屈服准则研究及其工程应用[D]. 南京：河海大学，2006.

[27] Itasca Consulting Group，Inc. Online Contents for 3 Dimensional Distinct Element Code(3DEC Version 5. 0)[M]. Minneapolis，Minnesota，USA：Itasca Consulting Group，Inc. 2013. .

[28] Itasca Consulting Group，Inc. Online Contents for Universal Distinct Element Code (UDEC Version 4. 1)[M]. Minneapolis，Minnesota，USA：Itasca Consulting Group，Inc. 2006. .

[29] 石崇，褚卫江，郑文棠．块体离散元数值模拟技术及工程应用[M]. 北京：中国建筑工业出版社，2016.

[30] 石崇，王如宾．实用岩土计算软件基础教程[M]．北京：中国建筑工业出版社，2016.

[31] Chong Shi，De-jie Li，Wei-ya Xu，Rubin Wang. Discrete element cluster modeling of complex mesoscopic particles for use with the particle flow code method[J]. Granular Matter，2015，17：377-387.

[32] Chong SHI，De-jie LI，Kai-hua CHEN，Jia-wen ZHOU. Failure mechanism and stability analysis of the Zhenggang Landslide at the Yunnan Province of China using 3D particle flow code simulation [J]. Journal of Mountain Science，2016，13(5)：891-905.

[33] Chong Shi，Jinzhou Bai. Compositional Effects and Mechanical Parametric Analysis of Outwash Deposits Based on the Randomized Generation of Stone Blocks[J]. Advances in Materials Science and Engineering，2015，(2015)：1-13.

[34] SHI Chong，CHEN Kai-hua，XU Wei-ya，etal. Construction of a 3D meso-structure and analysis of mechanical properties for deposit body medium[J]. J. Cent. South Univ. 2015，22(1)：270-279.

[35] Shi Chong，Zhang，Yu-Long，Xu Wei-Ya，et. al，Risk analysis of building damage induced by landslide impact disaster，European Journal of Environmental and Civil Engineering，2013，17 (s1)：126-143.

[36] DAHAL R K，HASEGAWA S. Representative rainfall thresholds for landslides in the Nepal Himalaya[J]. Geomorphology，2008，100(3)：429-443.

[37] SAITO H，NAKAYAMA D，MATSUYAMA H. Relationship between the initiation of a shallow landslide and rainfall intensity-duration thresholds in Japan[J]. Geomorphology，2010，118(1)：167-175.

[38] ROSI A，SEGONI S，CATANI F，et al. Statistical and environmental analyses for the definition of a regional rainfall threshold system for landslide triggering in Tuscany (Italy)[J]. Journal of Geographical Sciences，2012，22(4)：617-629.

[39] JAISWAL P，VAN WESTEN C J. Estimating temporal probability for landslide initiation along transportation routes based on rainfall thresholds[J]. Geomorphology，2009，112(1)：96-105.

[40] TIRANTI D，RABUFFETTI D. Estimation of rainfall thresholds triggering shallow landslides for an operational warning system implementation[J]. Landslides，2010，7(4)：471-481.

[41] MELCHIORRE C，MATTEUCCI M，AZZONI A，et al. Artificial neural networks and cluster analysis in landslide susceptibility zonation[J]. Geomorphology，2008，94(3)：379-400.

[42] LEE C T，HUANG C C，LEE J F，et al. Statistical approach to earthquake-induced landslide susceptibility[J]. Engineering Geology，2008，100(1)：43-58.

[43] YILMAZ I. Landslide susceptibility mapping using frequency ratio，logistic regression，artificial neural networks and their comparison：A case study from Kat landslides (Tokat-Turkey)[J]. Computers & Geosciences，2009，35(6)：1125-1138.

[44] PRADHAN B，LEE S. Delineation of landslide hazard areas on Penang Island，Malaysia，by using frequency ratio，logistic regression，and artificial neural network models[J]. Environmental Earth Sciences，2010，60(5)：1037-1054.

[45] Melchiorre C，Castellanos Abella EA，van Westen CJ et al. Evaluation of prediction capability，robustness，and sensitivity in non-linear landslide susceptibility models，Guanta′namo，Cuba. Computers &Geosciences 2010，37：410-425.

[46] Song YQ，Gong JH，Gao S et al. Susceptibility assessment of earthquake-induced landslides using Bayesian network：A case study in Beichuan，China. Computers &Geosciences 2012，42：189-199.

[47] Tien Bui D，Pradhan B，Lofman O et al. Landslide susceptibility assessment in the Hoa Binh prov-

ince of Vietnam: A comparison of the Levenberg-Marquardt and Bayesian regularized neural networks. Geomorphology, 2012, 171: 12-29.

[48] Sezer EA, Pradhan B, Gokceoglu C Manifestation of an adaptive neuro-fuzzy model on landslide susceptibility mapping: Klang valley, Malaysia. Expert Systems with Applications, 2011, 38: 8208-8219.

[49] Hungr O, McDougall S Two numerical models for landslide dynamic analysis. Computers and Geosciences, 2009, 35: 978-992.

[50] Kuo CY, Tai YC, Bouchut F et al. Simulation of Tsaoling landslide, Taiwan, based on Saint Venant equations over general topography. Engineering Geology 2009, 104: 181-189.

[51] Wang F, Sassa K. Landslide simulation by a geotechnical model combined with a model for apparent friction change. Physics and Chemistry of the Earth , 2010, 35: 149-161.

[52] Prochaska AB, Santi PM, Higgins JD et al. Debris-flow run out predictions based on the average channel slope (ACS). Engineering Geology, 2008, 98(1): 29-40.

[53] Poisel R, Preh A. 3D landslide runout modeling using the particle flow code PFC3D: 873-879. Taylor and Francis Group, London, 2008.

[54] Chang KJ, Taboada A Discrete element simulation of the Jiufengershan rock-and-soil avalanche triggered by the 1999 Chi-Chi earthquake, Taiwan. Journal of Geophysical Research: Earth Surface, 2009, (2003-2012), 114: 120.

[55] Tang CL, Hu JC, Lin ML et al. The Tsaoling landslide triggered by the Chi-Chi earthquake, Taiwan: insights from a discrete element simulation. Engineering Geology , 2009, 106(1): 1-19.

[56] Wu JH, Chen CH. Application of DDA to simulate characteristics of the Tsaoling landslide. Computers and Geotechnics , 2011, 38(5): 741-750.

[57] Shi Chong, Wang Haili, Wang Shengnian, Zhang Yulong. A construction method of complex discrete granular model. Journal of Theoretical and Applied Information Technology, 2012, 43(2): 203-207.

[58] 石崇，王盛年，刘琳，陈鸿杰．基于数字图像分析的土石堆积体结构建模与力学参数研究．岩土力学，2012，33(11)：3393-3398.